国家职业技能等级认定培训教程
国家基本职业培训包教材资源

电梯安装维修工

（技师　高级技师）

U0333236

编审委员会

主　任　吴礼舵　张　斌
副主任　刘文彬　葛　玮
委　员　葛恒双　赵　欢　王小兵　张灵芝　刘永澎　吕红文　张晓燕
　　　　贾成千　高　文　瞿伟洁

本书编审人员

主　编　金新锋　顾德仁
副主编　王　锐　冯冠君
编　者　惠桉一　陆晓春　傅军平　叶耀文　缪小锋　李小陈　林　正
　　　　陈向俊　刘富海　崔富义　戴勇磊　王勤锋
主　审　王　锐
审　稿　陈路阳　佟　星

中国人力资源和社会保障出版集团

中国劳动社会保障出版社　中国人事出版社

图书在版编目（CIP）数据

电梯安装维修工：技师　高级技师 / 中国就业培训技术指导中心组织编写. -- 北京：
中国劳动社会保障出版社：中国人事出版社，2021

国家职业技能等级认定培训教程

ISBN 978-7-5167-5060-5

Ⅰ.①电… Ⅱ.①中… Ⅲ.①电梯 - 安装 - 职业技能 - 鉴定 - 教材②电梯 - 维修 -
职业技能 - 鉴定 - 教材 Ⅳ.①TU857

中国版本图书馆 CIP 数据核字（2021）第 267162 号

中国劳动社会保障出版社
中国人事出版社 出版发行

（北京市惠新东街 1 号　邮政编码：100029）

*

三河市华骏印务包装有限公司印刷装订　新华书店经销

787 毫米 ×1092 毫米　16 开本　22.5 印张　366 千字
2021 年 12 月第 1 版　2021 年 12 月第 1 次印刷
定价：68.00 元

读者服务部电话：（010）64929211/84209101/64921644

营销中心电话：（010）64962347

出版社网址：http://www.class.com.cn

前　言

为加快建立劳动者终身职业技能培训制度，大力实施职业技能提升行动，全面推行职业技能等级制度，推进技能人才评价制度改革，促进国家基本职业培训包制度与职业技能等级认定制度的有效衔接，进一步规范培训管理，提高培训质量，中国就业培训技术指导中心组织有关专家在《电梯安装维修工国家职业技能标准（2018 年版）》（以下简称《标准》）制定工作基础上，编写了电梯安装维修工国家职业技能等级认定培训教程（以下简称等级教程）。

电梯安装维修工等级教程紧贴《标准》要求编写，内容上突出职业能力优先的编写原则，结构上按照职业功能模块分级别编写。该等级教程共包括《电梯安装维修工（基础知识）》《电梯安装维修工（初级）》《电梯安装维修工（中级）》《电梯安装维修工（高级）》《电梯安装维修工（技师　高级技师）》5 本。《电梯安装维修工（基础知识）》是各级别电梯安装维修工均需掌握的基础知识，其他各级别教程内容分别包括各级别电梯安装维修工应掌握的理论知识和操作技能。

本书是电梯安装维修工等级教程中的一本，是职业技能等级认定推荐教程，也是职业技能等级认定题库开发的重要依据，已纳入国家基本职业培训包教材资源，适用于职业技能等级认定培训和中短期职业技能培训。

本书在编写过程中得到杭州职业技术学院、浙江省特种设备科学研究院等单位的大力支持与协助，在此一并表示衷心感谢。

中国就业培训技术指导中心

目 录 ▌CONTENTS

职业模块 1　安装调试 ·················· 1

培训项目 1　曳引驱动乘客电梯设备安装调试 ·················· 3

培训单元 1　电梯运行调试 ·················· 3

培训单元 2　门机调试 ·················· 11

培训单元 3　轿厢静、动态平衡测试与调整 ·················· 18

培训单元 4　电梯安装调试方案编制 ·················· 23

培训单元 5　电梯乘用舒适感调试 ·················· 30

培训单元 6　导轨安装与调整 ·················· 33

培训项目 2　自动扶梯设备安装调试 ·················· 42

培训单元 1　分段式自动扶梯桁架、导轨校正 ·················· 42

培训单元 2　自动扶梯运行调试 ·················· 49

培训单元 3　自动扶梯中间支撑部件安装调整 ·················· 60

培训单元 4　采用新技术、新材料、新工艺生产的自动扶梯安装调试 ······ 65

培训单元 5　大跨度自动扶梯安装调试方案编制 ·················· 70

思考题 ·················· 77

职业模块 2　诊断修理 ·················· 79

培训项目 1　曳引驱动乘客电梯设备诊断修理 ·················· 81

培训单元 1　反复性故障分析排除 ·················· 81

培训单元 2　偶发性故障分析排除 ·················· 97

培训项目 2　自动扶梯设备诊断修理 ·················· 111

培训单元 1　反复性故障分析排除 ·················· 111

培训单元 2　偶发性故障分析排除 ·················· 118

培训项目 3　故障数据管理系统应用 ·················· 122

培训单元 1　故障数据管理系统概述 ·················· 122

培训单元 2　电梯故障数据分析与改进方案制订 ·················· 137

培训项目 4 运行失效预防与潜在风险评估 ························· 150

　　培训单元 1 风险评价概述 ························· 150

　　培训单元 2 曳引驱动乘客电梯运行失效预防与潜在风险评估 ··· 155

　　培训单元 3 自动扶梯运行失效预防与潜在风险评估 ··· 175

培训项目 5 诊断修理效率改进 ························· 181

　　培训单元 1 曳引驱动乘客电梯诊断修理效率改进 ··· 181

　　培训单元 2 自动扶梯诊断修理效率改进 ··· 202

培训项目 6 重大修理施工方案编制 ························· 214

　　培训单元 1 重大修理施工方案编制概述 ··· 214

　　培训单元 2 曳引驱动乘客电梯重大修理施工方案编制 ··· 226

　　培训单元 3 自动扶梯重大修理施工方案编制 ··· 238

思考题 ························· 247

职业模块 3 改造更新 ························· 249

培训项目 1 施工方案的主要内容 ························· 251

　　培训单元 1 基本要求 ··· 251

　　培训单元 2 编制依据 ··· 253

　　培训单元 3 工程项目概况 ··· 254

　　培训单元 4 施工管理规划 ··· 258

　　培训单元 5 施工准备工作 ··· 262

　　培训单元 6 施工流程和工艺方法 ··· 265

　　培训单元 7 质量控制和检验检测 ··· 266

　　培训单元 8 EHS 管理和控制 ··· 267

培训项目 2 曳引驱动乘客电梯设备改造更新 ··· 269

　　培训单元 1 曳引系统改造施工方案编制 ··· 269

　　培训单元 2 控制系统改造施工方案编制 ··· 273

　　培训单元 3 加层改造施工方案编制 ··· 275

　　培训单元 4 悬挂比改造施工方案编制 ··· 278

　　培训单元 5 整机更新改造设计、计算 ··· 280

　　培训单元 6 部件更新改造设计、计算 ··· 294

培训项目 3 自动扶梯设备改造更新 ··· 310

　　培训单元 1　加装变频器施工方案编制 ················ 310

　　培训单元 2　控制系统改造施工方案编制 ················ 313

　　培训单元 3　机械系统整体更新改造施工方案编制 ········ 315

　　培训单元 4　拆除并更新改造施工方案编制 ·············· 318

　思考题 ···························· 321

职业模块 4　培训与管理 ······················ 323

培训项目 1　培训指导 ······················· 325

　　培训单元 1　理论培训方法与教学大纲编写 ·············· 325

　　培训单元 2　现场实际操作教学 ···················· 329

　　培训单元 3　技术手册使用与技术论文撰写指导 ·········· 333

培训项目 2　技术管理 ······················· 339

　　培训单元 1　技术方案编写 ······················ 339

　　培训单元 2　技术革新实施 ······················ 341

　　培训单元 3　技术推广应用 ······················ 343

　　培训单元 4　技术成果总结和技术报告编写 ·············· 347

　思考题 ···························· 352

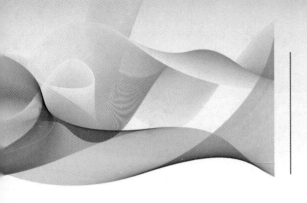

职业模块 ① 安装调试

内容结构图

```
                                      ┌─── 电梯运行调试
                                      │
                                      ├─── 门机调试
                                      │
                      曳引驱动乘客电梯    ├─── 轿厢静、动态平衡测试与调整
                      设备安装调试 ──────┤
                                      ├─── 电梯安装调试方案编制
                                      │
                                      ├─── 电梯乘用舒适感调试
                                      │
                                      └─── 导轨安装与调整
  安装调试 ──┤
                                      ┌─── 分段式自动扶梯桁架、导轨校正
                                      │
                                      ├─── 自动扶梯运行调试
                                      │
                      自动扶梯设备      ├─── 自动扶梯中间支撑部件安装调整
                      安装调试 ────────┤
                                      ├─── 采用新技术、新材料、新工艺生产
                                      │     的自动扶梯安装调试
                                      │
                                      └─── 大跨度自动扶梯安装调试方案编制
```

培训项目 ① 曳引驱动乘客电梯设备安装调试

培训单元 1　电梯运行调试

能够设定驱动和控制参数，调试电梯运行功能、性能

一、驱动主机主要技术参数

在变频器控制驱动主机时，变频器初次上电时需要对驱动主机的某些电气参数进行自学习。做自学习时一般变频器需要输入驱动主机的额定功率、额定电压、额定电流、额定转速、额定频率这五个主要参数，某些变频器还要输入驱动主机极数这一参数。

二、慢车调试检查内容

1. 限速器、安全钳、缓冲器等主要安全部件安装完毕，且安装质量符合要求，动作可靠。

2. 机房及井道应无影响电梯运行的杂物。

3. 层门门锁有效且动作可靠，层门闭合能保护操作工或非作业人员，防止其坠落井道。同时，其他安全回路也应有效。

4. 电源符合《电梯技术条件》《电梯安装验收规范》等相关电梯标准要求，且接入到位。中性线（N）与保护线（PE）应当始终分开。机房中所有电气设备和线管、线槽外露的可导电部分应当与保护线（PE）可靠连接。

三、快车调试检查内容

1. 机房应干净无杂物。主开关与照明开关相互独立。机房内安全开关应动作可靠。

2. 轿顶应干净无杂物。轿顶急停和检修装置、轿门门锁、平层感应装置、门保护动作可靠。

3. 井道应干净无杂物。层门安装完毕，门锁动作可靠。井道终端开关安装位置正确且动作可靠。

4. 底坑应干净无杂物。底坑的安全部件开关应动作可靠。

四、操作器设置参数说明

操作器是调节参数常用的工具，下面以默纳克 NICE3000^{new} 为例，介绍操作器的使用。

1. 操作面板介绍

用户通过操作器可对一体化控制系统进行功能参数修改、工作状态监控和运行控制（启动、停止）等操作。操作器显示界面（操作面板）如图 1-1 所示。

操作面板键盘功能见表 1-1。

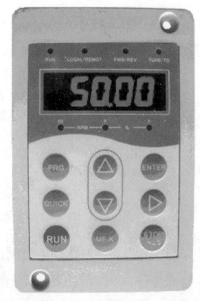

图 1-1　操作面板

表 1-1　操作面板键盘功能

按键	名称	功能
PRG	编程键	一级菜单的进入和退出，快捷参数删除
ENTER	确认键	逐级进入菜单画面，确认设定参数
△	递增键	数据或功能码的递增
▽	递减键	数据或功能码的递减
▷	移位键	在停机状态和运行状态下，可以循环选择显示参数；在修改参数时，可以选择参数的修改位

按键	名称	功能
RUN	运行键	在键盘操作方式下,用于启动运行
STOP/RES	停止/复位键	在运行状态下,可以停止运行;在故障报警状态下,可以复位
QUICK	快捷键	进入或退出快捷菜单的一级菜单
MF.K	多功能选择键	故障信息的显示与消隐

2. 三级菜单操作流程

操作面板参数设置采用三级菜单结构形式,可方便快捷地查询、修改功能码及参数。

三级菜单分别为:功能参数组(一级菜单)→功能码(二级菜单)→功能码设定值(三级菜单)。

举例:参数 F1-12 由默认值"1024"修改为"2048"的操作流程如图 1-2 所示。

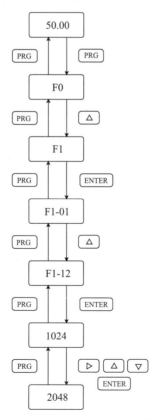

图 1-2　三级菜单操作流程图

电梯运行调试

下面以 NICE3000^{new} 为例，介绍电梯运行调试过程。

步骤 1 驱动主机参数自学习

（1）驱动主机参数自学习的必要条件

1）确保系统安全、门锁回路导通（对应接触器、继电器吸合，主板输入点反馈正确）。

2）确保检修回路信号指示灯正常，检修或紧急电动运行旋转开关动作可靠，信号输入正确。如果对应指示灯没有动作，应检查检修回路连线。

3）确保井道限位开关信号指示灯正常，限位开关能可靠动作。

（2）永磁同步无齿轮驱动主机参数自学习

1）磁极位置辨识。永磁同步无齿轮驱动主机第一次运行前必须进行磁极位置辨识，否则不能正常使用。辨识方法如下。

①在匹配永磁同步无齿轮曳引电动机的情况下，采用有传感器的闭环矢量控制方式，必须确保参数 F0-00 设为"1"（闭环矢量），且必须正确连接编码器和 PG 卡，否则系统将报"Err20"（编码器故障），导致电梯无法运行。

②一体化控制系统既可通过操作面板控制方式在驱动主机不带负载的情况下完成电动机调谐，也可通过距离控制方式（检修方式）在驱动主机带负载的情况下完成调谐。

③在更改了驱动主机接线、更换了编码器或者更改了编码器接线的情况下，必须再次辨识编码器磁极位置。

在磁极位置辨识时应注意以下几点。

——确保驱动主机的 UVW 动力线分别对应接到变频器的 UVW 端子上。

——调谐前应确保 F8-01 设为"0"（无预转矩补偿），否则有可能导致调谐过程中电梯飞车。

——在保证驱动主机 UVW 动力线接线正确的情况下，如果调谐仍不成功（现象可能是调谐过程中驱动主机不转动或者突然朝一个方向转动后停下），应更换任意两根变频器输出动力线，再重新调谐。

——带负载调谐过程比较危险，调谐时必须确保井道中没有人员。

2）主机参数自学习（以无负载调谐为例）

①检查驱动主机动力线及编码器接线，确认驱动主机的 UVW 动力线对应接到变频器输出 UVW 端子上，编码器的 AB、UVW 或 CDZ 信号正确接到 PG 卡 AB、UVW 或 CDZ 端子上。

②系统上电后，将 F0-01 设为"0"，命令源选择为操作面板控制。

③按编码器类型及编码器脉冲数正确设置 F1-00 和 F1-12，然后根据驱动主机铭牌准确设定 F1-01、F1-02、F1-03、F1-04、F1-05，相关参数见表 1-2。

表 1-2 驱动主机及编码器参数一

功能码	名称	设定值	备注
F1-00	编码器类型选择	*	0：SIN/COS 增量型（ERN1387 型）编码器 1：UVW 增量型编码器
F1-01	额定功率	*	按驱动主机铭牌设置
F1-02	额定电压	*	按驱动主机铭牌设置
F1-03	额定电流	*	按驱动主机铭牌设置
F1-04	额定频率	*	按驱动主机铭牌设置
F1-05	额定转速	*	按驱动主机铭牌设置
F1-12	编码器每转脉冲数	*	由编码器铭牌确定

④确保系统安全、门锁、检修、限位回路正常。

⑤将电梯驱动主机和负载（钢丝绳）完全脱开，F1-11 选择"2"（无负载调谐）。为了防止 F1-11 参数误操作带来的安全隐患，当它设为"2"进行驱动主机无负载调谐时，须手动打开制动器。按"ENTER"键，操作面板显示"TUNE"（如不显示"TUNE"，说明系统此时有故障信息，应按一次故障复位键"STOP"），然后按键盘面板上"RUN"键，驱动主机自动运行，控制系统自动算出驱动主机的 F1-06 码盘磁极位置以及 F1-08 接线方式，结束对驱动主机的调谐。调谐 3 次以上，比较所得到的 F1-06 码盘磁极位置，误差应当在 ±5° 范围内，F1-08 的结果应一致。

⑥调谐完成后，设置 F0-01 为"1"，恢复距离控制。

⑦检修试运行，观察电流是否正常（应小于 1 A），驱动主机运行是否稳定，电梯实际运行方向是否与给定方向一致，监控操作器参数 F4-03 脉冲变化是否正常（上行时增大、下行时减小）。若电梯运行方向相反或脉冲变化异常，应通过 F2-10 参数变更电梯运行方向或脉冲变化方向，相关参数见表 1-3。

表 1-3 驱动主机及编码器参数二

功能码	名称	设定值	备注
F2-10	电梯运行方向	0	0：方向相同 1：运行方向取反；位置脉冲方向取反 2：运行方向相同；位置脉冲方向取反 3：运行方向取反；位置脉冲方向相同
F4-03	电梯当前位置低位	*	

永磁同步无齿轮驱动主机调谐流程如图 1-3 所示。

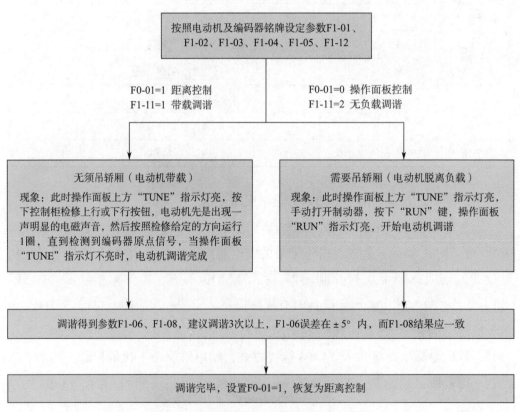

图 1-3 永磁同步无齿轮驱动主机调谐流程

步骤 2　井道自学习

（1）井道自学习相关参数（见表 1-4）

表 1-4　井道自学习相关参数

功能码	名称	设定值	备注
F4-00	平层调整	30	电梯越过平层，则减小 F4-00 的设定值 电梯欠平层，则增大 F4-00 的设定值
F4-01	当前楼层	1	
F4-03	电梯当前位置低位	*	
F4-04	平层插板长度 1	*	井道自学习自动生成
F4-05	平层插板长度 2	*	井道自学习自动生成
F5-01	X1 功能选择	33	上平层常闭输入（常开时设为"01"），系统未配置上平层开关，则设置为"0"
F5-02	X2 功能选择	35	门区常闭输入（常开时设为"03"），系统未配置门区开关，则设置为"0"
F5-03	X3 功能选择	34	下平层常闭输入（常开时设为"02"），系统未配置下平层开关，则设置为"0"
F6-00	电梯最高层	*	由实际服务楼层数决定
F6-01	电梯最低层	*	根据现场实际情况设置
F6-02	泊梯基站	*	根据现场实际情况设置
F6-03	消防基站	*	根据现场实际情况设置
F6-04	锁梯基站	*	根据现场实际情况设置

（2）井道自学习条件。井道自学习可用于记录电梯井道开关（包括平层开关和强迫减速开关）的位置。进行井道自学习需要满足以下必要条件。

1）复位系统故障信息。按下操作面板的"STOP"键，复位当前故障信息。如果故障信息不能复位，应根据故障代码检查对应的回路及接线。

2）安全、门锁回路导通。对应接触器、继电器吸合，主板输入点反馈正确。

3）井道限位开关安装到位并能可靠动作。井道参数自学习时，不需要撞击限位开关，只需要系统处于底楼平层状态即可。

4）检修回路正确，并能够正常检修或紧急电动运行。

5）井道强迫减速开关安装到位，并能正确动作。

6）正确设定最高层 F6-00、最低层 F6-01，注意 F6-00、F6-01 都为物理楼层，根据隔磁板的数量决定。

（3）井道自学习操作。可通过将对应参数 F1-11 设置为"3"来启动，或者通过主控板（MCB）上小键盘（见图 1-4）PRG、UP、SET 键进行模式切换。按小键盘"PRG"和"UP"键，将数据调到 F-7，按确认键"SET"之后，数据显示为"0"，按"UP"键增加后改为"1"，此时按"SET"键系统就会自动执行井道自学习命令。电梯将以检修速度运行到顶层，以 F3-08 的减速度减速停车，完成自学习。自学习不成功，系统提示"Err35"故障。如果出现"Err45"（上下强迫减速开关断开故障），表明强迫减速开关距离不够，应增大减速开关距离。

图 1-4　小键盘外观图

（4）造成电梯井道自学习失败的常见因素。常见因素包括井道上、下平层开关位置装反，井道终端开关安装位置有误，总楼层数值设置有误，控制器参数设置错误，通信干扰等。

步骤 3　称重自学习

（1）称重自学习相关参数（见表 1-5）

表 1-5　称重自学习相关参数

功能码	名称	设定值	备注
F5-36	称重输入选择	2	0：主控板数字量采样（使用开关量信号） 1：轿顶数字量采样（使用开关量信号） 2：轿顶模拟量采样（使用模拟量信号） 3：主控板模拟量采样（机房采样）
F8-01	预转矩选择	0	0：预转矩无效（允许称重自学习）
F8-05	轿内负荷	*	显示轿厢当前载重
F8-06	轿内空载载荷	*	自学习生成
F8-07	轿内满载载荷	*	自学习生成

（2）模拟量称重自学习

1）检查与确认。确认称重传感器 0～10 V 电压信号与轿顶板或主控板正确相连，根据称重传感器连接类型，正确设置 F5-36。设置 F8-01 为"0"，预转矩无效（允许称重自学习）。

2）空载自学习操作方法。空载自学习时电梯位于基站位置，保证轿内空载。根据实际情况，将称重传感器调整到适当的位置，磁铁与感应器距离为 5～15 mm。设置 F8-00 为"0"，按下"ENTER"键，系统将空载数值自动记录到 F8-06 中。

3）满载自学习操作方法。满载自学习时电梯位于基站位置，轿厢内放置 $n\%$ 的额定载荷。将 F8-00 设为"n"，按下"ENTER"键，系统将满载数值自动记录到 F8-07 中。例如：电梯额定载重为 1 000 kg，轿厢内放入 400 kg 重物，则设置 F8-00 为"40"。

（3）开关量称重自学习

1）检查与确认。检查称重开关的机械部件连接是否到位，确认满载、超载开关信号是否正确输入到轿顶板或主控板相应输入端子。根据满载、超载开关连接类型正确设置 F5-36（称重输入选择）。

2）满载、超载自学习。将轿厢内置入 100% 额定载荷的重物，调节满载开关的位置，使满载开关动作而超载开关不动作，系统识别此种状态为满载。将轿厢内置入 110% 额定载荷的重物，调节超载开关的位置，使超载开关动作，系统记忆此种状态为超载。

培训单元 2　门机调试

培训重点

能够调试电梯层、轿门开关门功能、性能

知识要求

一、变频门机控制类型

目前市面流行的变频门机控制主要分为两大类。一种是速度控制，该控制原理是通过外部位置的磁开关信号反馈至门机变频器，通常采用四个磁开关，分别是开门减速、开门限位、关门减速、关门到位。另一种是距离控制，距离控制是利用安装在门机电动机上的编码器脉冲确定层、轿门的当前位置，通过门机控制器内部预设的速度切换点、速度和加减速度来优化自动门机的整体运行工况。

二、操作面板介绍

用户通过操作器可以对门机控制器进行功能参数修改、工作状态监控和运行控制（启动和停车）等操作。下面以 NICE900 系列门机控制器为例，介绍操作器的使用方法，操作器操作面板如图 1-5 所示。

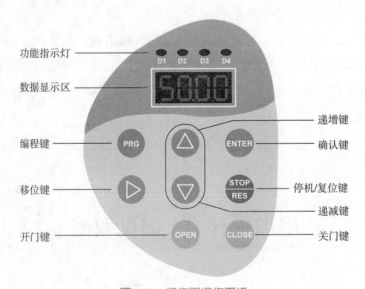

图 1-5　操作器操作面板

1. 功能指示灯

功能指示灯说明见表 1-6。

2. 操作面板按钮

操作面板按钮说明见表 1-7。

表 1-6　功能指示灯说明

功能指示灯	停止时各 LED 灯亮代表含义		运行时各 LED 灯亮代表含义
	速度控制	距离控制	
D1	DI1 信号有效	DI1 信号有效	外部关门命令
D2	DI2 信号有效	AB 相信号正确	关门过程中
D3	DI3 信号有效	Z 相信号正确	开门过程中
D4	DI4 信号有效	DI4 信号有效	外部开门命令

表 1-7　操作面板按钮说明

按键	名称	功能
PRG	编程键	一级菜单的进入和退出
ENTER	确认键	逐级进入菜单画面，确认设定参数
STOP/RES	停止/复位键	在运行状态下，可以停止运行；在故障报警状态下，可以复位
▷	移位键	在停机状态和运行状态下，可以循环选择显示参数；在修改参数时，可以选择参数的修改位
△	递增键	数据或功能码的递增
▽	递减键	数据或功能码的递减
OPEN	开门键	在面板操作方式下，用于开门操作
CLOSE	关门键	在面板操作方式下，用于关门操作

三、门机调试操作

以 NICE900 为例，介绍电梯的门机调试。

1. 门机参数调谐

以永磁同步门机辨识调谐为例进行说明。永磁同步门机第一次运行前必须进行磁极位置辨识，否则不能正常使用。在更改了门机接线、更换了编码器或者更改了编码器接线的情况下，必须再次辨识磁极位置。辨识过程中门机会转动运行，调谐前应确认安全。

门机参数调谐注意事项如下。

（1）调谐前应确认编码器信号正常。若启动调谐时候，门往关门方向运行且堵转，则说明门机运行方向异常，需调换门机接线或编码器接线。

（2）空载调谐的时候，首先会按照正转调谐命令或反转调谐命令执行，运行一段时间后会往相反方向运行，几个正、反循环后，最后执行所有参数计算，完成空载调谐过程。调谐过程中若出现"Err20"故障，应调换门机 UVW 中的任意两相，重新调谐。

（3）带负载调谐的时候，让门处于完全关闭状态，然后按下"OPEN"键，电动机以额定转速的 25% 缓慢执行开门操作，运行一定距离后进行关门运转，开、关调谐运行 3 次，最后完成所有参数计算，完成带负载调谐过程。带负载调谐过程中，若门机不运行或者运行方向与开关门命令相反，则说明门机 UVW 接线不正确，应把门机接线任意两相调换后再次调谐。

（4）辨识的编码器零点补偿位置角，可以通过功能码 F114 进行查看或修改。在位置辨识后则不允许更改该参数，否则控制器可能无法正常运行。带载调谐比空载调谐得到的编码器零点补偿位置角的精度稍低，条件允许时应尽量选择空载调谐。

（5）编码器位置辨识过程中如果出现"Err19"故障，应检查接线是否正确。

2. 门宽自学习

下面以距离控制方式介绍门宽自学习。

距离控制方式需要在门机上加装编码器，门机控制器通过编码器判断门的位置。距离控制方式在首次运行时必须正确学习门宽脉冲数，通过设置开、关门曲线部分参数实现减速点减速和到位的处理。距离控制方式应用接线如图 1-6 所示。

（1）编码器检查。编码器反馈的脉冲信号是系统实现精准控制的重要保证，调试之前要着重检查。编码器应安装稳固，接线可靠。编码器信号线与强电回路分槽布置，以防止干扰。编码器连线最好直接从编码器引入控制器，若连线不够长，需要接线，则延长部分也应该用屏蔽线，并且与编码器原线的连接最好用烙铁焊接。编码器屏蔽层要求在控制器一端接地可靠。

（2）相关功能码设定。距离控制方式下的门宽自学习相关参数见表 1-8。

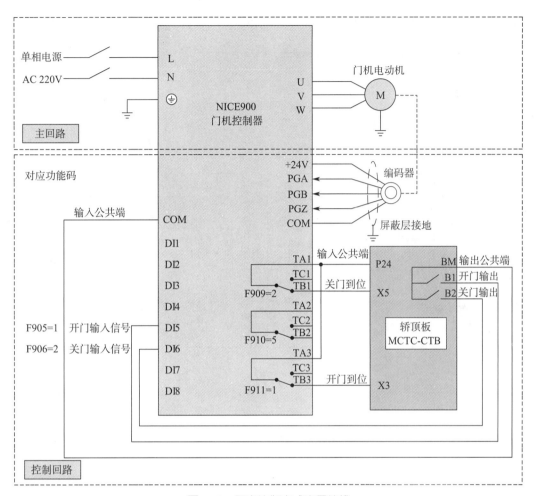

图 1-6　距离控制方式应用接线

表 1-8　门宽自学习相关参数

功能码	名称	设定值
F001	开关门方式选择	1：距离控制方式
F002	命令源选择	1：门机端子控制模式
F905	开关量输入端子 DI5	1：开门命令
F906	开关量输入端子 DI6	2：关门命令

（3）进行门宽自学习。在距离控制方式下，需要在运行前进行门宽自学习。在距离控制的开关门过程中，实时记录行走的脉冲数，结合门宽脉冲数的数据进行开关门到位的控制和判断处理。异步门机在距离控制方式下，门宽自学习之前需先确认编码器 AB 相信号接线正常。在门宽自学习过程中，门的动作方向会自动

改变，因此应在确保人身安全后再进行操作，否则可能造成人身伤害。门宽自学习流程如图 1-7 所示。

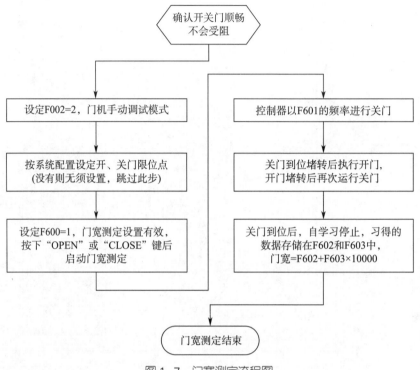

图 1-7　门宽测定流程图

四、开关门运行曲线

1. 开门曲线说明

距离控制方式下的开门曲线如图 1-8 所示。

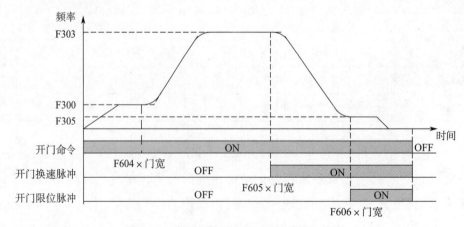

图 1-8　距离控制方式下的开门曲线示意图

当开门命令有效时，门机加速至 F300 频率运行。当开门位置达到 F604 × 门宽时，门机开始加速至 F303 频率。当开门位置达到 F605 × 门宽时，门机开始进入减速爬行阶段，爬行频率为 F305。当开门位置达到 F606 × 门宽时，门机结束低速爬行，并进入开门力矩保持状态，所保持的力矩大小由 F308 决定，此时门位置复位为 100%。命令撤除后，力矩保持结束。

2. 关门曲线说明

距离控制方式下的关门曲线如图 1-9 所示。

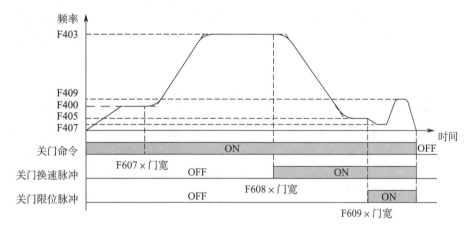

图 1-9　距离控制关门曲线示意图

当关门命令有效时，门机加速至 F400 频率运行。当关门位置达到 F607 × 门宽时，门机加速至 F403 频率。当关门位置达到 F608 × 门宽时，门机开始减速至 F405 频率运行。当关门位置达到 F609 × 门宽时，门机再次减速至 F407 频率运行。建议 F609≥96.0%，若开关门过程中有脉冲丢失，可减小 F609 的值。利用 F620 设定收刀的相关动作。收刀完成，当门堵转后，进入力矩保持阶段，此时的保持频率为 F407、保持力矩为 F412，门机控制器内部默认此时的层、轿门位置复位为 0。关门命令无效时，力矩保持结束。

3. 关门受阻

关门遇阻通常是指在关门运行过程中发生光幕/触板信号有效、输出力矩大于关门遇阻力矩、出现开门命令等情况。NICE900 系列控制器关门受阻后的工作方式有减速停车或重开门两种，可通过功能码 F414 进行选择。关门受阻的判定方式有多重选择，可从时间和力矩两方面进行判定。

在速度控制方式下，关门过程中开门命令有效曲线如图 1-10 所示。

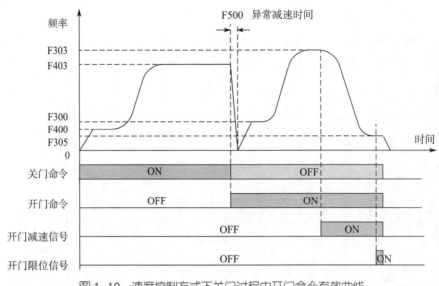

图 1-10　速度控制方式下关门过程中开门命令有效曲线

减速时间为 F500（异常减速时间），重新开门时，以开门低速启动，经过速度控制开门启动低速运行时间后高速运行。开门减速信号有效后，转低速运行至开门到位，输出开门到位信号。

培训单元 3　轿厢静、动态平衡测试与调整

能够测试、调整轿厢的静、动态平衡

一、轿厢静平衡调整

轿厢静平衡调整之前必须保证没有扭曲，保证没有扭曲的最佳时间是拼装轿厢时。如果轿厢存在扭曲现象，静平衡调整就不可进行。因此，在开始轿厢静平衡和滚轮导靴调整时，轿厢的龙门框必须为自由无扭曲状态。如果扭曲现象确实

存在，在开始调整静平衡之前必须先调整好。

静平衡调整的工作程序如下。

1. 电梯检修运行至顶层。

2. 对准滚动导靴，使导轨位于导靴底座的中心位置，定位好导靴的止推件。

3. 从曳引轮的中间钢丝绳挂下铅锤，一直到轿顶绳头板。如钢丝绳为双数，则应从中间相邻的两根钢丝绳的中间挂下。如钢丝绳为单数，则沿着中间钢丝绳的前面或后面挂下，但必须保持一定的距离，同时也应保证铅锤与轿顶绳头板的距离。由于轿顶绳头板上的孔一般为两排，所以应有足够的空间挂铅锤。

4. 移动轿顶绳头板，让轿顶绳头板的中心对准曳引轮的中心。如果轿顶绳头板为可移动式，则可移动绳头板对准曳引轮；如果轿顶绳头板为固定式且用螺栓固定在横梁上，可拆去原螺栓，螺栓暂时可用加垫片的方式来代替，沿着立柱的方向移动。注意在移动绳头板时必须十分小心，因为如螺栓掉出就会导致轿厢坠落。最好用 4 个"C"形夹夹住绳头板和上梁，使绳头板不会前后移动，绳头板可以用撬棒沿着立柱方向移动，记住完成后必须更换回原螺栓。如需在横梁上开槽，开槽前必须用定位销定好位，然后钻一新孔，不要在前后方向移动绳头板。

如果挂下铅锤后发现有前后偏差，则只能移动驱动主机。这也是不能把驱动主机和承重梁焊牢的原因之一。当工作结束，仔细测量导轨面与绳头板中心的位置，记录备用。

5. 调整钢丝绳张力。调整钢丝绳张力有许多方法，并没有统一的规定。

（1）在对重侧调整钢丝绳张力。绳头板装好弹簧后，弹簧的高低可作为钢丝绳张力大小的指示。通过检查弹簧的高低，就可以辨别哪根钢丝绳需要调整。

电梯开到井道 2/3 的位置，这样在对重侧的钢丝绳就比较长。用弹簧秤钩住钢丝绳，拉向轿顶方向相同距离，记下弹簧秤的读数（建议使用一木板，一头固定在井道壁，另一段标有刻度，水平放置，每次拉时都到达同样刻度）。

电梯向下运行，根据经验调整对重绳头板上的螺母，保证钢丝绳的张力一致。至少上下运行电梯两次，重新测量拉动钢丝绳的数据。若需要，重新调整好螺母，直到弹簧秤上的读数基本一致，则可认为钢丝绳已调整好。这时可发现钢丝绳的长度也是基本相同的。调整螺母时，必须保证钢丝绳没有转动。

（2）在轿厢侧调整钢丝绳张力。开始之前先测量弹簧长度，这样也可提示哪根钢丝绳需要调整。电梯停于井道的下部，这样可以至少使电梯两层以上的某处层门可以打开。这里需要特殊的工具，方法与（1）相同。此方法一般只在当电梯两侧的张力不平衡时使用，补偿绳张力的调整也应在静平衡调整时完成。

当所有的部件检查调整完毕就可进入下一步工作。

电梯下开至较低楼层，在此可以回顾一下刚才已完成的工作，以便开始正式调整静平衡。此时，电梯轿厢已没有扭曲，绳头板的中心与曳引轮的中心已对准，曳引绳和补偿绳的张力也已调均匀。

6. 调整底坑补偿轮。如果采用自由式的补偿轮，其固定在轿底安全钳底板上的绳头板也是可以横向移动的，这样的移动可以保证绳头板与补偿轮对准。随行电缆也应列入静平衡调整范畴，但在低楼层时，影响比较小，可以不考虑。

7. 松开上下导靴，在轿厢的几何中心放入 30% 的负载，把平衡块放入底坑，电梯下行至人可以接触到轿底。把平衡块放入轿底槽中，使轿厢平衡，固定平衡块，静平衡调整就完成了。

二、轿厢动平衡调整

静平衡调整完成后，就可以开始做动平衡调整。在这之前，必须先在低楼层调整好导靴，保证电梯在上下运行时不会碰到井道内的其他设备，这时需让导靴滚轮的弹簧保持自由状态。

把电梯开到中间和顶部，检查一下电梯是否倾斜或向哪个方向倾斜。记住这些状态，在下一步调节时要用到。由于在低楼层时静平衡已调整好，上下运行电梯所出现的问题只需通过调整钢丝绳和随行电缆的重量就可以解决。

电梯在底层和高层时重量不一样的部件会影响电梯的动平衡，确定了这些部件的固定位置就有可能实现动平衡。因此，轿厢的重心、随行电缆和钢丝绳固定板的中心必须在同一垂直平面内。其他影响动平衡的因素是钢丝绳到随行电缆中心的力臂与曳引绳中心到补偿链中心的力臂。

当轿厢上行时，与电梯上行距离相等的补偿链的重量就加到电梯上，同时 1/2 上行距离的随行电缆也加到电梯上。静平衡可以用轿底的平衡块来调整，但动平衡是不能用轿底的平衡块来调整的。

动平衡调整的工作程序如下。

1. 电梯下行至底层，如果在高楼层时电梯发现有极不平衡的现象出现，最好去掉上导靴的弹簧使电梯能够处于自由状态。如果在高楼层时电梯的不平衡现象很小，则只需退松弹簧。

2. 检查是否有合适的载荷（一般为 30%）放在轿厢的几何中心。

3. 离开电梯，进入底坑，按下面的方法（1）或（2）观察下滚轮导靴的状况。

（1）检查导轨是否位于导靴的中心，和在静平衡调整时一样。

（2）拆除弹簧，让轿厢自由摆动。

方法（1）由于导靴仍固定在轿厢上，因此会更实用。因为在检查动平衡时和在底坑检查各项部件时，更有可能使电梯上行时无须移动下导靴，随行电缆的位置会更准确。

4. 检查底坑各部件的距离（以钢丝绳的中心为准）。在轿顶测量钢丝绳中心到导轨中心的距离，然后把此中心的位置标记在轿底的缓冲器顶板上，同时打好标记备用。

从补偿链挂钩中心到刚才的标记点连一根线，此线的另一端应穿过随行电缆挂板的中心。如果随行电缆的挂板中心没有落在连线上，则必须调整挂板。只有这样才能保证三者在同一平面内。

5. 确定随行电缆的离钢丝绳中心的正确位置。由于补偿链挂钩固定，所以可以计算得到其位置。为了使轿底的载荷平衡，必须保证补偿链和随行电缆对钢丝绳的力矩相等，且方向相反。公式为：

$$TWR \times MAR = TWC \times MAC$$

式中，TWR 为补偿链总重，MAR 为补偿链挂钩中心与钢丝绳中心的距离，TWC 为随行电缆总重，MAC 为随行电缆挂板与钢丝绳中心的距离。

其中：

$$TWR = R \times N \times W_t + \frac{W_c}{2}$$

$$TWC = T \times \frac{R}{2}$$

式中，R 为电梯提升高度，N 为补偿链根数，W_t 为补偿链单位长度的重量，W_c 为底坑中补偿链张紧轮重量，T 为随行电缆单位长度的重量。

TWR 和 TWC 都可通过计算得到，MAR 和 MAC 可以在轿底通过测量得到。TWR 和 MAR 乘积必须与 TWC 和 MAC 的乘积相等。如不相等，则可调整 MAC 的数值直至相等，其数值的变化就是需要移动的距离。这样随行电缆的位置就确定了，动平衡调整完成。

6. 由于重量计算和距离测量都可能出错，因此动平衡调整结束后还需要确认调整是否正确。只有在电梯开到顶层时才可以校核动平衡调整是否正确。

如果下导靴调整后，导靴底座槽的中心对准导轨，则没有问题。上导靴的滚轮必须设置止推，使轿顶、门机等不会与井道内的物件相撞。但是，上导靴必须是自由状态，使轿厢上部能够自由移动。如果轿厢后侧较重，导致电梯在高楼层时轿顶向后倾斜，则轿底的随行电缆应向前移动；如轿顶前倾，则随行电缆应后移。但此时移动距离应很小，以免引起距离的较大变化。

注意在调整随行电缆的距离时，保证与曳引绳和补偿链等在同一垂直面内。

由于随行电缆挂板位置的变化可能导致随行电缆半径的变化，应站在底坑内认真观察电梯上行和下行时电缆半径的变化，挂板的位置必须同时保证随行电缆正常运行。

7. 动平衡调整结束后，对上下导靴的滚轮弹簧施以最小的弹力，保证轿厢居中。轿厢居中可以尽可能地减少由于导轨调整的误差而导致的震动和碰撞。拿掉轿厢内预先设置的配重，用不同的载荷上下开动电梯，停靠不同的楼层，以检查动平衡和静平衡的效果。

 **特别提示**

电梯轿厢的静、动态平衡调整注意事项

1. 注意安全钳的清洁、加油和调节工作。
2. 安全钳卡口和滚轮导靴的虎口必须中心对准。
3. 滚轮导靴必须与导轨垂直。
4. 静平衡可以用轿厢底部的平衡块来调节。
5. 动平衡不用轿厢底部的平衡块来调节。
6. 如果补偿绳和随行电缆在轿架的同一侧，轿厢不能平衡。
7. 随行电缆、曳引绳和补偿绳不在同一垂直平面上时，轿厢不能平衡。

培训单元 4　电梯安装调试方案编制

培训重点

了解电梯安装调试过程

能够编制电梯安装调试方案

知识要求

电梯安装调试过程一般分为以下几个步骤：安装前准备工作、机械部件安装、电气部件安装、电梯调试、清理工地和验收移交。

一、安装前准备工作

在安装合同生效后，施工方应和使用方保持密切联系，时刻关注电梯土建工程的进展情况。在电梯设备到货以前，电梯井道应完成验收，具备安装条件。电梯井道完成验收后使用方应及时通知施工方，以保证电梯安装工作按时进行。

在电梯设备到货后，双方进行拆箱清点，如有差错，互相沟通，及时反馈。将各箱电梯零部件根据安装进度分门别类编号入库，整齐码放，以备安装使用。

二、机械部件安装

1. 制作样板和井道放线

对已勘察完的井道，按布置图制作并放置施工样板，根据井道实际尺寸放置基准线。在放置样板和井道放线的同时，将实际的土建尺寸在有效范围内进行调整。对土建方面不符合安装要求的地方，双方与土建单位一起商讨，请土建单位进行修改。

2. 导轨支架安装

在完成制作样板和井道放线工作之后，将着手进行导轨支架的安装。首先，根据井道放线基准，配置井道中导轨支架的距离。其次，按井道垂直变化情况将支架对号入座在井道壁上，按照标准固定导轨支架。

导轨支架的布置，原则上需满足一根导轨至少两个导轨支架和两根轿厢导轨的接头不应在同一水平面上的要求。

3. 导轨安装

先将井道内所放基准线松掉，避免放导轨时将线碰断。将井道底坑清理干净，安装导轨底梁，根据要求将其初步找平，垫实，其水平误差应当小于1/1 000。

两端固定导轨角钢面中心线与导轨中心线重合，拆除部分底层脚手架的横管，便于导轨井入井道，但脚手架的强度不应受到影响，必要时应做加固处理。

逐根清洗导轨接头，以免造成导轨接头缝隙过大。分别安装下面四根导轨（对重二根、轿厢二根），并将接油盘位置留出来，导轨下端与接油盘间距5~10 mm。在脚手架底层平面处将木跳板铺满，以便吊装导轨。

利用卷扬机或其他设备将导轨逐根起吊，紧固导轨接头板螺栓，并将导轨压导板螺栓临时固定，待校正导轨后完全紧固。

4. 电梯导轨校正

用专业导轨校正尺在每挡导轨支架处调校导轨。从轿厢中点至两对重导轨基准点距离应一致，其偏差不应大于0.5 mm。从对重导轨基准点到轿厢导轨基准点距离及各点间的对角线距离应一致，其偏差不应大于0.5 mm。从轿厢导轨基准点到层门净宽基准点距离及对角线的距离应一致，其偏差不应大于0.5 mm。

对于校正80 m以上导轨和高速电梯的导轨时，应在机房楼板下面用手拉葫芦从顶部将整条导轨吊起后再进行校正，这样可避免因导轨自重使导轨呈弓形，确保导轨安装质量。

5. 层门部件安装

将上、下样板架进行一次检测校正，检查轿厢导轨中线距层门宽度距离是否正确，从上至下是否有阻撞现象使其中间位置错位。

各层地坎安装应高于建筑装修地面2~5 mm，用水平尺找平。其地坎的不水平度应小于1/1 000，并使其保证与轿厢地坎间的水平距离偏差不大于2 mm，地坎两端距离轿厢导轨中心线偏差不大于1 mm。

门套安装时，按照安装说明书将门套逐个组对，上框与立框应用螺栓连接。如果需焊接，只能从里面点焊在门框的拉板上，不得焊在门框铁皮的背面。

6. 底坑设备安装

底坑设备安装的主要工作是缓冲器座、导轨底座的定位和限速器张紧轮的安装。应对照电梯布置图和实际测定尺寸，固定缓冲器等设备位置。

7. 机房机械设备安装

根据电梯布置图，将电梯的驱动主机、控制柜等部件按图就位，然后安装机房其他设备。

8. 轿架安装

轿厢应在最高层安装。先拆除该层脚手架，用两根型钢或两根 100 mm × 100 mm 的木方，作为安装临时承重梁，一端放在该层地坪上，另一端放在井道后壁的角钢支架上，用水平尺校正水平。

轿厢的安装顺序为：轿架→挂曳引绳→轿底→轿壁→轿顶→开门机构→轿门等。

9. 钢丝绳安装

安装钢丝绳前，应用合理的方法解开钢丝绳：用滚筒时，将滚筒的中心通过管子，然后将管子固定，转动滚筒，将钢丝绳从下侧笔直地拉出；不用滚筒时，将钢丝绳装在能旋转的架子上，然后转动架子将钢丝绳笔直地拉出来。

在钢丝绳截断前，在将要截断处的两侧先用合适的铅丝进行包扎处理，然后再截断。

钢丝绳应从机房内对重中心孔向井道内放置。钢丝绳张力的调整应该在将钢丝绳锥套固定的状态下进行，不允许采用旋转钢丝绳来增减张力的办法。

三、电气部件安装

1. 井道、机房和轿厢线槽敷设和布线

根据电梯施工图确定井道线管，槽的走向应考虑便于检修。垂直的主线槽或线管宜安装于距离召唤按钮较近的井道侧壁上，不应与轿厢随行电缆在同一侧。

井道内配管或线槽均采用明敷，敷设时应按电气安装工程规范中配管的要求进行。配线槽的方法与配管基本相同，每根线管或线槽不应少于 2 个支架，支架应用膨胀螺栓固定。线槽也可用射钉枪固定，但不允许用木塞固定。

井道敷设线管、线槽、接线箱时，应保证横平竖直，其水平和垂直偏差均不大于 2/1 000，主线管或主线槽全长最大偏差应不大于 20 mm。

所有的线管、线槽、接线箱、管接头都要用接地铜片或接地线跨接。接地线与零线始终要分开。放线、穿线时，应按施工图要求留有适当数量的备用线。如自编线号，字应清楚，便于识别。

2. 机房电气设备安装

按照电梯设计图安装控制柜、电源主开关等。根据安装说明书要求，安装电源主开关至控制柜、控制柜至驱动主机、控制柜至随行电缆、控制柜至分层线槽的线管或线槽。

机房内驱动主机、制动器配管或线槽，应与编码器配管分开，避免出现信号干扰。各控制柜、驱动主机的接地线应独立与主接地端相连，不应采用串联形式。

3. 随行电缆和保护装置安装

无论在滚筒、绕线架或其他任何场合，在装卸搬运随行电缆时，都不得将电缆从高处落下，不得在石子或钢材等凹凸不平的物体上滚动或拖曳电缆。

正确的解开随行电缆的方法是：将滚筒的中心通入管子，然后将管子固定，转动滚筒，将电缆从下侧笔直地拉出。

4. 井道内其他部件安装

安装井道底坑急停开关、限速器张紧轮开关、缓冲器开关，并正确接线；安装各层门门锁开关，并正确接线；安装操纵箱、召唤盒，并正确接线；在井道上下端位置安装限位开关及极限开关，并正确接线；安装平层感应器、终端强迫换速开关、称量装置，并正确接线。

四、电梯调试

1. 慢车调整

慢车调整工作应在电梯的安装工作全部完毕后进行。慢车调整前，电梯井道中的脚手架应全部拆除，并已确认井道中无任何阻拦物以免轿厢和对重在井道中运行时碰撞。

对驱动主机进行调谐等工作。在控制柜内操作检修或紧急电动按钮，判断驱动主机旋转方向是否正确。观察驱动主机是否正常，有无异响，制动器是否打开，是否可靠制动。

调整井道上下端的限位与极限开关的位置，一般调整到限位开关在轿厢超越平层 50 mm 内动作，极限开关在轿厢超越平层 150 mm 内动作。按照安装说明书要求，调整上下终端强迫换速开关，安装并校正各层平层感应板。

2. 快车调整

在慢车调整的基础上，对电梯进行快车调整。在快速运行中调整电梯的舒适感，将电梯调整到最佳运行状态。

五、清理工地和验收移交

在电梯能稳定地进行快车运行之后，安装人员逐步清理电梯井道、底坑和所有工作面。在所有工作完成之后，对电梯进行全面自检。自检合格后，再报请有关部门对电梯进行监督检验。在电梯各种指标测试合格后，请当地特种设备检验机构对电梯进行全面验收，保证电梯顺利交付使用。

六、电梯安装调试方案编制示例

1. 编制依据

（1）电梯设备系统安装工程合同文件。

（2）国家及地方政府部门的规范、规程及标准。

（3）公司技术标准和管理标准。

2. 工程概况

工程概况包括：工程名称、工程地点、业主（用户）联系人以及产品名称、规格型号。

3. 施工组织

（1）为确保安装调试顺利进行，保障施工安全、质量和进度，进行如下组织和安排。

1）进场施工前，对安装人员进行专门的安全意识和安装技术规程的安全、质量教育。

2）所有上岗的安装人员均应持有政府部门颁发的特种设备作业人员证。

3）所有开工前期准备工作、人员和技术资料等齐全。

4）配套单位、人员到位，相关手续办理完毕。

（2）安装人员组织机构。包括现场人员姓名和联系电话，合作安装、维保单位名称及质量工程师姓名和联系电话等。

4. 安装前准备工作

（1）对所有安装人员进行技术、安全培训。技术指导和安全员负责组织所有参与施工人员熟悉图样、了解安装工艺、掌握施工方法和安装程序。各安装班组应具备随机文件、快速使用指南、发货清单、施工过程记录、自检报告等资料。检测人员应经过上岗资格认证和有关检测技术培训，能够按照国家标准和公司内控质量标准严格进行检测。

（2）进场前的工作

1）确保施工电源到每个井道口设置配电箱（AC 380 V和AC 220 V）。

2）确保每台电梯靠近井道附近有一个面积40 m²的库房。

3）确保塔吊使用方便。

4）确保脚手架合格；层门入口处设置防护栏，悬挂好安全标记。

5）确保道路畅通，各部件运输到位。

5. 防护用品与安装、计量、检测工具

（1）防护用品。包括安全帽、全身式安全带、安全绳、防坠扣、护目镜、防护栏、门阻器等。

（2）安装工具。包括电锤、电钻、角磨机、电焊机、气割工具、手拉葫芦等。

（3）计量器具。包括水平尺、150 mm钢直尺、5 m钢卷尺、角尺、万用表、钳形电流表、线坠等。

（4）检测工具。包括万用表、转速表、兆欧表、激光垂准仪、钳形电流表、塞尺等。

6. 施工过程

需要编制"电梯安装调试计划"，主要包括安装步骤和调试步骤，具体前文已作介绍。

7. 工程质量和安全的保障措施

（1）安全员和质量检验员负责施工现场安全和质量工作。

（2）在施工过程中，项目经理应经常对施工安全、质量、进度进行巡视、抽查，加强对施工过程的控制。

（3）施工质量自检符合要求后公司再安排专检人员赴现场进行专检，专检合格后报当地特种设备检验机构预约验收。

（4）施工现场的安全检查和纠正措施

1）施工现场对井道、门洞、地坑要设明显的安全警告标志。

2）施工人员的劳动安全防护用品必须穿戴齐全。

3）在施工中避免立体作业，杜绝酒后施工。

4）施工现场保持整洁通畅、无杂物，配合业主统一管理。

5）在脚手架上施工，施工人员必须做到天天检查。

6）在施工作业中应保证足够的照明亮度。

7）进行电焊等明火作业时，注意清理周围杂物，远离易燃、易爆物品及导线等，确保动火安全。

8）经常检查电动工具、起重器具及其他工具，确保使用安全。

9）施工中如有起吊重物，需由专人统一指挥，施工人员进行密切配合并有相应的安全保护措施。

10）规范填写施工现场安全检查表。

8．工作制度和安全制度

（1）施工人员工作制度

1）严格遵守安全制度，认真落实各种安全措施，保障人身和设备安全。

2）服从项目经理的工作安排。

3）遵守现场施工单位的各种规章制度，同协作单位做好配合工作。

4）发现问题及时向上级汇报解决，避免产生隐患和造成重大损失。

5）注意个人卫生和文明，维护公司形象。

6）上班时间必须穿工作服、戴安全帽，井道内作业系好安全带，挂好安全网。

7）现场施工时尽量减少施工噪声、建筑垃圾的污染。

8）生活垃圾和施工垃圾每天应及时清扫，在指定地点堆放。

9）工具房、施工现场应具有完备的消防措施，注意防火。

（2）施工现场安全制度

1）施工人员必须经过安全和技术培训并考核合格，持主管单位批准核发的特种设备作业人员证上岗；新员工必须经过安全教育培训才能上岗实习。

2）进入工地作业，必须穿好绝缘鞋、工作服，戴好安全帽并携带完好可靠的验电笔。

3）开箱检查后部件应有计划地、合理地归类和保管，防止丢失、挤压、雨淋。

4）重要的设备及材料不应集中堆放在楼板及屋顶上，应该分散堆放。

5）井道作业过程中，使用电动工具、焊接、气割及起重时，必须系好安全带。

6）下班收工前，井道中不可放置任何可被碰落的物品。

7）严禁酒后作业，工作时间严禁吸烟。

8）照明电源和电动工具电源必须有漏电断路器，导线及插座完整，绝缘良好。

9）进入井道时应戴好安全帽，带好工具袋；安装过程中所用的旋具、扳手、钳子等应放入工具袋，防止坠落时伤人。

10）使用手持电动工具和设备时要有可靠的保护接地措施，应手戴绝缘手套、脚穿绝缘鞋。如需焊接、凿洞及浇巴氏合金时，必须戴好护目镜及手套。

11）焊（割）作业时要有专人监护，作业后必须检查火情，防止余火复燃。

12）在电梯安装调试过程中避免立体操作。

13）在施工中严禁站在电梯内外门的出入口处进行操作，以防止轿厢移动发生意外。

14）进入底坑施工，轿厢内人员应配合好，由专人负责统一指挥，做好安全防护工作。

15）进入机房检修时必须切断电源，并挂上"有人工作，请勿合闸"的警告牌。

16）在多台电梯共用的井道作业时应加倍小心，安装人员不但要注意本电梯位移，还要注意相邻电梯的动态。

17）如有吊装作业，作业前应严格检查吊装工具和设备并充分估重，选用相应的吊装设备，不允许有人在吊装位置下操作和行走。

18）不得采用不合理的工序和施工方法，以避免造成质量和安全事故。

9. 用户配合

（1）用户应免费将正式电源或临时施工用电送到电梯机房，提供足够的施工用电功率并有可靠的接地保护。

（2）用户应提供足够占用面积并确保进场通道畅通。

（3）用户应安排专人现场配合协调好施工相关工作和安全管理工作，提供符合安全要求的施工场所。施工前施工方应检查用户提供的施工设施，对不符合建筑施工安全管理规定的地方，用户应予以积极配合整改。

（4）用户应接受施工过程中的技术培训，便于以后进行设备管理。

培训单元5　电梯乘用舒适感调试

培训重点

能够熟练调试电梯启停、运行舒适感，并分析影响乘用舒适感的因素

知识要求

影响电梯乘用舒适感的主要因素是振动和噪声。电梯振动和噪声产生的因素有很多，如井道接口与电梯设计存在偏差、变频器对驱动主机控制设置的参数不当、机械安装不到位、未按照规范安装等。

一、振动

1. 运行过程轿厢有明显的振动

出现这种情况时乘客感觉脚底有振动。轿厢由于上下运行，曳引绳长度会发生变化，轿厢、钢丝绳系统的共振频率就会发生变化，使用蜗轮蜗杆的驱动主机如果齿轮啮合振动的频率与轿厢、钢丝绳系统的频率一致，就会在轿厢内发生共振现象。引起共振的部件主要为驱动主机系统、轿厢、钢丝绳系统。

发生轿厢振动需要检查以下相关部件。

（1）检查驱动主机与驱动主机台连接处之间的间隙。如果驱动主机与驱动主机台连接处之间有间隙，则在间隙处增加调整垫片进行调整。

（2）检查驱动主机联轴器与电动机轴、制动轮与蜗杆之间的平衡。如果存在问题，应该更换配件。

（3）检查驱动主机是否有轴向窜动。

（4）检查驱动主机轴承是否有异常响声。

（5）检查驱动主机编码器是否有故障，检查编码器信号线是否破损，检查编码器信号线是否与电源线隔离。根据问题的不同，分别更换编码器、更换编码器信号线，或将编码器信号线与干扰源隔离，以免受到干扰。

（6）检查曳引绳受力情况。曳引绳受力不均匀，在某一时刻内受力较大的曳引轮绳槽必然磨损加快，形成节径差，从而形成异常抖动，进而带动轿厢抖动。应调整各钢丝绳张力直至各钢丝绳的张力差异小于5%，消除钢丝绳的引力扭转。

（7）检查油杯上毛毡的渗油量。如果油杯缺油，在油杯内增加油量；如果有物料损坏，按照现场情况更换毛毡或油杯。

2. 运行过程中电梯有水平方向的晃动

运行过程中电梯水平方向的晃动与轿厢侧导轨的安装情况有直接关系。因此在消除电梯水平方向晃动时，首先要对导轨的安装情况进行检查。

（1）检查导轨的扭曲性（直线性）。电梯运行后导轨、导轨支架的热胀冷缩、材质不均等形成的静应力或者楼房沉降，会使导轨出现扭转、拱起等变形，产生变形的主要是导轨上没有支架固定的部位。因此在测量时，对于每根导轨应测量支架位置、中间位置、导轨接头3个位置，并将测量数据进行记录。判断两导轨间的距离是否符合标准，轿厢侧导轨的偏差应为0~2 mm。根据现场记录的数据，判定导轨是否有扭曲、拱起等变形现象，导轨的直线性是否符合要求；如不符合，可通过在导轨支架处、导轨连接板处增减垫片来进行修正。

（2）检查接头处水平台阶偏差。一般用600 mm刀口尺对导轨接头处进行测量，导轨接头处不应有连续缝隙，局部缝隙不大于0.5 mm。如果导轨接头处水平台阶偏差值大于0.5 mm，应采用以下办法进行调整：对于侧面缺陷，在导轨连接板处增加垫片作修正；对于端面缺陷，借助端部凸锲间隙进行调整。

（3）检查导轨是否有锈蚀、损伤、污垢，用砂纸打磨、修整导轨。如无法现场修整，则需要更换导轨。

（4）检查导轨缺油状况，检查杯上毛毡与导轨的尺寸以及毛毡的渗油量。

（5）检查曳引轮绳槽的磨损状况。观察钢丝绳在曳引轮上是否有跳动现象，测量曳引轮的磨损状况。曳引轮绳槽的均匀磨损并不一定会引起电梯垂直方向的振动。

（6）检查对重侧导轨上是否有污垢，是否缺油。若有污垢应根据现场情况清除污垢。如果导轨缺油，则检查油杯缺油状况，在油杯内增加相应的油量；或按照现场情况，更换毛毡或油杯。

3. 电梯启动和停止时不和顺

应根据电梯的载重量，检查平衡系数和称重数据，重新调整电梯的平衡系数至40%~50%，重新调整称重数据。对于电梯启动、停止时的不适感，需要依据电梯具体情况通过调整变频器的相关参数进行改善。

电梯变频器的驱动主机控制参数设置是否合理对驱动主机的运行特性影响很大，主要体现在电梯的启停控制上，即制动器与运行输出的时序控制，速度变化时的加、减速度，运行过程中的速度环比例增益及积分时间的矢量控制参数等，上述设置均会影响电梯乘用舒适感。

二、噪声

1. 运行过程中轿厢有异响

检查轿壁板是否有残留保护膜，松开轿壁板固定螺栓去除残留物。

检查固定两块轿壁板的螺栓孔是否错位，正确固定轿壁板螺栓。

检查固定轿顶（或轿底）与轿壁板的螺栓孔是否错位，正确固定轿壁板螺栓。

2. 运行过程中轿门滑块有异响

检查门滑块与地坎槽的有关尺寸，根据要求进行调整。

检查轿门滑块的磨损程度，如果门滑块宽度小于要求，则应及时更换。

检查门滑块的安装螺栓是否紧固，及时紧固安装螺栓。

检查地坎槽的磨损或损坏程度，现场整修或更换。

检查轿厢地坎内壁上是否有积灰或轿门滑块留下的黑色橡胶残留物或其他异物，清洁轿厢地坎。

3. 关门过程中关门不顺畅、有异响

检查层门地坎内是否有杂物，清理层、轿门地坎。

检查门机电动机传动带的张力和磨损量，调整带张力，如磨损严重应更换传动带。

检查门机电动机带轮之间的平行度、垂直度，并调整至符合规范。

　　在解决电梯振动与噪声问题时，除了凭经验判定外，还要仔细检查电梯各个部件的状态及质量，因为振动和噪声的来源是互相影响和关联的。

培训单元 6　导轨安装与调整

能够分析建筑物引起导轨弯曲的原因

能够进行导轨的安装与调整

知识要求

一、建筑物引起导轨弯曲的原因

建筑物引起导轨弯曲的原因主要可分为外部原因和内部原因两个方面。

外部原因主要有建筑物的自重、使用中的动荷载、振动或风力等因素引起的附加荷载、地下水位的升降、建筑物附近新工程施工对地基的扰动等。

内部原因主要有地质勘察不充分、设计错误、施工质量差、施工方法不当等。

二、导轨的安装

1. 导轨安装作业工具（见表1-9）

表1-9　导轨安装作业工具

序号	工具名称	规格	单位	数量	用途
1	手拉链条葫芦	1.0 t×6 m	只	2	吊装导轨用
2	环型吊带	1.0 t，环长不小于2 m	根	2	
3	卸扣	ϕ10 mm	只	4	
4	冲击钻	22 mm	把	1	开墙孔用
5	电锤	22 mm	把	1	
6	呆扳手	14～17 mm、16～18 mm	把	各1	
7	梅花扳手	10 mm、3 mm、17 mm	把	各1	
8	活扳手	8 in、10 in、12 in	把	各2	
9	套筒扳手	5～33 mm	套	1	
10	锤子	2.27 kg	把	1	
11	刀口尺	400 mm	把	1	校验导轨接头用
12	塞尺	0.02～1 mm	套	1	
13	磁性吸铁线坠	10 m	只	2	校验导轨安装垂直度用
14	直尺型水平仪	300 mm，1 000 m	把	各1	校验支架水平度用
15	钢卷尺	5 m	把	2	测导轨距用
16	钢直尺	500 mm	把	2	校验导轨两侧工作面的扭曲用
17	砂轮切割机	400 mm	台	1	切割导轨、支架、钢丝绳等用
18	便携式电焊机	30～300 A	台	1	焊接用

2. 导轨支架安装工艺

导轨支架在井道壁内安装工艺，根据井道结构的不同而有所不同。

（1）剪力墙井道钻膨胀螺栓孔

1）井道壁画线前先进行纸面作业。根据井道图中井道总高及支架挡数，核实每挡挡距是否≤2.5 m。核实每根导轨是否用两挡支架固定及导轨接导板与支架是否发生干涉；若发生干涉，立即在纸面上标注并调整挡距。以导轨吊线为参照，进行井道壁支架位置标志线作业。

2）以标志线为准进行钻孔作业。先测量膨胀螺栓套管径及工作区段长度，选用同等直径的钻头以支架孔位为准进行钻孔，钻深为膨胀螺栓工作区段即膨胀套管连突出的倒锥头长度，以 2～5 mm 为宜。钻孔时，钻杆与墙面成 90° 钻进，钻毕清理墙灰。

3）安装导轨支架作业。塞入膨胀螺杆及膨胀套，套口与墙面平齐。导轨支架由固定架与活动架组成，膨胀螺杆对准固定架孔并穿入，放上大垫片及止退弹簧垫圈，拧上螺母初步紧固，校正固定架的水平度，水平度应 <0.5 mm。

4）活动架与固定架组合。用螺栓将活动架组装到固定架上，粗调活动架导轨安装面的垂直度。

5）完成区段导轨支架安装。通过导轨吊线检查支架安装面的重合度、压导板孔中心基线的直线度，基本达标即可，如图 1-11 所示。

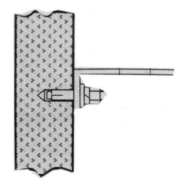

图 1-11　剪力墙井道导轨支架安装作业

（2）圈梁井道钻膨胀螺栓孔

1）依据井道图复核井道已经有预埋铁的每挡支架间距是否≤2.50 m，并且每根导轨是否由两挡支架固定。核实井道焊接固定点与导轨接导板是否发生干涉；若发生干涉，应在井道立面图上标注干涉点，并进行固定点的补充。

2）圈梁为水泥浇筑，若无预埋铁的则按剪力墙井道钻膨胀螺栓孔执行，需补点的则可以采取剪力墙井道钻膨胀螺栓孔或挖墙孔水泥现浇预埋铁的方式。

3）参照导轨吊线将支架副的固定架点焊到预埋铁上，进行固定架的水平校正。为防止焊接变形，可由点焊向连续焊过渡，最后逐渐过渡到满焊，如图 1-12 所示。

4）将活动架用螺栓初步固定于固定架上，粗调活动架导轨安装面的垂直度。

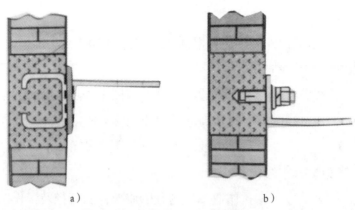

图 1-12　圈梁井道导轨支架安装作业

a）有预埋铁　b）无预埋铁

5）完成区段导轨支架焊接安装。通过导轨吊线检查各挡支架安装面的重合度、压导板孔中心基线的直线度，基本达标即可。

（3）砖混结构井道以现浇预埋形式钻膨胀螺栓孔

1）按与剪力墙井道钻膨胀螺栓孔同样的方法在井道壁上画出支架安装基线，并画出开掘预埋孔的方框，支架安装位置同样要劈开导轨接导板。

2）按方框画线进行开掘墙孔作业，开掘深度为 1/2 墙厚 +20 mm。例如，墙厚 240 mm，则开掘深度为 120 mm+20 mm=140 mm，开掘深度不能小于 120 mm，里大口小。

将带"开脚"的预埋铁板埋入预埋孔或直接将支架埋入预埋孔。预埋孔先用水湿润，再将配比为 1∶2 的 400# 水泥砂浆缓缓灌入预埋孔中，灌满为止，并采取防砂浆流失措施。

3）静待养护期后撤除封板，可进行后续施工。

4）若采用预埋铁板，则后续施工可将导轨支架直接焊接上去；若采用直接预埋支架，则要保证其水平度，养护期过后再安装活动架，如图 1-13 所示。

5）活动架垂直安装面的直线度、垂直度基本达标即可。

（4）砖结构井道以夹板形式钻膨胀螺栓孔

1）在砖墙型的井道内画出支架安装基线，控制支架挡距≤2.50 m。每根导轨由两挡支架支撑，支架安装位置与导轨接导板不发生干涉。

2）以支架安装分布基线及夹板孔位为基准，对墙进行钻孔，钻透为止。

3）用双头螺杆上的内、外侧铁板夹裹墙体并固定起来，井道内侧铁板则成为支架的焊接平台，如图 1-14 所示。

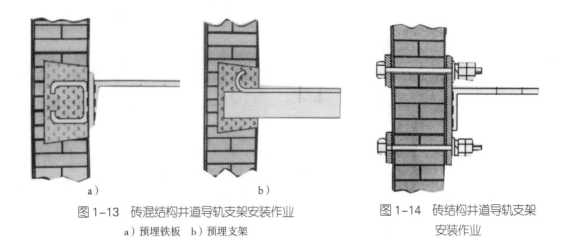

图 1-13 砖混结构井道导轨支架安装作业

a）预埋铁板 b）预埋支架

图 1-14 砖结构井道导轨支架
安装作业

4）施工结束后，内、外侧铁板均需刷二度防锈漆及三度面漆，做防锈处理。

3. 导轨安装工艺

（1）导轨启封。启封后需进行预检，剔除扭曲、变形超标的导轨。

（2）配件预置。若导轨有接油盘或底脚，先将接油盘或底脚预置件放入底坑，并完成底坑导轨与预置件的配装，如图 1-15 所示。

（3）导轨吊装其方法。如图 1-16 所示，导轨凸榫向上并已配装接导板，利用导轨支架作起吊点，依次吊装上一节导轨。用接导螺栓与下节导轨连接起来，稍微带紧螺栓。就位后初步拧上压导板，立即检查上节导轨与下节导轨接头处连续缝隙：轿厢及设安全钳的对重导轨，缝隙应≤0.5 mm；不设安全钳的对重导轨，缝隙应≤1.0 mm。若超标则需对榫头及接合面进行修磨。

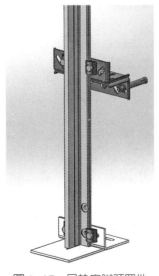

图 1-15 导轨底脚预置件

图 1-16 导轨吊装作业

4. 导轨接头修整

（1）用刀口尺加塞尺检查导轨接头处台阶。

（2）若接头处台阶超标，即 >0.05 mm 时，用导轨修磨工具进行修磨。梯速在 2.5 m/s 以上，修磨段长度一般 ≥300 mm；梯速在 2.5 m/s 以下，修磨段长度一般 ≥320 mm。

（3）修磨部位表面粗糙度要求：一般情况下，冷拔级导轨修磨部位表面粗糙度 $Ra \leqslant 6.3$ μm，机加工导轨修磨部位表面粗糙度 $Ra \leqslant 3.2$ μm，精加工导轨修磨部位表面粗糙度 $Ra \leqslant 1.6$ μm。

5. 精度检测

首对导轨竖装后，立即检查新装导轨与导轨平行度、垂直度及预设的等距离尺寸，并复核与门线的坐标距离，出现偏差应立即校正。校正完成，拧紧支架螺栓及压导螺栓。

（1）轿厢导轨测量。轿厢导轨测量示意图如图 1-17 所示。

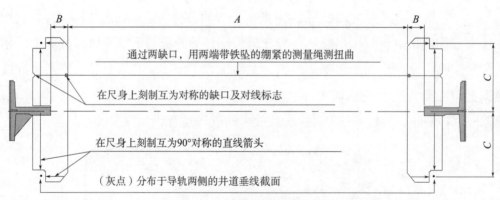

图 1-17　轿厢导轨测量示意图

1）导轨距测量。用钢直尺测出校导尺两端距后再加 2B。

2）垂直度测量

①目测法。校导尺沿导轨滑移时，两边纵向箭头始终对准吊线。

②实测法。从上到下用钢直尺测量 C 值，上下应一致。

3）扭曲度测量

①目测法。查看尺身上刻制的两横向箭头，要求对准两边吊线。

②线测法。通过校导尺两边缺口放下一条两端带铁坠的测量绳，要求直线分别通过两尺端刻制的对线标志。

注：校导尺为自制工具，其尺寸的确定根据施工人员的放线习惯而定，不规定某个值。

（2）对重导轨测量。对重导轨测量示意图如图 1-18 所示。

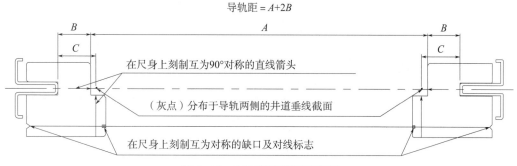

图 1-18 对重导轨测量示意图

1）导轨距测量。用钢直尺测出校导尺两端距后再加 $2B$。

2）垂直度测量。采用实测法，从上到下用钢直尺测量 C 值，上下应一致。

3）扭曲度测量。采用线测法，通过校导尺两边缺口放下一条两端带铁坠的测量绳，要求直线分别通过两尺端刻制的对线标志。

6. 点焊固定

导轨安装完工，经复核达标后，需对下列各连接点进行点焊固定。

（1）膨胀螺栓的固定。需对螺母与螺栓、螺母与垫圈处进行点焊。

（2）支架的固定。需对固定架与活动架、紧固的螺母与螺栓及螺母与垫圈处进行点焊。

点焊完成后，对支架及点焊点全部进行清除焊渣处理，并涂漆防锈。

7. 导轨清洗

导轨清洗可以在动车之前进行。此时电梯安装基本已完成，井道内不需钻孔、焊接作业。可用柴油对导轨进行清洗，并用干布抹净导轨。

8. 导轨安装质量控制

（1）全程复核测量导轨的垂直度，允差≤1.2 mm。

（2）全程复核测量导轨的扭曲度，允差≤0.5 mm。

（3）全程复核测量导轨的直线度，允差≤1 mm。

（4）复核测量导轨距，轿厢导轨距允差 0～2 mm，对重导轨距允差 0～3 mm。

（5）复核测量上、下节导轨接头处连续缝隙，设安全钳的对重导轨应≤0.5 mm，不设安全钳的对重导轨应≤1.0 mm。

（6）复核测量导轨工作面接头处台阶，设安全钳的应≤0.05 mm，不设安全钳的应≤0.15 mm。

（7）复核测量导轨支架的挡距，应≤2.50 m。

（8）导轨上端部至井道顶部的距离与图样设计参数相符。

（9）端层最后一节导轨应有两挡支架支撑。

三、导轨的调整

施工人员应站在电梯轿顶以轿厢检修速度由下至上对整列导轨进行直线度校正。

1. 测量轿厢在各平层位置时的相关间隙

测量轿厢地坎与层门地坎两边间隙尺寸，轿门立柱与各层门门套、层门已装修的入口立面平齐尺寸，并将每层的上述尺寸记录在案。

2. 两端导轨支架的校正

将井道顶部第2挡支架和底坑第1个支架处导轨的平行度及导轨距校正到位并且要精确（因为这是后设基准线的基础）。然后在井道顶部向下第2挡支架上方与底坑导轨支架上方各安装一个基准支架（也可直接借用已调整到位的顶部向下第2挡支架与底坑导轨支架作基准支架）。安装支架上调节螺杆并绷紧细钢丝。将卡板卡入导轨（已调整好的顶部第2挡支架和底坑第1个支架）。左右、前后调节螺杆位置并紧固，使其上已绷紧的细钢丝定位于卡板上某一刻线。调节螺杆和绷紧细钢丝的位置，要求安装后间距大于压导板间距且不影响轿厢运行。

3. 测量各楼层位置支架偏差值

将卡板卡入一对被测导轨每挡支架位置并检查卡板刻线与钢丝绳位置的偏差值（特别是各楼层位置支架的偏差值），并记录在案（同时记下楼层位置）。

4. 确定调整方案

对前述第1步和第3步所测得的数据进行分析，估测校正后的导轨通过各楼层轿厢与层门位置（地坎间隙、轿门与层门中心位置）能否符合国标中所规定的检验要求。如估测达不到所需要求，需重复第2步和第3步，综合分析并重新设置基准支架位置。

5. 放松支架上导轨压导板

调整方案确定后应放松基准支架上导轨压导板（借用顶部向下第2挡支架与底坑导轨支架作基准支架的情况），以免校正时影响基准线。

6. 消除导轨内应力

如楼层较高而导轨中存在较大弯、扭曲内应力，则需采用提升整列导轨的方法来消除内应力。

方法 1：可从上至下将整列导轨一根根提起 20～30 mm 并固定；校正时再一段段放下（非摩擦型压导板不可采用此方法）。施工时只可一列上移，切不可两列一起移动，并要注意如轿厢导靴衬过短、导靴衬不能正确导过导轨提升缝隙的情况。

方法 2：将一块压导板上下部一切为二，在切开后的压导板背部非螺孔中心或两侧面焊接圆钢吊环（圆钢吊环的直径与焊接强度应符合提吊要求），将加工后的接导板连接于顶端导轨接导面。在导轨顶端机房楼板处开一小孔，并将一段钢索从机房引入接导板吊环孔后回至机房，并用 3 个 U 字夹按标准夹紧。采用型钢一端加垫，另一端用千斤顶（此时此列导轨中各压导板已预松）将整列导轨顶升20～30 mm（须注意机房楼板承重要求与压强分散等情况），提升后应在千斤顶端加垫并撤去千斤顶。一对导轨的提升方法相同并注意垫起的高度应足够低才安全。

方法 3：也可用一段 M20 螺杆焊接于半块接导板背部非螺孔中心面。螺杆串入机房，用螺杆、螺母提吊导轨。

7. 弯曲与扭曲校正

按第 3 步的方法测量每根导轨的弯曲和扭曲程度（也可采用直接吊线测量）。如存在较严重的弯曲，可借用各导轨支架及一小型千斤顶加撑杆在井道中将其校直，也可在校正导轨时相间进行。扭曲校正用一长角铁中部（类似支架与导轨连接）作用导轨背面校正，旋转时两边同时用力，切不可施力于工作面。

8. 紧固导轨支架

一列导轨的校正方法与步骤与导轨的安装校正类同，但要注意应在其他各挡支架全校正完成后再紧固、校正基准支架上的导轨。

电梯对重导轨的安装与校正方法与轿厢导轨类同，但要求低于轿厢导轨。

培训项目 2

自动扶梯设备安装调试

培训单元 1　分段式自动扶梯桁架、导轨校正

培训重点

能够校正分段式自动扶梯桁架、导轨

知识要求

一、桁架主体构造

自动扶梯及自动人行道的桁架也称金属骨架，是基础构件，也是承载部件，具有连接建筑物两个不同层高的平面、承受各种载荷及安装支撑所有零部件的作用，是运送乘客的承载体。

桁架主体结构是指由各金属构件通过焊接而成的一个整体，如图 1–19 所示。一般由端部托梁，上、下弦材，纵梁，斜材，横梁，底部封板及其支持件，起吊部件和其他支架等构件焊接而成。

自动扶梯和自动人行道的桁架一般由碳钢型材焊接制作，以角钢和方钢为主材。桁架必须具有足够大的强度和刚度，整体或局部刚性的好坏对扶梯的运行性能影响较大。以型材制作桁架，易于保证焊接的质量。

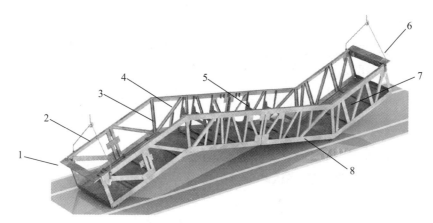

图 1-19　桁架主体结构

1—端部托梁　2—上弦材　3—纵梁　4—斜材　5—横梁　6—起吊部件　7—底部封板及其支持件　8—下弦材

一般规定，普通型自动扶梯按乘客载荷计算或实测的最大挠度（即扶梯受载时的弯曲程度）不应超过支撑距离的 1/750；公共交通型自动扶梯挠度不应超过支撑距离的 1/1 000。

1. 端部托梁

端部托梁也叫承重梁、支撑梁等，用于搭接在建筑物承重梁的预埋钢板上，与中间支撑（如有）一起支撑整个自动扶梯，是自动扶梯关键受力件，通常用角钢型材制作而成。由于自动扶梯在运行时会产生一定的振动，在要求较高的场合，为了减少振动和噪声，支撑梁与土建的预埋钢板之间还设有防振橡胶垫，将金属构架与建筑物隔离开。

2. 上、下弦材

上、下弦材相当于桁架的主梁，也是主要承载构件。它由上水平段弦材、倾斜段弦材、下水平段弦材组成。上、下弦材均为左右对称状态分布。由于上弦材所承受的载荷相对于下弦材大，为了提高材料的利用率，通常下弦材的材料规格会比上弦材小。

3. 纵梁

纵梁是垂直连接上、下弦材的构件，通常在桁架中间段、上下水平段均匀分布。相邻两个纵梁的间距通常为 900 ~ 1 200 mm。纵梁的分布关系到桁架的强度与刚度，其中纵梁的深度决定了桁架的截面高度，直接关系到桁架的挠度。

4. 斜材

斜材位于上、下弦材及两相邻纵梁之间，呈对角线形式布置。其作用通常是增加桁架的强度及挠度，防止扭曲变形。

5. 横梁

横梁通常焊接在两个对称布置的纵梁上，极个别情况下也固定在斜材或者其他部件上，主要用于安装导轨支架等。由于考虑到装配方便性等，有的桁架结构的上、下水平部横梁与导轨部件组合一起后再整体安装到桁架上，此时的横梁是通过螺栓安装方式加以固定的。

6. 底部封板及其支持件

由于在桁架内安装了许多运动部件，如驱动主机、上下部链轮、梯级链、驱动链、扶手带链等，为了保证以上运动部件运转正常，要定时给以上部件加润滑油。在扶梯运行过程中，为了不让润滑油及梯级运行垃圾掉落而影响其他设备和污染环境等，桁架须有底部封板及相关构件。同时，由于在自动扶梯装配期间和后期维修保养时，封板上可能要站人，所以封板必须要有一定的强度。除此之外，考虑到该部件的面积较大，焊接过程或者表面处理过程可能会产生较大变形，因此设计时会根据需要设置支持件等。

封板的支持件是沿着整个桁架底部封板进行布置的，除了支撑底部封板及防止变形之外，其对桁架的扭曲变形也具有一定的作用。

7. 起吊部件

起吊部件是用来起吊自动扶梯的，仅在生产以及安装过程中使用，是一个辅助构件。在自动扶梯中起吊部件一般采用整体焊接结构，并且一般位于端部托梁和驳接端主弦材上。为了吊装的安全性和可靠性，起吊部件除了本身需要有足够的强度外，连接处的焊接强度需要经过计算确认和实际验证。

二、桁架表面处理

目前，桁架主体金属构架的表面防锈处理方式主要有热镀锌、热喷锌和喷漆等。其中热镀锌处理方式防锈能力最强，一般用于室外型扶梯或者对表面处理要求较高的公共交通型扶梯。

1. 热镀锌

热镀锌也叫热浸锌或热浸镀锌，是一种有效的金属防腐方式，主要用于各行业的金属结构设施上。它是将除锈后的钢件浸入 500 ℃左右熔化的锌液中，使钢件表面附着锌层，从而起到防腐的目的。该表面处理方式的优点在于防腐年限长久，适应桁架在较恶劣的环境中使用；缺点是桁架会产生一定的变形，需要采取工艺措施控制变形量。

2. 热喷锌

热喷锌是利用氧气、乙炔或电热源（大型工件采用电加热，中、小型采用氧气、乙炔加热）通过压缩空气和专用工具（喷枪），将锌汽化后以超高速喷到金属表面，形成一层锌层。热喷锌的优点是桁架不会发生变形，但防锈能力不如热镀锌。

3. 喷漆

普通扶梯的桁架多采用喷漆处理。室内梯一般采用双层喷漆，即一层底漆、一层面漆。由于普通扶梯的工作环境较好，因此一般情况下其防锈能力能匹配工作寿命。

三、桁架分段及其连接

1. 桁架的分段

影响桁架分段的主要因素有：桁架吊装/搬运空间、运输车辆/集装箱要求、桁架与导轨之间的匹配关系、桁架的挠度和中间支撑的配置等。但从经济适用性考虑，为减少加工、装配及驳接数量等，在提升相同高度的情况下，应尽量减少桁架的分段。在没有特殊要求并且能保证搬运与运输要求的情况下，自动扶梯生产厂家一般会尽量将每段桁架长度设计得较长，甚至设计成整体式桁架。

常见的桁架分段和中间支撑数量见表 1-10。正常情况下，桁架的驳接位置位于中间倾斜段，该结构的优点是驳接部件的通用性、操作性强，同时还可避免影响拐弯处重要部件的强度。

表 1-10　桁架的分段数量

提升高度 H	$H \leqslant 5\ m$	$5\ m < H \leqslant 10\ m$	$10\ m < H \leqslant 16\ m$	$16\ m < H \leqslant 20\ m$	$20\ m < H \leqslant 25\ m$
桁架分段	1段（整体式）	4段	5段	6段	7段

2. 分段连接螺栓

桁架分段间的连接都需要采用高强度螺栓（用高强度钢制造）。桁架用高强度螺栓的技术特点如下。

（1）强度等级。常用 8.8 级和 10.9 级两个强度等级，其中采用 10.9 级的居多。

（2）使用材料。螺栓、螺母和垫圈都由高强度钢材制作，常用 45 钢、40B 钢、20CrMnTi 钢和 35CrMoA 钢等。

（3）热处理。通常都要进行调质处理，目的是为了提高其力学性能，以满足规定的抗拉强度值和屈强比。

（4）预紧力矩的控制。高强度螺栓的预紧力矩非常重要，如预紧力矩太小，则会使连接效果差，受载后，会使连接面的下端产生间隙，造成金属桁架变形增大。如果力矩太大，则会使螺栓受额外的预紧力，降低了螺栓的受载能力。因此，在装配或安装时（螺母、螺栓、孔和连接表面区域应抹上润滑油），必须用扭矩扳手检查预紧力矩。

预紧力矩的检查方法：选择一些有代表性的螺栓（每个接头至少应选择两个螺栓），然后将所有的螺栓用扭矩扳手进行检查。在检查高强度螺栓时，无论螺栓拧紧与否，都必须用扭矩扳手将每一个螺母再拧紧10°，必须考虑应克服直接摩擦（指测试力矩）。如果扭矩扳手上的指示已达到测试力矩，而螺母已不能进一步转动，则可以认为已经施加了额定预紧力矩。高强度螺栓预紧力矩表见表1-11。

表1-11　高强度螺栓预紧力矩表　　　　　N·m

螺栓规格	额定力矩	测试力矩	螺栓规格	额定力矩	测试力矩
M16	280	310	M20	490	540
M18	300	320	M22	730	800

技能要求

分段式自动扶梯桁架、导轨校正

操作步骤

步骤1　桁架驳接

工厂为了便于工地重新组装，连接板会被标记和分类。组装时必须按照标记正确地对连接板进行连接，否则会因连接板的孔位偏差导致桁架无法拼装。

桁架分段拼装时要防止因起重位置不当（或不适宜）而使桁架产生变形。

桁架拼装工艺为：如果直线段为两段，则将下水平段与一直线段拼装，上水平段与另一段直线段拼装，然后将两大段拼装成一体。在拼装时，桁架要放置平稳，以免产生扭曲变形。

（1）桁架驳接结构一（水平）。首先需要把两端分段的桁架尽可能摆近，使用起重机或吊车，提升两段桁架直到拼接螺栓连接处在一条直线上，然后使用索轮或棘轮绑带收紧，直到两段桁架处于齐平位置。

使用高强度螺栓配合螺母、锁紧螺母、平垫等附件将上下连接板分别在上下弦材上固定牢固，连接后成为一条直线，如图 1-20 所示。

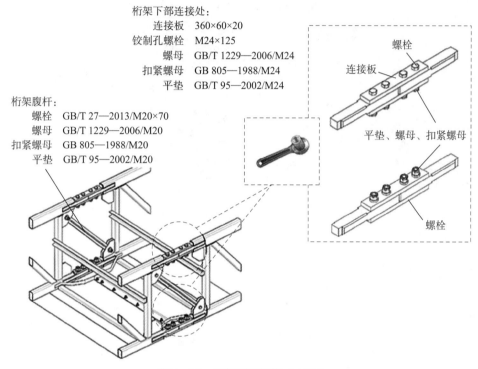

图 1-20　桁架驳接结构（水平）

一般使用 600 N·m 或者 1 100 N·m 的扭矩扳手（根据桁架连接螺栓规格选择）收紧所有螺栓。最后再增加桁架腹杆。桁架腹杆安装方式采用三角形方式，以增加驳接处的稳定性。

（2）桁架驳接结构二（垂直）。首先需要把两端分段的桁架尽可能摆近，使用起重机或吊车，提升两段桁架直到拼接螺栓连接处在一条直线上，然后使用索轮或棘轮绑带收紧，直到两段桁架处于齐平位置。

在起吊前，可以在桁架两侧的分段连接拼接位置插入撬棍，这在起吊后将有利于两段桁架的体位在悬空后保持一致。

确定好位置之后，首先将定位销敲入，然后再将螺栓装入相应的位置。当所有的螺栓都就位之后，使用扭矩扳手施加 280 ~ 730 N·m 的力矩（根据桁架连接螺栓规格和数量选择），如图 1-21 所示。

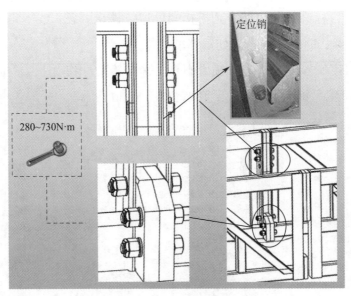

图 1-21　桁架驳接结构（垂直）

（3）桁架底板连接。为了防止渗油，桁架底板连接采用瓦片式搭接，即上段桁架底板搭在下段桁架的底板上，如图 1-22 所示。

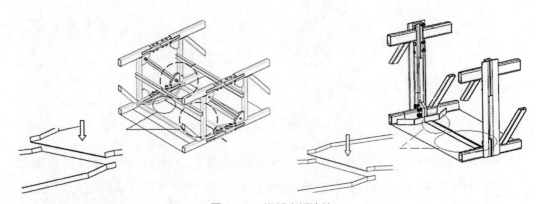

图 1-22　桁架底板连接

步骤 2　连接导轨和梯级链条

连接导轨和链条应在桁架两侧同时进行。

连接所有梯路导轨，确保接缝平滑，梯路导轨之间的连接缝隙一般应小于 0.5 mm，如图 1-23 所示。所有导轨连接后，导轨面的高低差一般应小于 0.2 mm。

在进行链条连接时，为了方便操作，可用手动盘车将链条拉入适合链条连接处，不要从梯级轴的中部拉梯级链，应从梯级链的两端连接处拉，如图 1-24 所示。检查所有的定位挡圈都应在适当的位置，并且所有的链板都能自由移动。梯级链连接好后必须把卡扣、绳索擦除干净。

图 1-23　导轨的连接

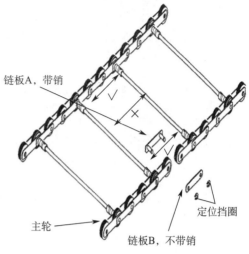

链板A，带销

定位挡圈

主轮

链板B，不带销

图 1-24　链条的连接

培训单元 2　自动扶梯运行调试

培训重点

能够修改电气控制参数，调试自动扶梯运行功能

知识要求

一、调试前检查

自动扶梯安装完毕即进入调试阶段。正确的调试是自动扶梯正常安全运行的保障。电气调试之前需要检查各部件是否具备调试条件，以保证现场人员和设备的安全。

1. 现场机械、电气接线检查

在系统上电之前要进行外围接线的检查，检查与确认的内容包括以下几点。

（1）检查器件型号是否匹配。

（2）确认安全回路导通。

（3）确认自动扶梯上无人，并且具备适合扶梯安全运行的条件。

（4）确认接地良好。

（5）确认外围按照随机提供的图样正确接线。

（6）确认每个安全开关工作正常，动作有效可靠。

（7）检查主回路各点是否存在短路现象，检查是否存在对地短路现象。

（8）确认自动扶梯处于检修状态。

（9）确认机械部分安装到位，不会造成设备损坏或人身伤害。

2. 电源检查

系统上电之前要检查用户电源。

（1）用户电源各相间电压应在交流 380 V 上下 7% 以内，每相不平衡度不大于 3%。

（2）系统进电电压超出允许值会造成破坏性后果，要着重检查。直流电源应注意正负极。系统进电处缺相时不要动车。

3. 接地检查

检查下列端子与接地端子 PE 之间的电阻是否无穷大，如果偏小应立即查找原因：

（1）R、S、T 与 PE 之间电阻。

（2）U1、V1、W1 与 PE 之间电阻。

（3）驱动主机 U21、V21、W21、U22、V22、W22 与 PE 之间电阻。

检查自动扶梯所有电气部件的接地端子与控制柜电源进线 PE 接地端子之间的电阻是否尽可能小（接地电阻小于 4 Ω），如果偏大应立即查找原因。

二、控制柜参数校验

自动扶梯的控制系统通常采用微机板控制，也有部分厂家使用可编程控制器（PLC）控制。由于自动扶梯的特殊性，一般基本参数设置都已经由工厂完成，现场只是校验及调试。

以 NICE2000 为例，全变频控制模式下控制器参数推荐设置见表 1-12。

表 1-12 全变频控制模式参数推荐设置

功能码	名称	推荐设定值	备注
F0-01	扶梯驱动方式	2	"2"为全变频驱动
F1-01	额定功率	*	按电动机铭牌设置

续表

功能码	名称	推荐设定值	备注
F1-02	额定电压	*	按电动机铭牌设置
F1-03	额定电流	*	按电动机铭牌设置
F1-04	额定频率	*	按电动机铭牌设置
F1-05	额定转速	*	按电动机铭牌设置
F4-06	X 06 端子选择	0	无此功能设为"0"
F4-07	X 07 端子选择	0	无此功能设为"0"
F4-08	X 08 端子选择	32	机械制动器检测常闭输入（常开时设为"8"）
F4-12	X 12 端子选择	36	自动节能常闭输入
F4-13	X 13 端子选择	18	驱动方式常开输入
F4-17	DI 3 端子选择	10	上光电常开输入（常闭时设为"34"）
F4-18	DI 4 端子选择	11	下光电常开输入（常闭时设为"35"）
F4-25	初次运行时间倍数	3	第一次从高速运行转换到低速运行的时间
F5-04	Y4 端子选择	1	运行接触器 1 输出
F5-05	Y5 端子选择	1	运行接触器 2 输出
F6-03	快车运行频率	50 Hz	
F6-05	慢车运行频率	12 Hz	根据实际需要调整
F6-07	加速时间	5.0 s	由零速开始加速运行至最大频率所需要时间
F6-08	减速时间	20.0 s	由最大频率运行开始减速至零速所需要时间
F9-07	瞬停不停功能	0	自动扶梯为"快—慢—停"循环、"快—停"循环运行时，此参数需设置为"1"
FB-00	测速检测延时	0.0 s	不监控测速脉冲信号设为"0"
FB-08	启动蜂鸣保持时间	3 s	根据实际需要设定
FB-09	快车运行保持时间	35 s	根据实际需要设定
FB-11	反向进入运行时间	15 s	根据实际需要设定
FB-16	节能方式选择	2	"1"为快停循环，"2"为快慢循环，"3"为快慢停循环
FP-01	参数更新	0	"0"为无，"1"为恢复出厂参数

三、检修试运行

自动扶梯进入检修试运行阶段，应严格执行安全操作步骤，确认在梯级上无人，否则将有发生重大事故的风险。

自动扶梯安全保护装置和开关共同构成了自动扶梯完整的安全回路。在自动扶梯检修试运行前，需要确认该安全回路可以直接切断主回路和制动器回路中接触器的线圈，确保安全可靠。

将检修手柄的插头插入控制柜检修专用插座上，再次确认检修手柄上的急停开关能正常工作，动作有效可靠。

同时按动上行（或下行）按钮和公共按钮，自动扶梯只有在按钮按下时才做上行（或下行）运行。

在按下检修方向按钮后，观察实际运行方向是否与目的方向相符（电动机飞轮上的方向标志是重要的判断标记），如果方向与实际不符，可以任意交换电动机侧电源中的两相。

四、快车试运行

在检修试运行的基础上，将自动扶梯恢复正常，分别测试手动和自动状态下自动扶梯运行情况，逐条检验所设置的参数。

典型变频快车运行逻辑为：合上总电源开关和其他开关，通过一系列的保护开关触点，安全接触器合上，控制器就做好了运行前的准备工作。

需要自动扶梯向上运行时，将自动扶梯入口处的钥匙开关旋到上方向处，制动接触器吸合，制动器打开，制动器机械检测开关动作，运行接触器吸合，驱动电动机由变频驱动开始向上运行（反之可以类似方式下行）。

关闭自动扶梯时，按下停止按钮，控制器送出停机信号，运行接触器失电断开，制动接触器失电断开，制动器失电制动，驱动电动机停止运行。

当自动扶梯有乘客检测装置时，可实现节能运行：当自动扶梯上有乘客时，自动扶梯以高速运行（如额定速度），提高客流量；当乘客检测装置在一段时间内没有检测到乘客通过时，自动扶梯开始转为低速运行；如果配置有提前检测乘客的漫反射探头，还可以实现待机运行，此时自动扶梯一直处于待机运行状态，当有乘客再次进入自动扶梯后，自动扶梯才开始高速运行。

若自动扶梯配置有方向指示器，在快车运行时，同方向指示器以绿色滚动的箭头显示自动扶梯的运行方向；当长时间无人进入自动扶梯，则自动扶梯进入慢车运行状态，方向指示器仍旧以绿色滚动的箭头显示自动扶梯的运行方向；当再过一段时间仍没人乘梯时，则自动扶梯停止运行进入待机状态，此时方向指示器仍旧以绿色滚动的箭头显示自动扶梯的运行方向。另一端的方向指示器则始终以红色横条显示，提示乘客不可反向进入自动扶梯；如乘客反向进入，蜂鸣器会鸣

叫提醒，并且自动扶梯自动以设定的方向快车运行 15 s（时间由参数设定），有效
阻止乘客反方向进入。

五、可编程电子安全相关系统（PESSRAE）调试

下面以汇川 MCTC-PES-E1 自动扶梯和自动人行道可编程电子安全相关系统
（PESSRAE）为例进行介绍。

1. PESSRAE 组成（见表 1-13）

表 1-13　PESSRAE 组成

名称	说明
控制装置及电源	MCTC-PES-E1 印刷电路板 1 块（须安装在外壳防护等级不小于 IP5X 的保护罩壳内），开关电源 1 个
传感器	主驱动轮测速传感器 2 个，扶手带测速传感器 2 个，梯级 / 踏板缺失传感器 2 个
检测开关	楼层板打开检测开关 4 个，工作制动器反馈开关 2 个（双主机时工作制动器反馈开关 4 个），附加制动器反馈开关 1 个（双附加制动器时反馈开关 2 个）

2. PESSRAE 控制回路设计

PESSRAE 控制回路接线示意图如图 1-25 所示。回路主要采集的信号有原控制系统的检修状态，上行、下行状态，驱动主机制动器动作和释放状态。设置有附加制动器的自动扶梯还需监测附加制动器的动作状态，监测上下楼层板是否处于被打开状态。

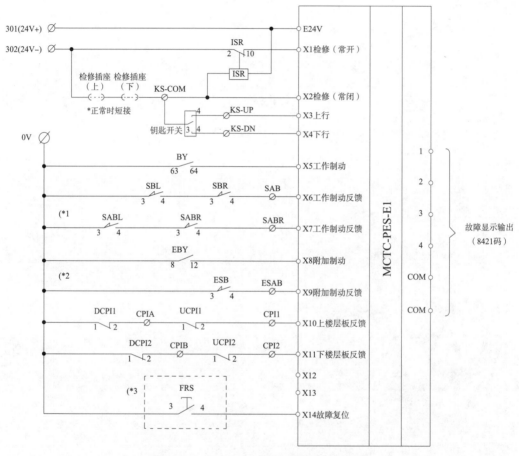

图 1-25　PESSRAE 控制回路接线示意图

传感器回路接线示意图如图 1-26 所示。回路中主要有主驱动轮测速传感器、扶手带测速传感器、梯级/踏板缺失传感器。每个传感器实时反馈自动扶梯的运行状态，监测有异常时，会停止自动扶梯的运行。

3. PESSRAE 传感器及开关安装说明

（1）主驱动轮测速传感器

1）传感器安装方法。正对牵引链轮轮齿安装，一个传感器感应面中心正对牵引链轮轮齿中心，另一个传感器边缘正对相邻轮齿中心。主驱动轮测速传感器安装示意图如图 1-27 所示。

安装距离：3 mm≤LA=LB≤8 mm。

主驱动轮测速传感器现场安装如图 1-28 所示。

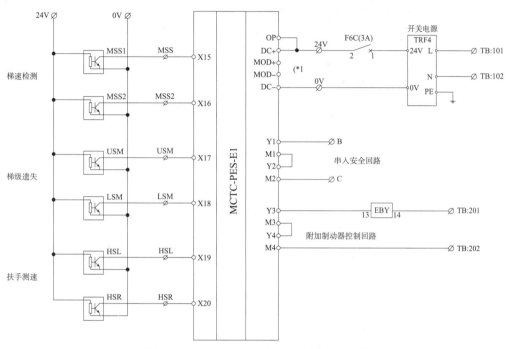

图 1-26　PESSRAE 传感器回路接线示意图

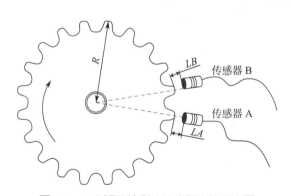

图 1-27　主驱动轮测速传感器安装示意图

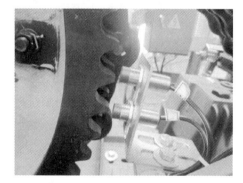

图 1-28　主驱动轮测速传感器现场安装

2）检测原理

①超速保护功能。通过使用传感器 A 和 B 检测牵引链轮的速度来判断电梯的运行速度是否超速并执行超速安全保护功能。当驱动主机工作，牵引链轮转动时，每个轮齿遮断一次传感器，传感器就发出一个脉冲。通过检测传感器的脉冲时间间隔可以计算出扶梯的运行速度。传感器 A、传感器 B 作为相互冗余的速度检测

通道，通过设定一定的脉冲周期或频率阈值，可以分别检测 1.2 倍或 1.4 倍超速，并进行保护。

②防逆转功能。正确地安装两个传感器的相对位置，可以使传感器 A 的相位超前于传感器 B，并保证两传感器脉冲有重叠部分。此时检测这两个传感器的逻辑顺序，只需通过逻辑顺序的判断，就可以检测梯级即扶梯的实际运行方向，防止逆转运行。

（2）扶手带测速传感器

1）传感器安装方法。正对测速轮上的感应装置固定传感器。如果测速轮为塑胶质，则使用铁质器件做感应装置；如果测速轮为铁质，则挖孔作为感应装置。感应装置的截面应与传感器感应头截面大小相近。扶手带测速传感器安装示意图如图 1-29 所示。传感器 3/4 为左右扶手带测速传感器。

安装距离：$1 \text{ mm} \leq L_3 = L_4 \leq 4 \text{ mm}$。

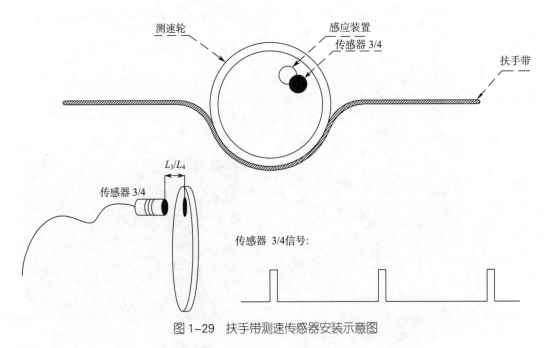

图 1-29　扶手带测速传感器安装示意图

扶手带测速传感器现场安装如图 1-30 所示。

2）检测原理。测速轮在扶手带驱动下被动旋转，其线速度与扶手带的速度基本一致。在测速轮上设置一个感应装置，将传感器 3/4 固定于不运行部件上，并令其感应端正对此感应装置。当测速轮随扶手带转动时，传感器 3/4 输出如图 1-29 中的脉冲信号（测速轮每转一圈输出一个脉冲）。结合检测半径可检测测速轮的转速，并进一步计算出扶手带的速度，再同梯速比较，在扶手带速度低于对应的梯速的 85%，并持续 5~15 s 时，切断自动扶梯或自动人行道的安全回路的电源，使其立即停止运行。

（3）梯级 / 踏板缺失传感器

1）传感器安装方法。上下机房各一个，正对踏板对立侧的踢板长边边缘的截面安装。安装示意图如图 1-31 所示。传感器 5/6 为梯级 / 踏板缺失传感器。

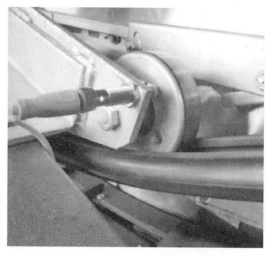

图 1-30 扶手带测速传感器现场安装

安装距离：$5\ \text{mm} \leqslant L_5 = L_6 \leqslant 15\ \text{mm}$。

梯级 / 踏板缺失传感器现场安装如图 1-32 所示。

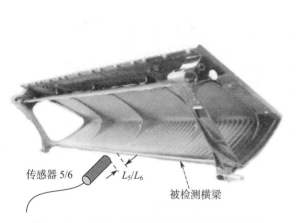

图 1-31 梯级 / 踏板缺失传感器安装示意图

图 1-32 梯级 / 踏板缺失传感器现场安装

2）检测原理。通过在自动扶梯上下机房内的梯级回转端安装传感器 5/6，检测梯级是否缺失，配合主驱动轮测速传感器 A/B 的信号，通过计算传感器 A/B 在传感器 5/6 相邻脉冲宽度内的脉冲数量来判断梯级是否缺失。

当梯级经过时，传感器 5/6 接收到信号，输出脉冲。设同一个传感器两个相邻脉冲的时间间隔为 T，设 T 时间间隔内主驱动轮测速传感器 A 或 B 的脉冲计数为 X。不管梯速如何，在梯级不缺失的情况下，T 时间间隔内的 X 值是在一定阈值内的，如果 X 值超出阈值，则判断为梯级缺失故障，自动扶梯紧急停止后进入安全状态。

（4）工作制动器反馈开关。自动扶梯和自动人行道启动后，由工作制动器反馈开关监测制动系统的释放。工作制动器反馈开关现场安装如图1-33所示。

图1-33　工作制动器反馈开关现场安装

（5）楼层板打开检测开关。楼层板打开检测开关用于监测楼层板是否处于打开状态。楼层板打开检测开关现场安装如图1-34所示。

（6）附加制动器反馈开关。附加制动器应能使具有制动载荷向下运行的自动扶梯和自动人行道有效地减速停止，并使其保持静止状态，停车加速度不应超过1 m/s^2。附加制动器反馈开关用于监测附加制动器动作状态，其现场安装如图1-35所示。

图1-34　楼层板打开检测开关现场安装

图1-35　附加制动器反馈开关现场安装

（7）PESSRAE参数推荐设置。PESSRAE参数推荐设置见表1-14。PESSRAE参数设置需要根据自动扶梯的实际参数而定，比如牵引链轮半径和牵引链轮每转脉冲数都需要现场测量得到。

表1-14　PESSRAE参数推荐设置

功能码	名称	推荐设定值	备注
F0-00	系统类型	*	"0"为自动扶梯，"1"为自动人行道
F0-01	名义速度	*	根据实际设定
F0-02	牵引链轮半径	*	根据实际设定

续表

功能码	名称	推荐设定值	备注
F0-03	牵引链轮每转脉冲数	*	根据实际设定
F0-04	最大制停距离	*	根据国标自行设定
F0-05	名义速度下扶手脉冲间隔时间	*	通过 F1 计算值修改
F0-06	梯级信号间 A 或 B 脉冲数上限	*	通过 F1 组计算值修改
F0-07	梯级信号间 A 或 B 脉冲数下限	*	通过 F1 组计算值修改

表 1–15 为 PESSRAE 状态参数，不需要修改。

表 1–15　PESSRAE 状态参数

功能码	名称	备注
F1-00	A 相梯速	根据 A、B 传感器检测到的实际梯速
F1-01	B 相梯速	
F1-02	A 相信号脉冲数 / 周期	在名义速度下每秒 A、B 信号脉冲数量
F1-03	B 相信号脉冲数 / 周期	
F1-04	当前运行方向	
F1-05	停车后溜车距离	停车后检测到的制动距离
F1-06	左扶手脉冲间隔	实际检测到的左右扶手信号周期（检修运行时无显示）
F1-07	右扶手脉冲间隔	
F1-08	上梯级信号间 A 脉冲个数	实际检测到的梯级信号间 A、B 信号的脉冲数量（检修运行时无显示）
F1-09	上梯级信号间 B 脉冲个数	
F1-10	下梯级信号间 A 脉冲个数	
F1-11	下梯级信号间 B 脉冲个数	
F1-12	输入输出端子状态查看	
F1-13	输入输出功能状态查看	
F1-14	名义速度下的每秒脉冲数	根据 F0 组参数，计算出的名义速度下，每秒钟的 A 或 B 脉冲数
F1-15	制停距离 1.2 倍脉冲数	根据 F0 组参数，计算出的制停距离的 1.2 倍所对应的 A 或 B 脉冲数
F1-16	两个相邻梯级信号间脉冲数	根据 F0 组参数，且以扶梯梯级为 40 cm，计算出的梯级间 A 或 B 脉冲数

F1-12、F1-13 参数从左向右各数码管指代的端子如图 1–36 所示。

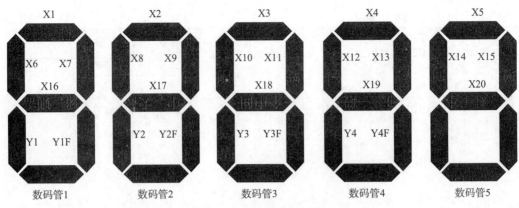

图1-36　数码管对照图

F1-12 各段亮，表示输入端子与 0 V 短接。

F1-13 各段亮，表示对应 F1-12 中相同位置数码管所示端子的功能是否有效——亮有效还是灭有效，与常开、常闭设置有关（常开，数码管亮有效；常闭，数码管灭有效）。

培训单元3　自动扶梯中间支撑部件安装调整

能够安装、调整大跨度自动扶梯的中间支撑部件

一、中间支撑部件

自动扶梯的桁架一般由上水平段、下水平段和直线段组成。有整体结构和分体结构两种形式。自动人行道一般为分体结构。当自动扶梯的提升高度超过 6 m 时，为了增加桁架的刚性和强度，降低扶梯的振动，提高整机运行质量，一般常在上下两水平段之间设置中间支撑，如图 1-37 所示。

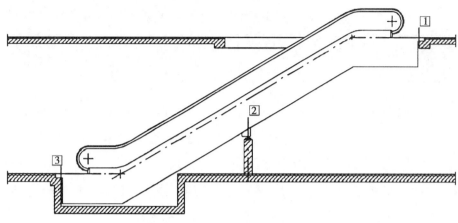

图 1-37　自动扶梯桁架的支撑部件

1—上部支撑　2—中间支撑　3—下部支撑

当中间支撑离下端较近时，也可以不设置；当中间支撑离下端较远，支撑位置比较高时，需要增设立柱。由于立柱比较高，为了提高其稳定性，应在连接的两立柱间增加一个横梁，如图 1-38 所示。中间支撑部件的作用是防止和减少振动对建筑物的影响，同时降低扶梯的整机振动，所以要求采用弹性支座或用橡胶减振器。

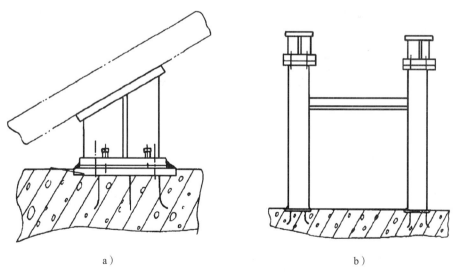

図 1-38　中间支撑形式

a）无立柱中间支撑　b）有立柱中间支撑

对于小高度扶梯，一般只需设一个中间支撑。对中、大高度的扶梯，则需要增设几个中间支撑，以保证金属桁架有足够的刚度，见表 1-16。

表 1-16　桁架中间支撑数量

提升高度 H	H≤5 m	5 m<H≤10 m	10 m<H≤16 m	16 m<H≤20 m	20 m<H≤25 m
中间支撑数量	0个	1个	2个	3个	4个

自动扶梯有两种不同结构的中间支撑，如图 1-39 所示。中间支撑主要由中间支撑座、调整螺栓、中间支撑柱、连接螺栓和中间支撑件（位于桁架上与桁架主架构整体焊接）等构成。中间支撑的桁架应力较大，因此在正常的设计过程中，当需要增加中间支撑时，该中间支撑的桁架通常需要经过特殊加强处理，以避免该处由于局部应力集中而导致桁架强度不足，主要方式有修改纵梁、斜材的型材规格，局部改变斜材方向等措施。

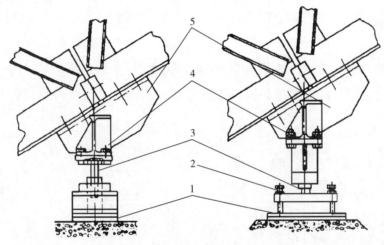

图 1-39　中间支撑
1—中间支撑座　2—调整螺栓　3—中间支撑柱　4—连接螺栓　5—中间支撑件

二、吊装要求

中间支撑部件安装一般在桁架吊装完成之后进行。金属桁架的结构比较复杂，起吊的位置选择十分重要，为了避免桁架变形和确保就位安全，应配备适当的起吊专用工具和有一定起重经验的技术人员。在起吊和就位时应注意下列几个问题：

1. 对于空桁架，钢丝绳的结扎位置只允许在上弦材上，而不是在其他型材上，并且结扎点处有加强角钢、纵梁和斜材；对于装有侧板、导轨、主机（驱动装置）等的桁架，钢丝绳的结扎位置应在桁架两端支承大角钢旁的专用绳索套。

2. 一般情况下不允许钢丝绳绕过桁架底部，以免桁架产生变形。

3. 为了避免脱钩，要求钢丝绳的悬吊角度不宜太大。

4. 为吊装平稳或防止脱绳，切忌用单根钢丝绳起吊。

5. 就位后的金属桁架的上下水平段平面应与就位的建筑平面平行，桁架侧平面应与底坑内侧平面平行。上下端（搁机的大角钢）应分别可靠地支承在两端的搁机大梁上，且保持开挡尺寸基本一致。上下端水平位置应一致，确保搁机平面扶梯出入口楼层板平面与地平等高。

技能要求

自动扶梯中间支撑部件安装调整

操作步骤

步骤 1　安装中间支撑支架

在自动扶梯起吊之前将中间支撑支架装好，中间支撑支架初步安装完成之后，就可以开始吊装自动扶梯。

步骤 2　调整自动扶梯水平

桁架吊装结束后要求立即进行水平调节。因部分扶梯的结构由于前沿板缩进、大角钢在外部，故扶梯吊装完毕后，必须先调整水平。反之，地面装饰一旦完成，大角钢被埋入混凝土中，将无法调节自动扶梯水平。

自动扶梯水平精度一般控制在 ±0.5 mm/m。水平精度如果未控制到位，将直接影响自动扶梯后续正常运行（如产生梯级擦梳齿、错齿、振动、异常噪声等）。

如图 1–40 所示，自动扶梯水平调整具体步骤如下：在调整上、下头部水平时，将水平仪放置在梯级上；通过调节定位螺栓的上下位置，对扶梯进行适当的高度和水平调整；水平调整好之后，塞上垫片，用来取代定位螺栓。如果调节之后前沿板与地面之间在水平上有一些轻微误差，可以调整前沿板边框支架至前沿板上表面和楼层地板面同一水平。

步骤 3　自动扶梯直线段调整

如图 1–41 所示，使用细线或 0.75 钢丝进行直线度的调整，一般直线度控制在 2 mm 之内。

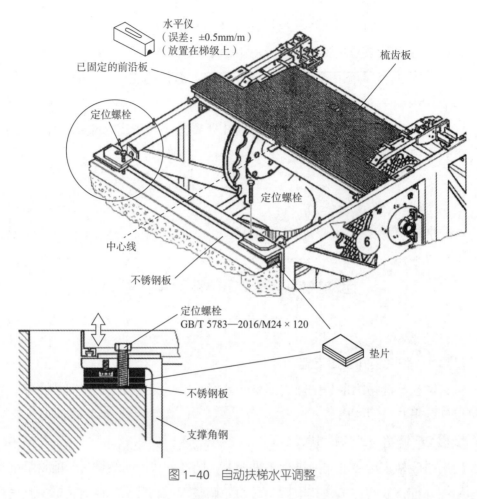

图 1-40　自动扶梯水平调整

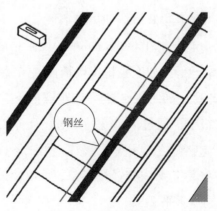

图 1-41　直线段调整

培训单元 4　采用新技术、新材料、新工艺生产的自动扶梯安装调试

能够安装、调试采用新技术、新材料、新工艺生产的自动扶梯

《中华人民共和国特种设备安全法》关于新材料、新技术、新工艺有如下规定：

第十六条　特种设备采用新材料、新技术、新工艺，与安全技术规范的要求不一致，或者安全技术规范未作要求、可能对安全性能有重大影响的，应当向国务院负责特种设备安全监督管理的部门申报，由国务院负责特种设备安全监督管理的部门及时委托安全技术咨询机构或者相关专业机构进行技术评审，评审结果经国务院负责特种设备安全监督管理的部门批准，方可投入生产、使用。

国务院负责特种设备安全监督管理的部门应当将允许使用的新材料、新技术、新工艺的有关技术要求，及时纳入安全技术规范。

近年来，各种新材料、新技术、新工艺被广泛应用于特种设备领域，我国的特种设备正在向高精度、高可靠性、高质量、智能化控制、数字化、集成化、大型化以及多功能化方面发展，特种设备技术水平已经慢慢接近国际水平。此条款明确了新材料、新技术、新工艺应用于特种设备生产和使用中的具体途径，为新材料、新技术、新工艺的应用提供了便利，是"鼓励先进技术"的具体体现。

此条款还提出应当不断完善安全技术规范，不断将符合有关技术要求的新材料、新技术、新工艺纳入安全技术规范中，持续保持安全技术规范技术的先进性和实用性，这对于推动特种设备安全技术的发展有积极的促进作用。

本单元以重载型自动扶梯为例，介绍采用新技术、新材料、新工艺生产的自动扶梯的相关设计。

一、重载型自动扶梯特点

尽管在 GB 16899—2011《自动扶梯和自动人行道的制造与安装安全规范》中，尚未有重载型自动扶梯的名称和内容，但重载型自动扶梯的概念已为公交建设和扶梯制造行业所广泛接受。各城市在地铁建设中，大多根据实际需要，提出了专门的要求，国内主要的自动扶梯制造商也纷纷推出具有重载能力自动扶梯。

重载型自动扶梯在结构、配置和性能上，有比普通公交型自动扶梯更完善的安全性、更长的工作寿命。

1. 能适应地下和露天的工作环境

地铁车站多是地下建筑，这里的环境特点是，底坑和井道周边有地下渗水和腐蚀性气体。重载型自动扶梯不但需要适应地下的环境条件，在没有顶盖的出入口处，还需要直接承受日晒雨淋和风沙侵袭。因此，重载型自动扶梯必须具有很好的耐水、耐蚀、耐沙尘的性能。

2. 能持续重载

地铁的自动扶梯除了需要每天约 20 h，每周 7 天、每年 365 天连续工作外，还要承受客流高峰的考验。客流高峰主要出现在上下班时段，各持续至少 1 h，高峰客流时的地铁车辆发车间隔是 2 min，此时的自动扶梯基本上是连续处于满载运行状态。因此，要求自动扶梯必须具有持续重载 1 h 以上的能力，动力配置应有足够的裕度。

3. 使用寿命长

地铁是政府投资的公交系统，是社会公益设施，自动扶梯作为车站的大型固定设备，必须具有相当长的使用寿命。一般要求整机寿命在 40 年以上，大修周期不小于 20 年，部件必须有很高的强度、耐磨性和耐腐蚀性。

二、重载型自动扶梯的整机技术参数

1. 工作制度

工作制度关系到自动扶梯的工作寿命。重载型自动扶梯的工作制度一般设定为：每天运行 20 h，每周 7 天，每年 365 天连续工作。我国的地铁一般一天实际运行时间是 18~20 h，每晚停运后是设备的维修时间，所以一般按每天 20 h 设定工作制度。

2. 额定载荷

额定载荷是运输设备最重要的设计参数，需要用于驱动电动机的功率设计和机件的强度设计。重载型自动扶梯每天约运行 20 h，在任何 3 h 间隔内，应能以 100% 制动载荷连续运行 1 h；其余时间的平均载荷为不小于制动载荷的 60%。

3. 额定速度

GB 50157—2013《地铁设计规范》规定，地铁车站扶梯的额定速度应不小于 0.5 m/s。地铁是快速运输系统，作为地铁车站垂直方向的运输工具，宜采用较高的速度；但从使用安全角度看，还要考虑本地区人们对自动扶梯速度的适应能力。结合中国的国情，采用 0.65 m/s 的中速自动扶梯是比较合适的。广州地铁的自动扶梯普遍采用 0.65 m/s 的额定速度，使用效果良好。

4. 倾斜角度

国内重载型自动扶梯一般都选用 30° 的倾斜角。倾斜角大于 30° 的自动扶梯是不准在公共交通场所使用的。出于安全的考虑，在国内也有地铁开始考虑对大提升高度的扶梯采用 27.3° 的倾斜角。

5. 梯级宽度

自动扶梯的标准梯级宽度一般有 0.6 m、0.8 m、1.0 m。在《自动扶梯和自动人行道的制造与安装安全规范》中，对重载型自动扶梯应采用哪个宽度并未做出规定。

6. 水平梯级数量

水平移动段是乘客进入和离开扶梯时的过渡段，增加水平梯级的数量，能有效提高乘客登上和离开扶梯时的平稳性。《地铁设计规范》规定，对于额定速度 0.65 m/s 的自动扶梯，上、下端水平梯级数量不能少于 3 块。

7. 上下导轨转弯半径

梯级通过转弯导轨从水平运动变为倾斜运动（或反之），这一过程会产生离心力（或向心力），这种力不利于人在梯级上的站立稳定性，因此转弯半径不能太小；但增大的转弯半径会使自动扶梯桁架总重变大，加大制造成本和安装时的空间要求。

重载型自动扶梯一般上部设计速度 0.5 m/s 时转弯半径不小于 2.0 m，速度 0.65 m/s 时转弯半径不小于 2.6 m（提升高度大于等于 10 m 时，转弯半径不小于 3.6 m），速度 0.75 m/s 时转弯半径不小于 3.6 m。下部设计转弯半径不小于 2.0 m。

三、重载型自动扶梯的主要部件技术要求

1. 桁架

重载型自动扶梯的桁架一般要求具有不低于 40 年的工作寿命，因此桁架必须有很高的强度、刚度和耐蚀性。重载型自动扶梯一般要求桁架挠度不大于支撑距离的 1/1 500。

由于地铁车站的环境条件特殊，桁架的抗蚀能力至关重要。对在露天或地下车站使用的重载型自动扶梯，采用热镀锌是最可靠的办法。这种方法技术成熟，锌层厚度在 100 μm 时，有 40 年耐蚀能力。当锌层消耗完以后，还可以通过喷涂对桁架作二次表面处理。

2. 驱动主机与制动器

重载型自动扶梯要求主机传动效率高、制动可靠、工作寿命长。因此重载型自动扶梯的主机大多采用齿轮减速箱结构，电动机与减速箱之间采用联轴器。重载型自动扶梯的减速箱大多采用齿轮副传动，效率可在 0.95 以上，具有可观的节能意义。

重载型自动扶梯最常用的制动器是块式制动器，这种制动器又称为闸瓦式制动器，制动力矩来自制动弹簧对闸瓦的压紧力，调整方便。除此之外，带式制动器和蝶式制动器也有所使用。有些重载型自动扶梯还配有制动闸瓦磨损监测装置，在闸瓦磨损将导致制动力不足时发出故障警示，提示及时调整或更换制动内衬，防止自动扶梯不能有效制动。

3. 梯级链

重载型自动扶梯一般都采用链轮式张紧装置，这种张紧装置通过张紧架上的链轮直接对梯级链进行张紧，又称为滚动式张紧装置，具有张紧作用稳定的优点。对梯级链的张紧力来自装置尾部的弹簧，调节弹簧被压缩量即可调节张紧力。

4. 扶手带

重载型自动扶梯对扶手带的选用原则是：必须有高的强度，在使用中几何形状稳定，耐老化及具有阻燃性。

重载型自动扶梯由于客流大，扶手带的受力也成正比增大，一般都选用传动力大、对扶手带损伤小的 V 形带端部驱动方式并且上下端部均安装有导轮，以减小阻力。

5. 梯级及梯级滚轮

重载型自动扶梯一般都采用铝合金整体压铸梯级，这是由于铝合金整体压铸

梯级强度高、耐蚀性好。

梯级滚轮安装在梯级的前部，由于不与梯级链相连，相当于是梯级的从动轮，只需要承受梯级的自重与梯级的负载，受力比梯级链滚轮要小，因此又称梯级副轮。在正常使用情况下，在室内工作的梯级滚轮一般工作寿命在 12 年以上。

6. 导轨和支架

重载型自动扶梯的导轨和支架需要作强化设计，以应对大客流的负载以及保持不小于 20 年的工作寿命，同时还要对梯级具有可靠的横向限位作用。

7. 楼层板和梳齿支撑板

重载型自动扶梯由于客流大、工作环境恶劣，楼层板和梳齿支撑板也是需要重视的部件。

楼层板在自动扶梯上下入口处，需要承受乘客的重量和行走时产生的冲击，因此在结构上需要有足够强度和刚度，在使用中不允许出现永久变形，同时还需要防滑。楼层板可采用铝合金型材制造，也可采用钣金结构，表面的防滑层一般是贴花纹不锈钢板。

梳齿支撑板在结构上需要有很高的强度，一般采用厚钢板制造，表面贴与地板相同的防滑板材。厚钢板需要作热镀锌处理，锌层厚度一般不小于 50 μm。

8. 电控系统

电控系统由控制柜、变频器、电气配线、开关与插座、维修控制盒、故障显示装置等组成。

对于安装在上部机房中的控制柜，需要充分考虑环境温度。对室外型自动扶梯，机房需要有强制通风，控制柜内温度不能大于电子器件的最高工作温度。

重载型自动扶梯一般都配有变频器。最初采用变频器的目的只是为了获得维修速度，后来随着对节能的重视，变频器被同时用于实现节能速度，有的还用于实现多种运行速度。

电线、电缆一般应采用阻燃、低烟、无卤型的防火性能电线、电缆，一旦发生火灾，可以降低电缆燃烧时产生的烟雾对人体的危害。

四、重载型自动扶梯的安装调试

重载型自动扶梯的安装调试比较特殊，需要专业的施工人员按照厂家的指导书完成安装调试。

培训单元 5 大跨度自动扶梯安装调试方案编制

能够编制大跨度自动扶梯安装调试方案

自动扶梯安装调试工艺流程如图 1-42 所示。

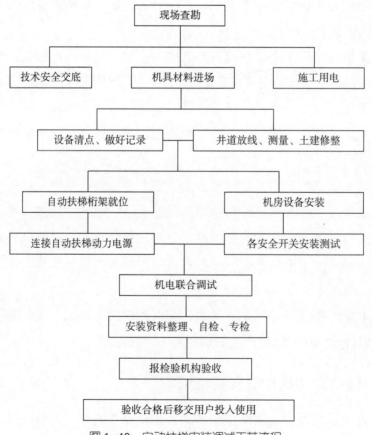

图 1-42 自动扶梯安装调试工艺流程

典型的自动扶梯安装调试方案一般由以下几部分组成。

一、工程概况

工程名称：×××××××。

我公司将始终贯彻"顾客满意、合法经营，是我们永恒的追求"的质量方针，严格按照公司质量管理体系的要求，精心组织，合理安排，避免发生等工、怠工现象，确保施工进度、施工安全与安装质量。

二、编制依据

GB 16899—2011《自动扶梯和自动人行道的制造与安装安全规范》。

GB/T 10060—2011《电梯安装验收规范》。

GB/T 10058—2009《电梯技术条件》。

整机制造单位提供的随机文件。

产品销售合同与产品安装合同。

施工联系单及有关会议纪要。

公司质量管理体系要求。

三、安装前的准备工作

一般由四人组成安装小组，其中需有技术熟练的安装钳工、电工各一名负责安装。

安装前应由安装负责人根据合同与用户代表根据装箱单开箱清点，核对所有的零部件与随机文件，并了解安装的自动扶梯宽度、提升高度、倾斜角度等技术参数。根据自动扶梯的土建图复测土建尺寸，包括底坑（最底层）长度、宽度、深度，以及提升高度、上下水平支撑点距离是否符合土建图尺寸；最底层的底坑不得渗水；底坑的内侧面应平直，不允许有凸出现象。土建复测后，如发现差错应及时通知用户和有关部门，及时更正。

自动扶梯安装时，两侧应搭设脚手架，便于两侧的安装。工作时应戴好安全帽，系好安全带及工具袋等。凡进行带电工作时必须二人以上，电源开关应派专人看管，进入机架内部调整部件时，必须将电源插座拔下，看管人员不能离开电源插座处，以免发生意外。调试时必须通知无关人员离开，并在自动扶梯的上下出入口处设立警示牌"不准通行，不得靠近"字样。试运行时还应检查是否遗有工具及其他杂物在机架内，确认正常后方能通电试运行。起重自动扶梯就位时，应注意自动扶梯的起重重心位置，防止摇晃及摆动幅度过大，并将自动扶梯稳妥地放入安装所要求的位置。安装施工照明应采用 36 V 的安全电压，进入钢结构内部施工时的电压不得超过 12 V。

安装时如需要气割，应由专业持证人员进行，且必须有灭火措施和动火操作许可证。

四、自动扶梯安装调试工期计划表

合理安排施工周期和工序，可以降低劳动强度和缩短安装时间。工期计划表见表 1-17。

表 1-17　自动扶梯安装调试工期计划表

序号	工序日程	有效工作日						
		1	2	3	4	5	6	7
1	安装前的准备工作							
2	复测土建							
3	起重就位							
4	上下部校准水平							
5	供电电源进控制箱							
6	清理各部位与润滑							
7	梯级试运行							
8	检查与调整各部位							
9	安装扶手装置系统							
10	调试							
11	试运行							
12	检验与验收							

说明：1. 表中工作日按自动扶梯提升高度 6 m 计算
　　　2. 工序可根据实际情况调整或安排平行作业

五、施工过程控制

1. 移动到位

自动扶梯设备一般停放在施工现场附近的院子内，在起吊前应首先运到楼房内。根据现场勘察情况，确定合理的移动运输路线。自动扶梯的运输线路必须始终畅通无阻并打扫干净，地面或敷设临时盖板的负载能力必须满足要求，必要时应进行加固。

在安装位置附近，找到一个固定点，可以固定链条葫芦或卷扬机的滑轮，有足够的强度，能承受水平移动扶梯桁架的拉力，如图 1-43 所示。如果没有合适的位置，应在安装位置处埋设支架，充当锚固点，水平运输时也可以把滚轮滑车放到自动扶梯受力的地方。

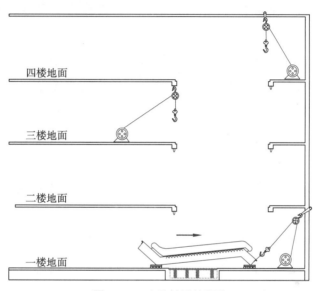

图 1-43 自动扶梯的移动

2. 分段运输的自动扶梯现场拼装

在空阔的平地上把两段扶梯放平并且找正后，前后两端分别用两个千斤顶上下找正位置。使螺栓连接块周围基本平齐，销孔对准位置，此时先穿入定位销再用螺栓连接，并用扭矩扳手紧固螺栓，如图 1-44 所示。

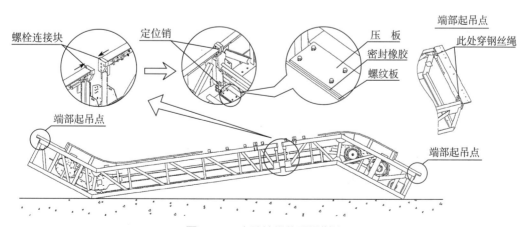

图 1-44 自动扶梯的现场拼接

3. 自动扶梯的吊装准备

自动扶梯由专业起重吊装公司吊装。任何非专业吊装人员不得吊装。起吊前起重吊装公司应与施工单位或电梯制造单位进行联系、协商，选择合适的时间和路线确定最佳的调运方案。

自动扶梯起吊时，任何力只能施加于自动扶梯规定起吊点（自动扶梯上下头部支承角钢与分段处的起吊环），其他结构件不能作为受力点，以免造成扶梯变形，影响运行性能。

起吊时必须采用破断拉力大于实际拉力 10 倍的钢丝绳，钢丝绳的悬挂位置见厂家说明。钢丝绳在吊装时应避免强烈折弯，以免降低其承载能力。所用起重设备的各项参数和各种吊装工艺均需符合起重机械安全规范的规定。

在起吊过程中，应避免冲撞自动扶梯机身，操作人员必须保持高度警惕，并由专人指挥。

吊装完毕后需清除自动扶梯上和场地周围的杂物，做好现场防护措施。

4. 自动扶梯部件安装

自动扶梯金属结构安装就位后，可安装电线，接通电源。

安装梯级：因驱动机组、驱动主轴、张紧链轮、牵引链条及大部分梯级已在工厂内安装调试好，安装定位后，拆除用于临时固定牵引链和梯级的钢丝绳或铁线，将牵引链条销轴连接，可以点动自动扶梯试运行。

安装自动扶梯的扶手带：首先安装扶手带导轨、扶手支承型材、不锈钢护板，然后安装扶手带、内外盖板、外包板和三角警示牌，处理周边与建筑物的接缝等。

在自动扶梯试车前，检查扶手带的运转和张紧情况。

5. 自动扶梯调试

调试自动扶梯前，需要做好现场的保护工作，用防护栏围起工作现场，贴上警示标志，防止外人进入工作场所。

在自动扶梯的驱动站和转向站内至少提供一个检修插座，用于接入便携式控制装置进行检修操作。

（1）检查甲方提供的动力接线，包括电压、相位、零线和接地线。所有电器设备必须可靠接地，且地线和零线必须分开。

（2）检查控制线路及扶手照明等分支线路是否与工厂提供的线路图及当地的验收检验规程相符。

（3）接通自动扶梯的保险装置及电动机的控制电源主开关。

（4）检查自动扶梯的锁匙开关和检修开关是否有效；在将两个检修开关同时调至"检修位置"时，检查自动扶梯是否不能用检修开关的运行按钮启动，也不能用锁匙启动。

（5）检修运行自动扶梯，检查其运行方向是否正确；若方向相反，调换驱动电动机的任一两相接头加以修正。必须注意，在进行上述工作时，应事先断开总开关或保险装置。

（6）对照线路图，检查插座接头的电压是否正确。

（7）检查驱动主轴与驱动主机间驱动链条的悬垂度，一般在出厂前已经调整好，但在使用初期链条的伸长比较大，需进行调整。

（8）自动扶梯的转动链条在长期停车后，在运行前应补加润滑油。

（9）清洁扶梯梯级、梯级轮、导轨。

（10）静态检查：检查梳齿板和端站导向装置调整是否合适，制动器安装调整是否合适，附加制动器安装调整是否合适。

（11）动态检查：测量自动扶梯空载和满载时向下运动的制动距离，检测附加制动器是否有效，检测超速装置是否有效。

（12）驱动电动机电流试验：记录空载上、下运行的电流，进行过载保护试验。

（13）安装间隙检查调整：检查相邻梯级（或踏步）之间的间隙，检查梯级、踏板或胶带与裙板之间的间隙，检查梳齿板根部和梯级踏面之间的间隙，检查梯级、踏板或胶带与裙板在两侧的间隙总和，检查扶手胶带在扶手转向端的入口与地面之间的距离。

（14）测试动力电路与安全电路对地的绝缘电阻。

（15）检查所有金属材料外壳是否用封闭导线接地，检查最大连续接地导线的电阻。

（16）测试各电气安全保护装置功能是否有效，包括但不限于紧急停止开关、驱动链断链保护开关、扶手带入口保护开关、梯级链断链保护开关、梳齿板保护开关、梯级下陷保护开关、围裙板开关、扶手带断带保护开关、工作制动器、超速保护装置、梯级缺失保护装置、附加制动器、相序保护装置、非操纵逆转保护装置。

六、文明施工

1.质量保证措施

（1）在施工前，技术人员对技术资料进行收集、整理、消化，对安装中的技术要点、难点对安装班组进行技术交底。

（2）安装班组在每天开工前，班组长根据安装日志内容就当天作业工序对安装员工进行质量、安全交底，并记入安装日志中。

（3）在安装过程中安装班组根据"自动扶梯安装检测手册"要求，对每道安装工序进行分步自检，并在自检栏填写自检内容。

（4）在每个安装工序施工完毕后，由质检员进行互检工作，互检合格后才能进行下道工序。

（5）安装互验合格后，申报当地检验机构进行验收。

（6）上述各质量验收过程中若发现不合格项目，必须先整改合格后方可进行下道工序。

（7）施工班组应严格按电梯制造单位所发的随机图样、安装说明书及质保部的交底要求规范施工，如在施工中遇到难以解决的技术、质量问题，需向电梯制造单位或施工单位有关部门反映。

2. 施工现场安全应急预案

为提高施工现场发生安全事故的快速应对能力，最大限度地减少损失，保障公司财产和员工生命安全，维护社会稳定，根据《中华人民共和国安全生产法》《中华人民共和国特种设备安全法》《特种设备安全监察条例》等有关法律、法规的要求，制定施工现场安全应急预案。为保证安全应急预案顺利实施，应建立应急救援系统。

施工单位成立安全事故应急救援小组，组长一般由施工单位项目经理担任。应急救援小组应定期组织演练，提高应急救援能力。

施工现场安全事故发生后，事故发生班组在立即组织抢险、保护事故现场的同时，应迅速向应急救援小组报告。当接到现场安全事故报告后，应急救援小组应依据安全应急预案，迅速启动应急救援系统，组织有关部门按照职责分工，迅速开展抢险救援工作。组长及小组成员应迅速到达指定岗位，果断指挥，抢救受伤人员和国家财产。施工班组长负责安全事故抢险救援期间的通讯联络工作。其他人员负责联系抢救医院，保障必要车辆及救援器材，组织相关人员及时将伤员护送至医院。各相关部门要按预案要求参与抢险救援工作。救援过程中，要听从指挥，密切配合，协调作战，保证抢险救援工作有条不紊地进行。

施工单位在接到重大事故信息后，要立即上报电梯制造单位、当地特种设备安全监督管理部门、安全生产监督管理部门和建设行政主管部门等上级领导部门。

七、设备验收及移交

做好竣工验收准备工作，通过政府部门主持的初步验收，通过用户的最终验收。

取得市场监管部门的许可证后，将电梯移交给用户，同时移交电梯相关技术资料，办理保养手续等。

思考题

1. 简述典型控制系统驱动主机自学习需要设置的驱动主机及编码器参数。

2. 简述典型的 NICE900 门机控制器距离控制方式下开门曲线的调整方法。

3. 简述电梯轿厢静平衡调整的工作程序。

4. 简述编制典型的电梯安装调试方案需要体现的要素。

5. 简述电梯运行过程中轿门滑块有异响的应对措施。

6. 简述建筑物引起导轨弯曲的主要原因。

7. 简述自动扶梯桁架主体金属构架的表面防锈处理的主要方式。

8. 简述典型的自动扶梯主驱动轮测速传感器现场安装要求和检测原理。

9. 简述自动扶梯吊装后水平调整的具体步骤。

职业模块 ②

诊断修理

内容结构图

```
                    ┌─ 曳引驱动乘客电梯 ──┬─ 反复性故障分析排除
                    │   设备诊断修理      │
                    │                     └─ 偶发性故障分析排除
                    │
                    ├─ 自动扶梯设备 ──────┬─ 反复性故障分析排除
                    │   诊断修理          │
                    │                     └─ 偶发性故障分析排除
                    │
                    ├─ 故障数据管理 ──────┬─ 故障数据管理系统概述
                    │   系统应用          │
                    │                     └─ 电梯故障数据分析与改进方案制订
                    │
  诊                │                     ┌─ 风险评价概述
  断 ───────────────┤
  修                ├─ 运行失效预防与 ────┼─ 曳引驱动乘客电梯运行失效预防与潜在风险评估
  理                │   潜在风险评估      │
                    │                     └─ 自动扶梯运行失效预防与潜在风险评估
                    │
                    ├─ 诊断修理效率改进 ──┬─ 曳引驱动乘客电梯诊断修理效率改进
                    │                     │
                    │                     └─ 自动扶梯诊断修理效率改进
                    │
                    └─ 重大修理施工 ──────┬─ 重大修理施工方案编制概述
                        方案编制          │
                                          ├─ 曳引驱动乘客电梯重大修理施工方案编制
                                          │
                                          └─ 自动扶梯重大修理施工方案编制
```

培训项目 ① 曳引驱动乘客电梯设备诊断修理

培训单元 1 反复性故障分析排除

能够分析排除电梯电气反复性故障
能够分析排除电梯机械反复性故障

一、电气反复性故障

通常曳引电梯运行时 80% 以上的故障都为电气故障，很多时候电气故障只是一个表象，其根源可能与机械部件调整相关。

发生电气故障后，应当结合故障现象和故障记录进行综合诊断，才能快速锁定范围，最终找到失效点。电梯系统故障的响应机制是多样的，并不是所有的故障都会导致电梯立刻停止运行，通常有紧急停止、减速停车后复位运行、减速停车后进入保护状态、完成当前指令后进入保护状态、发出警告仍旧运行、只记录信息并继续运行等。如图 2-1 所示，SIEI 变频器的外部故障点 9060 可以有 6 种响应机制供选择设置。

ALARM CONFIG / External fault								
当外部故障输入被激活时触发故障								
9075	EF src	N/A	RWS	IPA	4023	List 3	PIN	V-F-S-B
IPA 4000 NULL=默认值								
选择外部故障输入的端子（参见 Pick List 手册信号表 3）								
9060	EF activity	N/A	RWS	3	2	6	DP	V-F-S-B
1 忽略								
2 警告								
3 禁用变频器								
4 停止								
5 快速停止								
6 电流限制停止								
外部故障处理方式								
参数代码	名称	[单位]	存取	默认	最小值	最大值	格式	调节模式
9061	EF restart	N/A	RWS	0	0	1	DP	V-F-S-B
0 关								
1 开								
外部故障重启								
9062	EF restart time	[ms]	RWS	1000	0	30000	PP	V-F-S-B
外部故障重启时间								
9600	EF hold off	[ms]	RWS	0	0	30000	PP	V-F-S-B
外部故障延时时间								

图 2-1　SIEI 变频器外部故障响应机制

1. 操作控制系统故障

（1）召唤故障

1）召唤异常。轿厢或外呼召唤失效（局部的或全部的），一般情况下电梯均能运行，主要为按钮通信线路或其部件异常所致。

2）显示异常。轿厢或外呼显示失效（局部的或全部的），一般情况下电梯均能运行，主要为显示通信线路或其部件异常所致。

（2）派梯故障

1）并联／群控环（通信环）失效。电梯的并联或群控环（通信环）失效，电梯自动进入单梯模式，不再响应群控环（通信环）内分配的指令，导致运行效率下降或出现指令派送紊乱，但一般情况下电梯均能以单梯模式正常运行。主要原因为群控环（通信环）数据传输异常，可能是线路、部件异常导致数据在传输过程中丢失或时钟紊乱，或者指令数超过主控芯片的运算能力，导致数据丢失或系统重启。

2）远程派梯失效。远程派梯失效一般情况下不影响电梯正常运行，但使用串行通信时有可能会导致电梯系统出现异常进入锁定。远程派梯常见于楼宇监控系统，通过串行通信或干触点方式与电梯控制系统连接，在远端输送指令。当远程派梯系统使用串行通信与电梯控制系统连接时，应当使用被授权的协议，否则会造成难以设想的后果。

（3）特定功能失效。特定功能失效通常不影响电梯的正常运行，但会给乘客带来不便，如：司机功能失效，导致电梯司机无法按需操作电梯；早高峰功能失效，导致乘客上下班期间需要排队候梯；消防迫降功能失效，导致消防联动测试时电梯不能及时返回消防楼层。

特定功能失效大多与功能线路、参数、部件异常相关。

（4）运行模式故障

1）紧急电动功能失效。紧急电动模式便于作业人员检修电梯，或困人后进行快速放人操作。紧急电动线路归属于检修回路。另外，对于模式的切换，由紧急电动装置提供检测点给系统。因此，紧急电动功能失效与线路相关，也与检测点信号相关。

2）轿顶检修功能失效。轿顶检修模式便于作业人员在井道内检修电梯。轿顶检修回路通常与紧急电动回路并行，但轿顶检修回路会切断紧急电动回路，实现轿顶优先功能。另外，轿顶检修开关也提供检测点给系统。因此，轿顶检修功能失效与线路相关，也与检测点信号相关。

（5）通信异常

1）串行通信异常。通常表现为功能异常，对电梯运行的影响视功能而定，通常电梯不会急停，也不会进入锁定状态，甚至能正常运行。串行通信异常可能是通信线路、通信站出现异常，导致数据丢失或时钟紊乱。

2）离散信号异常。少数功能使用点对点的离散信号。离散信号异常对电梯运行的影响视功能而定，通常电梯不会急停，也不会进入锁定状态，甚至也能正常运行。离散信号异常可能是点对点信号线路异常导致的。

2. 运行控制系统故障

（1）安全保护故障

1）安全回路故障。安全回路断路故障会直接让电梯紧急停止，当安全回路故障解除后，电梯才可以恢复正常。安全回路保护在电梯运行的任何状态下都会起效，比如待机状态电梯无法启动，正常运行时紧急停止。

安全回路短路故障会使被跨接部分安全保护功能失效，电梯依旧正常运行，这是非常危险的情况，目前只有极少数控制系统能实现对安全回路短接的检测（在设定的特定时间，比如间隔 1 h，断开安全回路电源 2 s，而此时系统仍检测到安全回路正常，则认为存在非法短接），大多数控制系统只能依靠定期保养时对开关功能进行人工检验。

安全回路的故障需要通过测量安全线路，查看安全开关或安全触点状态予以解决。安全回路的故障可能来自电气部件或线路，也可能来自机械部件的调整。

2）门锁回路故障。门锁回路包括轿门和层门门锁触点，二者串联。它们的断路故障会直接让电梯停止运行，当门锁回路故障解除后，电梯才可以恢复正常。部分控制系统对于层门门锁断路故障有防井道非法闯入的功能。当层门门锁断开超过一定时间时（一般2～4 s），电梯进入保护状态，需要作业人员检测门锁回路至正常，手动复位系统。

门回路短路故障会使被跨接的门锁保护功能失效，电梯有开门走梯的风险，这是非常危险的情况，目前的主流控制系统通常有门锁短接检测功能。电梯在开关门过程中监测到层门被短接或轿门被短接或二者同时被短接时，进入锁定模式，尝试在本层继续开关门数次。如果检测到信号未短接，则退出保护模式，响应运行指令；反之，报出门锁短接故障，保持开门状态一段时间，让乘客离开，随后关门进入锁定状态，无法运行。

门锁回路的故障需要通过测量门锁线路，查看门锁触点状态予以解决。门锁回路的故障可能来自电气部件或线路，也可能来自机械部件的调整。

3）门旁路故障。门旁路分再平层门旁路和检修门旁路。

再平层门旁路故障会导致再平层功能失效。电梯到达门区后，再平层回路异常，电梯急停并锁定，需要工作人员检修后方可复位。再平层回路异常主要与平层光电线路、部件，以及再平层控制模块线路、部件相关，可通过查看相关线路或更换部件予以解决。

检修门旁路故障会导致在紧急电动和检修运行情况下，短接门锁后，声光报警失效，威胁到作业人员安全。

无论何种门旁路，都不符合电梯快车运行的条件，会有开门走梯的风险，后果不堪设想。极少数控制系统没有防接线错误功能，会导致此种情况发生。如出现门旁路一直有效，而电梯仍旧正常运行，应当立即停止使用电梯并检修，测试功能正常后方可恢复使用。

4）轿厢意外移动故障。轿厢意外移动故障会导致系统直接锁定，需要作业人员检修正常后手动复位，电梯才能恢复正常。

对于无齿轮主机，轿厢意外移动触发后，需要检测门锁是否有短接，制动力矩是否异常，制动器检测装置是否异常，平衡系数是否异常，钢丝绳曳引能力是否下降。之后重新执行轿厢意外移动功能测试，确认移动距离未超出控制柜铭牌标准，方可恢复电梯运行。

对于有齿轮主机，除检查上述事项，还应检查作用于曳引机、钢丝绳或轿厢的意外移动保护装置，最常见的是作用于钢丝绳的夹绳器。检查其触发机构是否正常，对其进行复位，之后重新执行轿厢意外移动功能测试，确认移动距离未超出控制柜铭牌标准，方可恢复电梯运行。

（2）运行时序故障

1）主回路故障。主要为电梯启动和停止时，主接触器和抱闸接触器时序故障。通常会导致电梯无法启动，或停止时急停。

通过观察接触器在启动和停车时的工作时序，可锁定故障线路，主要涉及主接触器线圈回路、抱闸接触器线圈回路、抱闸线圈回路，同时也会伴随接触器触点粘连或接触器卡阻故障，或者抱闸检测开关故障。

主回路的故障需要通过检测相关线路和部件予以解决。极少数情况下，当外围线路或部件均正常时，也可通过调整系统主接触器或抱闸接触器吸合释放延时等参数解决。

2）再平层运行或提前开门。再平层或提前开门的时序异常会直接切断门旁路，电梯将急停。应先检测门旁路故障，再进一步检测再平层或提前开门功能设置，通常原因为再平层距离过短或再平层速度超过限定值而无法执行此功能。

3）悬停功能失效。悬停功能失效会导致轿厢进出悬停楼层时防颤动功能失效，不会影响电梯运行，但舒适感会欠佳。需要检测悬停楼层功能设置是否正常。

（3）速度控制故障

1）方向错误。电梯实际运行方向错误，会导致电梯无法正常运行，常出现在用户双路切换时进线相序错误。调整运行相序即可排除故障。

电梯脉冲方向错误，部分控制系统仍旧可正常运行，但是电梯位置脉冲数据与运行方向正好相反，不利于位置计数，需重新自学习。这种故障出现的原因通常是编码器更换时相序接反。

2）超速故障。对于异步电机，原因可能是满速频率设置异常；如果变频器设置正常，则可能为编码器脉冲异常。

3）飞车故障。电梯在启动瞬间，主机出现一个自由飞转的状态，速度瞬间超过额定速度 100% 甚至更多，电梯立即停止。故障主要原因为主机编码器定位角异常，需要重新定位。

（4）位置丢失。位置丢失的故障表现为电梯多次尝试找底层不成功后保护锁定。

1）编码器故障。因编码器信号丢失、异常，或者编码器硬件故障导致井道数据丢失，位置异常。具体原因包括：编码器线未接或断线，在执行定位程序的过程中相序不正确或编码器方向设定不正确，编码器脉冲数、种类设置不正确，编码器线与屏蔽线短路。

2）井道插板/楼层感应器故障。运行中，系统检测门区和编码器信号的计数不匹配，原因通常为井道插板出现异常丢失，或者楼层感应器计数信号有丢失。

应检修楼层感应器线路以及其与井道插板配合情况。检修结束后，电梯自动找底层后恢复正常。

3）强迫减速故障。电梯运行至端站时，未检测到端站信号，原因通常为强迫减速行程开关线路问题或调整问题。检修后电梯自动找底层恢复正常。

3. 驱动控制系统故障

（1）转换/逆变模块故障。出现该故障变频器一般会尝试数次启动，如不成功，则直接锁定，不再尝试运行，需作业人员检查后手动复位方可再次尝试运行。

主要原因有：模块过电流、输出短路、抱闸未打开情况下运行过载。

与线路相关的检测：驱动器输出侧U、V、W中是否存在短路；电梯抱闸是否未打开，是否带闸运行；电梯在正常检修、自学习、校正运行中，是否突然断门锁或者安全回路，导致冲击电流过大。

与硬件相关的检测：测量模块是否损坏；驱动器与主板排线是否接触不良。

（2）电流故障。出现该故障变频器一般会尝试数次启动，如不成功，则直接锁定，不再尝试运行，需作业人员检查后手动复位方可再次尝试运行。

主要原因有：输出短路、抱闸未打开时运行、负载太重电流太大、加速减速过快、驱动器规格太小、模块损坏、编码器损坏、电流检测传感器损坏。

与线路相关的检测：驱动器输出侧U、V、W中是否存在短路；电梯抱闸是否未打开，是否带闸运行；电梯在正常检修、自学习、校正运行中，是否突然断门锁或者安全回路，导致冲击电流过大；电动机是否缺相；主接触器触点是否熔断；编码器信号是否丢失；电流追踪是否错误。

与硬件相关的检测：测量模块是否损坏；驱动器与主板排线是否接触不良。

（3）电压故障。出现该故障变频器一般会尝试数次启动，如不成功，则直接锁定，不再尝试运行，需作业人员检查后手动复位方可再次尝试运行。

1）直流母线过电压。驱动器检测到来自硬件比较的过电压信号时将触发过电压故障。与线路相关的检测：制动回路线路是否异常，用户进线电压是否过高。与硬件相关的检测：制动单元或制动电阻是否异常，主板电压检测回路是否异常。

2）直流母线欠电压。当控制板 CPU（中央处理器）检测到来自硬件比较的欠电压信号时将触发过电压故障。与线路相关的检测：预充电线路是否异常，用户进线电压是否偏低。与硬件相关的检测：启动电阻回路是否异常，预充电时间是否不足，电压偏置调整参数是否异常。

（4）制动器 / 抱闸故障。出现该故障变频器一般会尝试数次启动，如不成功，则直接锁定，不再尝试运行，需作业人员检查后手动复位方可再次尝试运行。

CPU 对抱闸命令状态与实际检测到的抱闸开关状态进行比较，当连续检测到状态不一致时，将触发故障。与线路相关的检测：抱闸电源线路是否异常，抱闸检测回路是否异常。与硬件相关的检测：抱闸开关检测延时设置是否异常，抱闸开关检测类型设置是否异常。

（5）温度异常。通常出现该故障时，变频器会完成当前指令后就近停车，自动取消其他已登记指令，进入待机状态，当温度传感器反馈正常后自动恢复运行。

1）主机过热。通常检测到主机温度超过 105 ℃时温度开关动作。应检查机房环境温度，以及主机是否带闸运行。

2）模块过热。通常检测到模块温度超过 85 ℃时热敏开关动作。应检查机房环境温度，以及底座风扇是否正常工作。

3）电抗器过热。通常检测到电抗器内部温度超过 85 ℃时热敏开关动作。应检查机房环境温度，以及底座风扇是否正常工作。

（6）安全保护故障。如故障为安全、门锁、使能等回路故障，电梯急停并直接保护；如为其他安全保护故障，部分故障允许尝试多次启动，如不成功，则直接锁定，不再尝试运行。

1）安全、门锁、使能故障。需要通过查看运行控制系统故障记录予以解决。

2）其他安全保护故障。依据故障记录进行解决。常见故障有接触器状态监测故障、钢丝绳滑移保护故障、抱闸力矩监测异常、轿厢意外移动监测异常等。

4. 门系统故障

（1）开门超时。电梯运行到目的楼层无法开门或无法完全开门，超过限定时间会进入保护状态；部分控制系统会运行到附近楼层尝试开门，尝试多次不成功后再进入保护状态。

电气相关原因：门机未接收到控制系统的开门指令，开门指令线路异常；控制系统未接收到门机反馈的开门到位信号，开门到位信号线路异常。

机械相关原因：门被卡死无法开门或者无法完全开门。

（2）关门超时。电梯运行到目的楼层无法关门或无法完全关门，超过限定时间会进入保护状态；部分控制系统会一直尝试关门，尝试多次不成功后再进入保护状态。

电气相关原因：门机未接收到控制系统的关门指令，关门指令线路异常；控制系统未接收到门机反馈的关门到位信号，关门到位信号线路异常；有些控制系统以门锁回路通作为关门到位判断，因此门锁回路不通也是原因之一。

机械相关原因：门被卡死无法关门或者无法完全关门，门锁触点接触不良。

（3）电梯占用超时。电梯运行到目的楼层后一直保持开门状态，电梯被占用时间超过限定值，蜂鸣器开始报警。

电气相关原因：光幕、光眼、安全触板线路异常或设置异常。

机械相关原因：光幕、光眼、安全触板安装异常导致其功能一直有效。

5. 其他系统故障

（1）称重异常。称重异常的故障表现常见的有：防捣乱指令限制功能失效、满载直驶功能失效或满载显示异常、超载检测失效、超载显示异常、超载蜂鸣异常、超载运行。少数高端的系统甚至会有因载重反馈不当而导致的启动溜车或抖动、早晚高峰钟功能失效等故障。可按故障现象对应的功能检查电气线路、相关设置以及机械方面的调整是否异常。

（2）楼宇监控异常。楼宇监控异常的故障表现常见的有轿厢位置指示错误、开关门状态显示异常、电梯运行状态异常、楼层数据显示错误等。可按故障现象对应的功能检查串行通信线路、相关设置或部件是否异常。

二、机械反复性故障

电梯的机械故障较电气故障相对少一些，一般不到全部故障的 10%。机械故障不同于电气故障，一般不会造成电梯无法运行，其主要的表现为异响、抖动、振动、闷音等感官上的不适。但如若不重视机械故障，也可能产生致命的危害，造成事故。机械故障率的降低主要依赖于日常的维护保养。当机械故障出现时，一般需要长时间的调整甚至大修处理。

机械故障一般依靠观察法来查找，对于特定的部件也有其特殊方法。以下为常见的机械故障及其判断方法。

1. 曳引系统故障

（1）无齿轮主机故障

1）异响。当主机出现异响时，可以通过听声音，判断其为电气声音还是机械声音。若无法辨别，可将主机断电，通过封星溜车的办法，判断主机是否有异响。若为机械原因（轴承或磁片异常），轴承声音音调沉闷，磁片声音音调清晰；如无法断定，继续封星溜车观察主机旋转状态，如果异响节奏均匀则轴承异常，反之，则是磁片脱落。若为电气原因，则应查看主机电阻值、电感值以及驱动器载波等参数设置，如有必要重新设置主机参数。

2）抖动。轴承和磁片异常也会导致有节奏的抖动，此外还需检查主机的承重结构、减振垫以及防跳螺栓；检查曳引轮的圆跳动是否过大，运行过程中制动轮是否蹭闸，制动器附近是否有异常粉末堆积；检查曳引轮绳槽钢丝绳是否高低不一，绳槽是否磨损，钢丝绳出入口附近是否有异常粉末堆积。

（2）变速箱故障

1）异响。齿轮变速箱多为蜗轮蜗杆传动机构，异响多为蜗轮蜗杆啮合面异常，需盘车观察蜗轮蜗杆啮合面是否存在磨损、点蚀、缺口等；少数情况下，润滑不当也可能产生异响。

2）抖动。蜗轮蜗杆啮合面异常也会导致有节奏的抖动，此外还需检测电动机与联轴器的配合键是否异常。

（3）制动器故障

1）异响。通常是制动器气隙异常导致落闸时声音较明显，特别是两侧制动器不同步时，异响会加强。

2）制动力异常。通常是主机漏油甩到制动轮表面，但因主机护罩原因，保养检查时很难发现。当听到制动器落下后有一个轻微的制停声时，使用纸巾擦拭制动轮表面，可确认制动器是否进油。

（4）编码器故障。编码器故障多会触发电气故障，但在初期未超过设定的阈值时，不容易被发现，但会引起轻微的启动和停车抖动。仔细观察编码器运行时晃动情况，如发现跳动较大，紧固编码器固定螺栓；如晃动依旧，测量编码器轴的圆跳动，如果太大，更换编码器固定轴。

（5）导向轮磨损。导向轮磨损多会引起电梯运行时轿厢的垂直抖动，但其故障很难判定，通常使用排除法锁定。或者通过频率分析法，测量运行曲线，锁定异常频率并与导向轮固有频率对比，来判断导向轮是否磨损。

（6）钢丝绳与钢带异常

1）异响。钢丝绳异响多发生在机房。钢丝绳进出曳引轮和导向轮时，若曳引轮和导向轮平行度误差较大，钢丝绳会摩擦曳引轮或导向轮导向面而发出异响，也就是俗话说的钢丝绳"咬绳声"。需调整曳引轮和导向轮平行度予以解决。

钢带的异响来自电梯运行时钢带与各个轴表面摩擦产生的声音，因此声音可能来自机房、轿顶、对重所有导向轮表面。需要清洗钢带和各个导向轮表面予以解决。

2）抖动。曳引轮两侧各钢丝绳张力不一致可导致钢丝绳和钢带"拍打"曳引轮表面，产生有节奏的振动，传递给轿厢，表现为抖动。需要检查钢丝绳张力并予以调整。

2. 轿厢与对重平衡系统故障

（1）轿厢异响。轿厢的异响主要来源于轿壁与轿壁、轿壁与轿底、操作箱与轿壁、轿壁与吊顶等部件之间的挤压或有间隙的摩擦。需要确定异响来源后，检查相关紧固件情况以及安装误差是否过大。

（2）对重异响。对重异响主要由对重块之间的摩擦和挤压产生，可适当在对重块之间的缝隙填塞棉絮或布料予以解决。

（3）补偿装置异响。补偿装置异响通常因钢丝绳伸长而未及时截绳，导致补偿装置拖地，或与补偿装置的导向装置发生运行干涉产生异响。严重时，补偿装置自身受损也会发出异响。

对于楼层较高的电梯，补偿装置的悬挂会影响轿厢的动平衡，造成轿厢运行时抖动。在钢丝绳截绳后，需要重新校正轿厢动平衡，如有必要可移动补偿装置的悬挂点。

（4）平衡故障。因轿厢装潢或增加空调等设备，未重新做平衡检测导致的故障，严重时会破坏曳引力，触发轿厢意外移动功能。

3. 门系统故障

通常门机械故障最终也会表现为电气故障，但初期的异响和抖动如果不影响开关门，不会引起电气故障，需要通过观察解决。

门机械系统故障如挂轮磨损、挂轮变形、偏心轮卡轴、导轨异物、地坎异物、联动钢丝绳松动松动、门扇变形、导靴磨损等均会导致开关门运行异响，甚至抖动。

4. 安全部件系统故障

安全保护系统由电气开关监测，当其功能失效时可依据故障记录或线路测量锁定原因，并对其机械部件进行检查调整。

5. 导向系统故障

导向系统多会引起轿厢运行时水平或垂直抖动，但电梯仍旧能正常运行。需要依据抖动类型判断原因。

（1）垂直抖动。轿厢运行时在垂直方向井道阻力较大，导致轿厢垂直抖动。对于滑动导靴，可能是工作面以及导向面间隙太小，也可能是导轨缺油。对于滚轮导靴，可能是滚轮与导轨的工作面以及导向面压力过大。对于导轨自身，导轨接头磨损也会导致垂直运行的抖动。

轿厢出现垂直抖动时，需综合检查主轨和副轨相关项目，因为对重的抖动会通过钢丝绳传递给轿厢。

（2）水平晃动。轿厢运行时在前后左右方向摇晃较大。通常在调整导靴之后都能解决，否则就是安装遗留问题，如导轨的平行度、开距等在安装阶段就存在问题。当然也有可能是轧车试验破坏了导轨的工作面，或者破坏了轿厢的静平衡，需要重新校正导轨，并校正轿厢轿架的扭曲度，之后再进行静平衡校准。

技能要求

电梯电气故障分析排除

操作步骤

步骤 1　观察现象

询问故障发生前后有无异常。抓住故障的特殊性，区分现象相同但部件不同的故障，提高维修效率。例如，同一类故障可能有不同的故障现象，不同类故障可能有同种故障现象，这种故障现象的同一性和多样性，给查找故障带来复杂性。但是，故障现象是检修电气故障的基本依据，是电气故障检修的起点，因而要对故障现象进行仔细观察、分析，找出故障现象中最主要的、最典型的方面，搞清故障发生的时间、地点、环境等。

步骤2　故障分析

查看故障记录，结合故障现象进行进一步分析。查看当前电梯的电气原理图、调试说明、保养说明等材料，锁定故障的范围。根据故障现象分析故障原因是电气故障检修的关键。分析的基础是电工电子基本理论，需要对电气设备的构造、原理、性能有充分理解，将电工电子基本理论与故障实际相结合。某一电气故障产生的原因可能很多，重要的是在众多原因中找出最主要的原因。分析故障常用的方法有时序法、状态分析法、故障树等。

（1）时序法。依据故障现象和故障记录提示，分析故障出现的时序段，找到故障的时序点，对此节点前后涉及的电气回路或输入输出信号进行测量检查以找到故障点。例如电梯无法启动运行时，故障记录为抱闸检测故障，则明确故障的节点为启动时序异常。检修运行电梯，观察主接触器和抱闸接触器吸合以及抱闸打开时序，如图2-2所示，找到故障点，再查看相关线路进行解决。

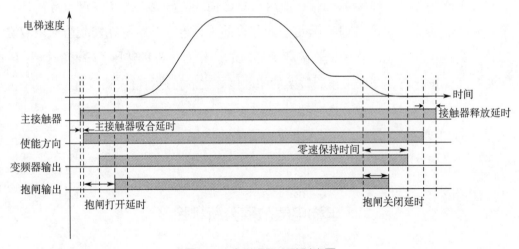

图2-2　电梯运行启动时序图

（2）状态分析法。发生故障时，根据电气设备所处的状态进行分析。电气设备的运行过程可以分解成若干个连续的阶段，这些阶段也可称为状态。如电梯主机的工作过程可以分解成启动、运转、正转、反转、高速、低速、制动、停止等工作状态。电气故障总是发生于某一状态。而在单一状态中，各种元件的状态是分析故障的重要依据。例如：电梯如果正常运行，哪些状态需要处于正常，哪些状态不必变化。状态划分得越细，对检修电气故障越有利。对一种设备或装置，其中的部件和零件可能处于不同的运行状态，查找其中的电气故障时必须将各种运行状态区分清楚。某一体机使用操作器可以查看各个输入状态信息，如图2-3所示。

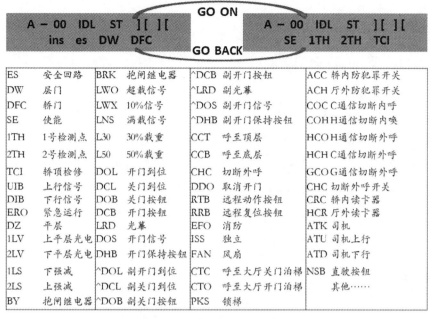

ES	安全回路	BRK	抱闸继电器	^DCB	副开门按钮	ACC 轿内防犯罪开关
DW	层门	LWO	超载信号	^LRD	副光幕	ACH 厅外防犯罪开关
DFC	轿门	LWX	10%信号	^DOS	副开门信号	COC C通信切断内呼
SE	使能	LNS	满载信号	^DHB	副开门保持按钮	COH H通信切断内唤
1TH	1号检测点	L30	30%重载	CCT	呼至顶层	HCOH H通信切断外呼
2TH	2号检测点	L50	50%载重	CCB	呼至底层	HCH C通信切断外呼
TCI	轿顶检修	DOL	开门到位	CHC	切断外呼	GCOG G通信切断外呼
UIB	上行信号	DCL	关门到位	DDO	取消开门	CHC 切断外呼开关
DIB	下行信号	DOB	关门按钮	RTB	远程动作按钮	CRC 轿内读卡器
ERO	紧急运行	DCB	开门按钮	RRB	远程复位按钮	HCR 厅外读卡器
DZ	平层	LRD	光幕	EFO	消防	ATK 司机
1LV	上平层光电	DOS	开门信号	ISS	独立	ATU 司机上行
2LV	下平层光电	DHB	开门保持按钮	FAN	风扇	ATD 司机下行
1LS	下强减	^DOL	副开门到位	CTC	呼至大厅关门泊梯	NSB 直驶按钮
2LS	上强减	^DCL	副关门到位	CTO	呼至大厅开门泊梯	其他……
BY	抱闸继电器	^DOB	副关门按钮	PKS	锁梯	

图 2-3　输入状态查看

（3）故障树。对于故障频率较低、无法观察到具体故障现象的，可依据故障记录的提示，罗列出与该故障所有可能性原因，逐一排除。例如：位置丢失故障与位置传感器、编码器相关，可以一一罗列井道位置传感器可能失效的模式，以及编码器可能失效的模式，逐一排查，如图 2-4 所示。

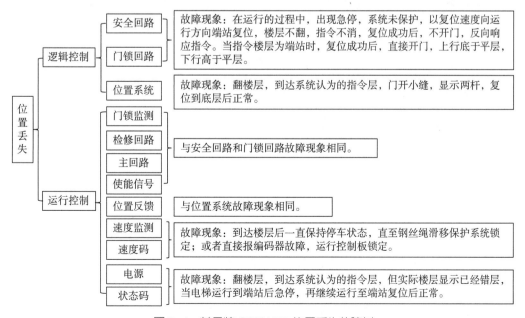

图 2-4　某品牌 CON4423 位置丢失故障树

步骤3 故障排查

锁定故障范围后，需要进一步确定故障点。采用正确的检查和测试方法，使用正确的测量工具可以加快维修进程，提高维修效率。检修电气故障常用以下方法。

（1）目测法。仔细观察故障对应范围的控制柜、主板或其他部件，检查各个元器件有无缺失、损坏、断线、变色、变形等。检查故障回路熔丝、TVS管（瞬态抑制二极管）、自动空气断路器、漏电断路器等是否已经工作。

（2）电压法。测量故障线路输入和输出电压，与电气原理图核实，找出故障所在。使用此方法需要注意万用表挡位和量程，否则会损坏万用表。例如：测量抱闸回路电源电压时应使用交流挡，当测量抱闸线圈电压时应使用直流挡，一般抱闸回路电源通常由变压器输出的交流经过整流回路变直流后到达抱闸线圈，具体需仔细与电气原理图核实。

（3）电阻法。当线路存在旁路时，使用电压法测量某一触点的上端或下端，因旁路回流的原因，可能都存在电压，无法知道触点本身是否正常，这时可以使用电阻法对其进行测量。使用电阻法应断电锁闭电源，验证零能量后方可使用，否则会损坏万用表。例如：测量安全回路时，因紧急电动旁路作用，无法测量是哪个开关断开，可以使用电阻法测量。

（4）短接法。锁定了线路，但线路庞大，需要进一步缩小范围时，可以使用短接线分段旁路，直到找到故障点。短接线的使用具有一定的危险性，应当严格执行短接线使用程序，填写短接线使用记录，作业完毕之后如数清点确认。例如：层门门锁断路而电梯楼层很高，需要检修运行检测，则需要使用短接线或使用门旁路装置短接。

（5）替换法。当锁定了故障部件，但目测法不能发现部件电子电路是否异常时，可以使用替换法进行鉴别。但要注意使用替换的部件应当与故障部件的设置、接线一致，以免判断错误或使部件损坏。例如：锁定故障在某一通信端站，则使用与之相同的通信端站进行替换，以锁定故障。

综上，故障排查的方法应根据故障线路或部件的特性选取合适的方法进行操作。在操作过程中，务必注意作业人员和设备的安全。

步骤4 故障排除

对于线路，按照电气原理图注释，进行正常接线并确定牢固可靠；对于部件，更换相同型号的备件，调试正常；对于设置，参看调试说明，确认设置的合理性。

多次测试运行无异常，方可恢复电梯的使用。

注意事项

（1）严禁带电作业，断电作业严格执行电源锁闭程序。

（2）严禁同时短接层门和轿门门锁回路。

（3）严禁在已经短接了轿顶急停的轿顶上检修作业。

（4）在轿顶作业时，凡不运行电梯时，保持上急停开关处于工作位置。

（5）在底坑作业时，凡不运行电梯时，保持下急停开关处于工作位置。

（6）严禁擅自改动线路，即使是其功能与原功能相同。

（7）严禁使用不一致的配件替换失效部件，即使是熔丝、TVS 管。

电梯机械故障分析排除

操作步骤

步骤 1　观察现象

机械故障一般不会有故障记录，对于常见的问题只能依靠观察故障现象获取更多的有用信息以锁定故障。对于疑难的问题，需要使用特定的仪器进行测量、分析。

观察机械故障现象的方法通常叫直观法。通过"问、看、听、摸、闻"来发现异常情况，从而找出故障电路和故障所在部位。

（1）问。向现场操作人员了解电梯故障发生的状况。

（2）看。仔细察看故障范围涉及部件的外观变化情况，如是否存在明显积尘、油污、松动、脱落、干涉、移位、磨损、断裂、生锈、腐蚀、电解、氧化、异物等现象。

（3）听。主要听故障发生范围内部件运行的声音是否正常。如听主机运行时轴承声是否正常，有无磨闸；钢丝绳进出曳引轮有无咬绳声；轿厢运行时导靴碰撞导轨接头声是否正常等。

（4）摸。用手触摸或挤压故障范围的部件。如触摸主机，判断其温升是否正常，是否存在带闸运行；挤压轿厢操作箱，判断异响是否来自操作箱与轿壁摩擦。

（5）闻。将鼻子靠近故障范围部件，闻闻是否有异常味道，如是否有减速箱油脂变质所散发的恶臭、是否有主机带闸运行闸瓦磨损的焦味，控制柜内或接线箱内是否有过热烧线产生的焦味。

步骤 2　部件检查

加强保养检查和维护是减少或避免电梯机械故障的关键。电梯产生机械故障原因有以下几点，根本原因就是保养不当。

（1）润滑不畅。由于润滑不好或润滑系统某个部件故障，造成转动部位发热或抱轴现象，使滚动或滑动部位的零件磨损过快。例如：减速箱润滑油位、油质未按保养要求检查更换。

（2）部件松动。电梯的机械系统中有很多的紧固件或连接件。在电梯运行过程中，由于振动等原因，紧固件或连接件松动、移位、干涉造成磨损、剪断、撞击等，使机械零件损坏，造成故障。例如：门锁固定螺栓松动，最终导致门刀门球间隙异常，运行时门刀撞门球。

（3）机械疲劳。未及时发现机械零部件的转动、滑动、滚动部件的磨损，使机械零部件带伤运作，导致整个机构功能异常，造成故障。例如：滚轮导靴限位螺栓调整不当，滚轮压紧导轨，滚轮无法正常滚动而是滑动，导致滚轮轴承损坏，引起轿厢运行抖动。

（4）自然磨损。忽视了易损件的使用寿命，未能及时更换，对其产生的异响不做有效处理，最终导致机构失效，造成故障。例如：未及时更换门滑块，对滑块与地坎干涉产生的异响不做处理，滑块脱落或变形，在地坎中卡死，无法正常开关门。

综上所述，修理时应按照保养条款要求，检查故障范围内部件，对其安装及保养状态、间隙、尺寸等进行全面检查，锁定故障点。

步骤 3　部件调整

根据保养工艺或调整工艺，认真地把故障部件进行拆卸、清洗、调整、测量。符合要求的部件重新安装使用，不符合要求的部件及时更换。之后按装配要求安装，并调整至规定的尺寸、间隙。

步骤 4　故障排除

一般情况下，机械部件故障的修理方式与其使用年限存在一定的关系。应依据电梯使用年限，判断是否需要进行相应的修理。

（1）保养调整。对于刚进行维保移交投入使用的电梯，故障往往由于安装过程中遗留的问题或制造方面的一些缺陷而引发。通过运行磨合、修理调整，这类问题会慢慢解决，故障逐渐减少，这个阶段为保修期，主要以保养调整为主。

（2）专项修理。这个阶段，电梯的故障率处于电梯整个生命周期的最低点，多数故障的发生是由于维护不当或零部件失效造成的偶然问题。这个阶段需要对易损件或相关部件进行专项修理。

（3）中修。保养调整和专项修理一般称为小修。当电梯的主部件产生严重磨损、疲劳而失效时，为了使电梯保持在最佳状态，应对电梯进行全面的清洁、换油、调整，并视情况更换部分零部件，这种修理称为中修。

（4）大修。电梯随着使用年限的增加，故障率逐步上升，这说明电梯进入耗损失效期，电梯从主部件到次部件，各个零件都已经开始老化、疲劳失效。这期间的修理除了对设备进行全面的清洁、调整以外，还应对于核心主部件予以更换，外表进行翻新。

（5）更新。当电梯的故障率持续上升，前述的方法均不能有效降低故障率，且因零部件的停产导致其大修难度上升时，应当考虑对电梯进行更新。

培训单元 2　偶发性故障分析排除

熟悉电梯事故和机械疑难故障及其原因

能够进行电梯事故调查分析

能够分析排除轿厢振动故障

一、电梯事故及其原因

1. 剪切

剪切是电梯最为严重的恶性事故，这样的故障一般情况下是极少出现的，且再次复现难度较大，只能通过全面收集故障信息，诊断分析，找到根本原因。

（1）电气原因。从电气的角度来看，在开门状态下，轿厢仍旧运行出开门区，通常考虑有以下几个方面原因。

1）门锁回路短接。门锁回路被短接大多数是人为的，比如电梯维修时，维修人员使用了短接线，而作业完成之后忘记拿掉；极少数也可能是意外，比如随行电缆破皮导致门锁回路短接。

2）门旁路装置失效。维修时用于短接门锁回路的门旁路装置，以及为电梯在开门区提供再平层或提前开门功能的门旁路装置，由于会有检测装置或与正常运行回路互锁，极少数时候才会出现失效，因此通常不予考虑。

3）对于配置有轿厢意外移动保护装置的电梯，当轿厢离开开门区时会触发轿厢意外移动保护，此功能失效的概率也极低，因此通常也不予考虑。

（2）机械原因。从机械的角度来看，对于无齿轮主机来讲，制动器异常或悬挂装置异常均会导致轿厢异常运行。

1）制动器异常

①卡阻。制动臂式制动器的轴销润滑不够，或块式制动器制动块间隙有异物进入，甚至制动器线圈线路异常导致断电异常或制动器线圈断电后退磁异常，从而使得制动力无法作用于制动轮，轿厢无法正常停止。

②制动力不足。制动衬闸瓦严重磨损，或调整不当导致贴合面积不够，或闸瓦上有油污，或制动弹簧性能异常弹力不足，均会导致制动力不足。

2）悬挂装置异常

①断裂。因钢丝绳和钢带彻底断裂而导致的事故极少。

②曳引力破坏。这是悬挂装置导致事故较为常见的原因，常见的现象有：曳引轮曳引面磨损、钢丝绳或钢带表面磨损、钢丝绳或钢带表面有油污、平衡系数超差、超载开关失效等。

综上两个方面可知，故障的原因太多，需要结合实际信息进行深入分析。当然也可以事先画出故障树，如图2-5所示，在调查过程中依据现场信息，进一步分解，最终锁定根本原因。一个事故的原因也可能是多方面因素的综合。

2. 冲顶和蹲底

冲顶和蹲底事故相比剪切事故更为常见，通常轿厢运行越过极限而急停困人，极少出现轿厢撞击井道顶部或撞击缓冲器的恶性事故。

（1）电气原因。通常因变频器曲线控制异常导致不能正常在端站停靠；端站保护强迫减速失效或效果不佳也会导致轿厢冲过极限位置。

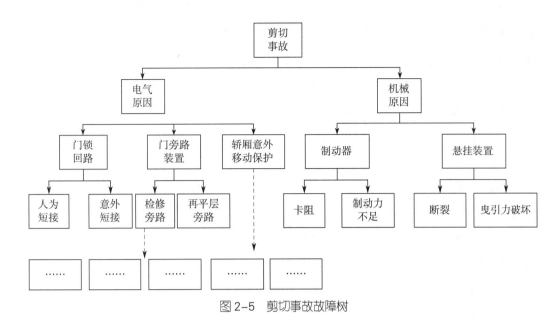

图2-5　剪切事故故障树

（2）机械原因。机械原因与剪切类似，轿厢失去制动或悬挂，被对重拖着最终冲顶，或轿厢坠落至底坑蹲底。

二、电梯机械疑难故障及其原因

机械故障最难解决的问题是轿厢振动。某15万台保养量反馈单的统计数据分析结果表明：在所有振动故障中，机械方面原因占90%左右，电气方面原因占10%左右；由保养不当或不到位引起的振动占60%以上，元器件老化或损坏引起的振动占20%左右，安装质量问题等引起的振动占20%左右。

1. 因机械方面引起的振动

各个与轿厢直接或间接连接的机构的振动频率都会影响轿厢的振动频率，从而影响电梯乘用舒适感。在各个部件上设置合适的阻尼，可以解决相应的振动问题，如图2-6所示。反之，没有阻尼或阻尼不合适是振动产生的根源。

（1）因导轨引起的振动。导轨分主轨和副轨，其水平度、垂直度的精度主要取决于安装质

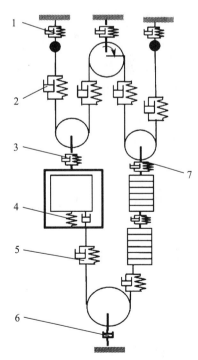

图2-6　电梯减振阻尼分布图

1—绳头　2—钢丝绳　3—轿顶　4—轿底
5—补偿缆　6—补偿轮　7—对重

量，其次取决于后期的维修保养。水平度、垂直度引起的振动会让人感到电梯前后左右摆动。

1）安装方面的原因。包括：样板精度不高；放样时各尺寸精度控制不好；施工过程中样板变形；环境恶劣，如气温变化大、大风吹摆；施工人员的技术水平、经验和责任心欠缺。

因此，电梯安装时一定要选择风小、温差小的天气放线，一次完成；放线精度要符合厂家的技术要求，关键工序、关键部位要选派经验丰富的人员主导；选择材质不变形、强度大的材料做样板；选择合格的量具；校导轨时要经常检查样板线，每对导轨由两人或同一个人同时同步调校；每道工序完成后，除了认真地自检外还必须由经验丰富的人员复检合格后方可进行下一道工序。

2）维修或保养方面的原因

①因保养不及时或保养不到位引起固定导轨的螺母松动，导致导轨移位或变形。在保养工作中，至少一年一次对固定螺母、压导板、膨胀螺栓进行排查紧固；对新签保养合同的电梯必须进行一次固定螺母、压导板、膨胀螺栓的排查紧固。

②导轨缺油引起工作面摩擦系数增大，进而使靴衬与导轨接触面摩擦力增大，产生振动。缺油的原因有：油杯缺油；无油毡或油毡上油不良；油质不好起不到润滑效果；油毡或导油线与工作面间隙过大，油上不到导轨上。因此在保养工作中，每15天应对油杯、油位、油毡间隙、上油情况进行保养调整。速度在 1 m/s 以下的电梯，其油毡间隙为 0.5～1 mm 为宜；速度在 1 m/s 以上的电梯，其油毡间隙为 1～1.5 mm 为宜，若为导油线时以刚接触导轨面时的长度再长 1～2 mm 为宜；1.75 m/s 以上电梯不宜用油毡导油，否则油毡易跑掉。

③若因地震造成导轨移位变形，应在地震后及时进行检查、调整。

④导轨规格小容易引起导轨变形，因此速度在 1 m/s 以下、10 层以下的电梯才宜用 8 K 导轨，其他电梯应用 13 K 以上导轨。

（2）因轿厢引起的振动

1）由设计造成的。部分品牌的电梯由于轿厢设计不合理引起轿厢受力不均匀导致重心偏移，从而使曳引轮中心或曳引轮槽组中心与轿厢中心不垂直，进而产生振动，此种情况可以在轿底加平衡铁来解决。

2）由于制作工艺粗糙，引起各连接件之间尺寸配合不合理。对这种情况，在拼装时不能强行拼装，应及时与厂家沟通或现场进行相应处理（只对于不改变原设计要求的）。若强行拼装会造成轿厢变形从而产生应力，当电梯运行时将会产生共振，后期基本无法解决。

3）安装人员未严格按照安装工序和工艺要求作业引起大梁与立柱连接处产生应力，轿厢水平度、垂直度未找准引起轿厢重心偏移。这类情况后期再进行整改比较困难。

4）由维修和保养引起的。在维修时拆卸前未做好标记，当改变其原来位置时就可能引起振动，例如更换靴衬、导靴架，调整安全钳间隙不当引起偏移。维保不到位，未按要求对导靴架、立柱、大梁等固定螺栓进行紧固引起螺栓松动或移位而改变重心，轻则引起电梯振动，门刀碰门轮、门盖板、地坎，重则撞坏门刀、门头、地坎。因此在维修或保养作业前应对将要松动、拆卸或更换的部件应做好标记，至少一年一次对固定螺栓进行紧固保养。

5）主副轨与靴衬间隙过小时，因共振而引起振动。当电梯处于静止状态下，在轿内或轿顶晃动轿厢时无晃动说明间隙过小（正常情况轿厢左右各有 1～1.5 mm 的间隙），此种现象只能通过调整导靴架来解决。调整尺寸时要保证 4 只导靴架的中心面在同一个中心面上，若不在同一中心面上会产生新的振动。间隙过小、阻力过大时不但会产生振动，还会引起电动机发热或过电流保护，从而加速靴衬的磨损。

6）因轿厢运行产生的振动噪声与风噪叠加，导致轿厢内噪声较大，可在轿壁上粘贴阻尼材料或吸声材料解决。

7）因轿厢组装时产生扭力导致轿壁与轿壁间产生摩擦而出现噪声，解决时只能松开产生扭力处，释放扭力后再紧固，以避免轿壁之间相互摩擦。

8）因轿门滑块严重磨损，轿门晃动而产生振动。

9）因轿顶检修箱各盖板未紧固而引起振动。

（3）因主钢丝绳、曳引轮、导向轮引起的振动

1）主钢丝绳因受力不均，引起某一根或几根严重磨损而变小，磨损绳与曳引轮槽的摩擦力就变小，曳引轮槽也容易磨损。因此，在保养工作中应每 3 个月进行一次钢丝绳张力调整。

2）主钢丝绳磨损超标或曳引轮槽磨损超标。

3）钢丝绳上或曳引轮槽内油太多引起打滑产生振动，此时应用煤油清洗，这种故障在天热的时候易发生。

4）钢丝绳上或曳引轮槽内有不均匀的油泥，引起钢丝绳跳动而振动。这种故障在冬天易出现，在曳引轮槽上加适量煤油可以起到很好的减振效果。

5）主钢丝绳与曳引轮槽均未磨损，因主钢丝绳张力严重超差，钢丝绳的振动频率不一样而引起的振动，还会导致曳引轮槽严重磨损。保养时至少每3个月对钢丝绳张力进行一次检查和调整，对新钢丝绳应每半月进行一次调整，6个月后应每3个月进行一次检查和调整。

6）主钢丝绳材质太硬，柔韧性差，钢丝绳产生的振动无法被自身消减反而产生叠加而引起振动。

7）主钢丝绳两头的弹簧组弹性不一致或断裂时，也会引起张力不均而产生振动。在平时保养或维修中，应保证弹簧组是同一厂家、同一批次、同一规格的产品。

8）主钢丝绳的扭力太大引起钢丝绳摆动而导致振动，对此应松开锁紧螺母，释放扭力后再调整张力。

（4）因补偿链（绳）引起的振动

1）因安装时补偿链未顺直而产生预扭力，当补偿链在释放预扭力时产生摆晃而引起轿厢振动，现象是电梯每次到某处时会产生振动并发出"咯嘣"声响。这种情况只要把补偿链顺直、把预扭力释放掉即可。

2）补偿链缺油或生锈，在弯曲处不平滑引起补偿链摆动而导致电梯振动，这种情况需要给补偿链加油。

3）补偿绳外套开胶、断裂，当开胶、断裂处运行到弯曲处时不能沿着原轨迹运行而产生摆动导致振动，因此每15天应对补偿绳进行检查。

4）补偿绳导向装置转动不灵活、轴承损坏、导向轮失圆引起补偿绳摆动而导致振动。

5）补偿链或补偿绳伸长后碰撞护栏或碰撞地面引起摆动而导致振动。应经常检查确认其离地距离。

（5）因限速器、张紧轮、限速器钢丝绳引起的振动

1）限速器、张紧轮、限速器钢丝绳上有油泥团时，会因为轮不圆而引起限速器钢丝绳摆动进而传到轿厢上引起振动。因此在冬天应每15日检查和清洁一次限速器、张紧轮、限速器钢丝绳上的油泥。在轮上适量加煤油也能起到很好的效果。

2）因限速器或张紧轮轴损坏（滚动轴承的滚动体有麻点、失圆、破损，保持架损坏，轴承内有异物、缺油，滑动轴承失圆、有异物、缺油等）产生振动。轴承损坏90%以上都是缺油引起的，因此保养时应每3个月加一次油，每次加油时都应把老油打出来直到见到新油被压出来为止。

（6）因抱闸引起的振动。因调整不当，引起抱闸半开半闭或完全未打开引起

曳引机转速不匀而产生振动。抱闸完全未打开的情况轻则引起电梯振动、过电流过热保护，重则烧毁线圈或磨坏闸皮，导致电梯溜车、冲顶等安全事故。应每15日进行一次检查或调整，每半年应对抱闸进行一次拆解保养。

（7）因曳引机引起的振动

1）曳引机由于缺少齿轮油，起不到良好的润滑和降温作用而引起振动。

2）曳引机内加的齿轮油标号不够或不符合要求或长时间未更换、油质变质等，未起到应有的润滑和保护作用。

3）蜗轮或蜗杆因某种原因引起磨损而产生振动，也有因加工精度不够而导致振动。

4）蜗轮或蜗杆因受外力冲击而损坏，也有因齿轮油内有杂质而损坏。

5）蜗杆在维修时破坏了原设计的动、静平衡。

6）蜗轮蜗杆轴承磨损或损坏，轴承内进入杂质，滚动体失圆，轴承松动移位，止推垫松动引起轴向窜动。

7）曳引轮失圆，轴承缺油或损坏，绳槽个别磨损或全磨损。

8）导向轮失圆，轴承缺油或损坏，绳槽个别磨损或全磨损。

9）曳引轮和导向轮的垂直度、平行度超标。

（8）因电动机引起的振动。电动机引起的振动主要包括电动机转子动、静不平衡，电动机轴向窜动，轴承缺油、损坏等方面。

1）电动机转子动、静不平衡除因生产时遗留外，也有因磨损、装配而引起的。

2）电动机轴向窜动量超标引起前后撞击和摩擦力增大进而引起振动。

3）电动机轴承缺油引起抱轴、轴承损坏、扫膛等。

2. 因电气方面故障引起的振动

（1）因编码器引起的振动。因编码器原因引起的振动主要表现在电梯出现振动和振动频率越来越高、越来越严重，停车抖动，不平层，冲过平层。

原因有：编码器的光码盘不干净，引起脉冲失真；编码器与轴连接不牢引起转动导致脉冲失真；编码器连接或焊点松动引起脉冲失真；编码器的电子元件损坏及编码器损坏引起脉冲异常；编码器的屏蔽接地不良引起干扰。

（2）因地线引起的振动

1）主机地线不良。电动机启动时振动特别厉害，对线路、电子板、主机进行对调，仍出现振动。经查发现安装人员把主机地线悬空塞到线管内，按要求接地后电梯一切正常。

2）大楼接地不良。笔者在一改造现场，无论如何调试电梯总会出现显示乱显、乱登记呼梯，运行时严重振动。在确认控制柜、主机、电源、机械无问题后，要求甲方重新做大楼接地，随后以上问题都得以解决。

3）控制线与信号线未分开布线或未采取屏蔽处理引起干扰进而引起振动。因此，控制线与信号线必须分开布线，信号线要采取屏蔽措施或使用双绞线。

（3）因供电电源引起的振动

1）三相电源不平衡，这主要是建筑物供电系统引起的。

2）三相电源接线不良，电线老化，在维修和保养工作中应对各接线应经常进行紧固检查；对老化或损坏的线路及时进行更换。

3）供电开关不良而引起三相电源不平衡、接线松动、开关损坏等。

4）输入、输出接触器不良，包括触点老化、触点烧伤、触点有灰尘、线圈铁芯不干净、线圈接线或触点接线松动、滑道不干净或不光洁等。由于接触不良引起三相电流不平衡，导致电动机转速不稳定而抖动。每一次保养工作都要对此进行检测，把问题解决在萌芽状态中。

5）电动机接线松动，轻则引起振动，重则烧毁电动机，对电动机接线应每1年进行一次紧固。

（4）因变频器引起的振动

1）变频器输出端不良引起输出给电梯的电流不符合要求进而引起振动。

2）变频器内部元器件松动而引起振动。

3）分频板接线不良或分频板损坏，引起脉冲失真进而引起振动。

4）变频器损坏而引起振动。

5）调试时所设参数不合理而引起振动。

技能要求

电梯冲顶事故调查分析

操作步骤

步骤1　事故定义

到达事故现场，收集事故相关信息，并整理核心要素。

（1）重要信息。包括记录故障状态、设备号、配置信息、参数列表、故障记录、保养记录、召修记录、检验记录等。

（2）事故描述。梳理事故发生经过：2017 年 6 月 20 日 17：41 召修记录，电梯不运行，18：35 召修员工回台，电梯冲顶，无法恢复，轿厢无人，未造成人员伤亡，需要报停并调查。

步骤 2　事故调查

因事故无法复现，且要全面充分考虑到各个要素，列出其故障树（见图 2-7），并仔细查阅收集的材料，整理时序逻辑，鉴别信息真假以及有效性，以排除故障树中不可能原因，锁定主要原因。

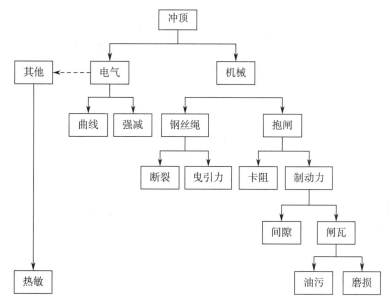

图 2-7　冲顶事故故障树

（1）查阅故障记录。正常或复位运行，其能量不会冲穿楼顶，且系统无超速记录，无强迫减速异常记录，与现场实际不符合。断定电梯为机械溜车冲顶。

故障记录中有多次底座和主机热敏故障，其容易被忽视。分析机房环境，通风较好，且配置空调，主机过热的原因可能为制动器带闸运行，主机或变频器过载运行，温升过高，过热保护失效。

（2）查看参数设置。变频器设置过热保护设置为允许重启，即温度恢复正常后电梯自动恢复运行。

现场配置为西威变频器，热保护有效，但热敏复位后，系统自动复位再次运行，因此故障记录有很多热保护记录：主机过热（9065 ~ 9603），底座过热

（9054～9604）。

```
$DYN   9065   13   i   3        //disable，禁止使用，变频器停止工作
$DYN   9066   13   i   0        //off，只要热敏恢复可重启
$DYN   9067    1   f   1000
$DYN   9603    1   f   1000
$DYN   9054   13   i   3        //disable，禁止使用，变频器停止工作
$DYN   9055   13   i   0        //off，只要热敏恢复可重启
$DYN   9056    1   f   1000
$DYN   9604    1   f   1000
```

（3）查看召修记录。筛查此台设备最近召修记录。2017年6月20日12：30召修记录，电梯不运行，12：45召修员工回台，到达时电梯正常。继续向前查询，2017年6月20日9：10召修记录，电梯不运行，9：23召修员工回台，到达时电梯正常。此前数天内无召修记录。

与物业报修人员和召修员工核实，电梯使用高峰期时发现电梯停在中间楼层不运行，于是报修，召修人员到达现场发现电梯正常运行，未去机房查看，直接回台电梯正常后撤离。

（4）现场调查。结合前述信息与现场状态，初步分析认为，电梯带闸运行，抱闸闸瓦磨损，失去制动力，而导致溜车冲顶。故障记录中无抱闸检测故障，说明抱闸打开关闭无卡阻；因冲顶主机受到剧烈冲击，抱闸间隙已经异常，闸瓦磨损严重；未见冲击磨损粉末，但制动轮表面有热老化迹象。

（5）原因确定。综上所述，从技术的角度分析事故原因，闸瓦磨损，制动力失效是事故的直接原因；闸瓦磨损的原因或为间隙调整异常，或为贴合面调整异常，或为主机圆跳动过大，究其原因为保养检查和调整不当，这是根本原因；过热保护但温度恢复后允许重启，以及召修员工未能认真查看电梯状态而随意回台为间接原因。

步骤3　事故鉴定

对事故原因的鉴定往往不是单一的，需要综合考虑各个原因，才能吸取教训作为改进的方向。通常使用全面质量管理工具鱼骨图，对事故的"人机料法环"各个因素进行分析总结，如图2-8所示。

（1）人。召修人员责任心不强，物业多次反映电梯异常而未认真查看就随意回台。保养人员技术素质差，未能按条款检查主机或制动器异常状态，随意调整

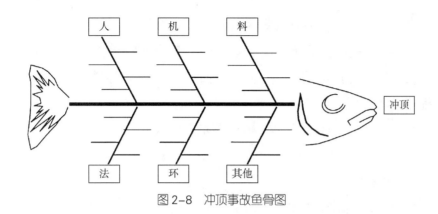

图 2-8　冲顶事故鱼骨图

制动器监测开关，而未认真检查制动闸瓦是否磨损，导致电梯"带病"运行。管理人员监管不力，未能及时察觉召修人员问题。

（2）机。过热保护机制设置为允许重启，导致召修人员不能及时察觉电梯带闸运行。设备配置较低，没有更高端的监测装置，比如闸瓦磨损监测功能。设备年数较长，无轿厢意外移动保护功能，闸瓦磨损后制动力下降不能被及时监测到。

（3）料。制动轮和闸瓦材质抗热失效能力较差，在出现热失效后，制动力下降严重。

（4）法。召修流程控制不严格，应当有反复校对的程序，确定故障根源方可关闭召修任务。保养检查工艺不够科学，检测方法不能简单有效且快速地发现设备异常。

（5）环。机房较封闭，导致温升过快。

综上所述，对于根本原因的分析，凡能想到的因素均可提出，且不管其发生概率的大小，尽量不要漏掉任何可能的原因，可以使用 5why 工具，对于一个点反复询问。

步骤 4　结论验证

通过罗列所有的可能性，建立一系列可行的行动项，整改恢复电梯，并对类似的问题，提出改进方案，并验证其有效性。

电梯轿厢振动故障排除

操作步骤

步骤 1　数据采集

收集设备相关信息，测量振动数据。

（1）设备信息。通常需要收集这些参数：电梯额定速度、额定载重量、悬挂比、曳引机型号、曳引机的减速比、曳引轮直径、抗绳轮直径（如有时）、曳引绳直径及其根数、悬挂比不是 1∶1 时反绳轮的直径、滚轮导靴的型号或滚轮直径、导轨长度等。

（2）数据测量。通常使用 EVA-625 测量振动数据，测量后将数据导入计算机以备分析。

步骤 2　数据分析

使用 PMT EVA 振动分析软件对数据进行分析。

（1）上行数据分析。找到上行数据，对其进行 ISO 过滤处理，数据波形如图 2-9 所示。

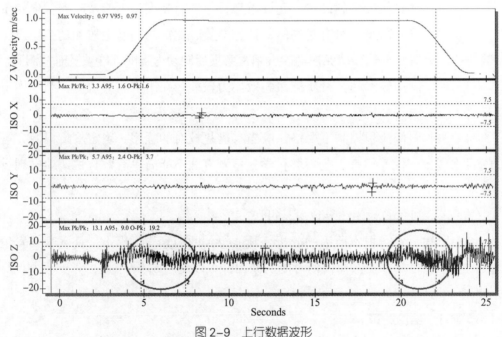

图 2-9　上行数据波形

可知电梯在水平前后左右方向晃动轿厢，均符合标准。在垂直方向满速运行时的振动也尚可，A95 均为超标，仅在启动或停车阶段有明显的振动，且峰值有超标的迹象。

为找到振动的原因，可选取振动峰值较高的时段，对其进行 FFT（快速傅里叶变换）操作，振动频谱图如图 2-10 所示。可知 19 Hz 的频率对轿厢振动影响最为明显；而 6.5 Hz 的频率可能不在人体的感知范围，暂时不管；9.5 Hz 以及 38 Hz 的影响不明显，暂时不管。

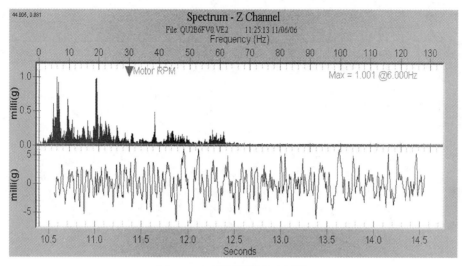

图 2-10　振动频谱图（上行）

（2）下行数据分析。对下行数据进行过滤处理，数据波形如图 2-11 所示。

发现全程垂直振动数据都较差，对较严重的时段进行 FFT，振动频谱图如图 2-12 所示。可知 19 Hz 的频率对轿厢振动影响最为明显。

（3）振动匹配。由前述可知，故障频率指向 19 Hz，因此，需要计算电梯所有旋转部件频率，一一匹配，或者根据故障频率与电梯额定速度，计算出其指向的轴承或导向轮的直径。

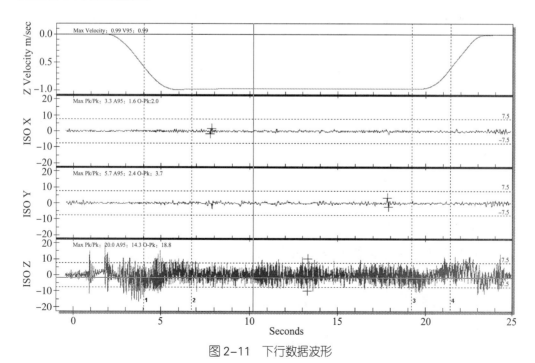

图 2-11　下行数据波形

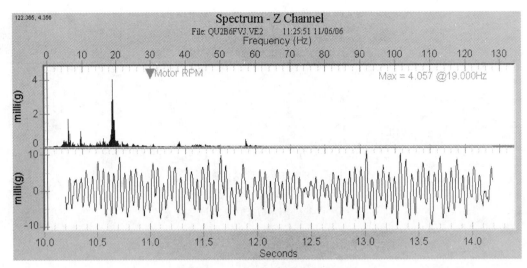

图 2-12　振动频谱图（下行）

由主机的转速和极对数算出主机的频率 f= 主机转速 × 极对数 /60=95 × 12/60= 19（Hz）。其正好也为 19 Hz，因此，判断振动与主机运行频率相关。分析各次谐波成分（6.25 Hz、9.5 Hz、19 Hz、38 Hz），因此可推测变频控制系统对主机的各倍频滤波功能存在异常。

步骤 3　项目调整

振动故障的频率来自主机工作频率，而非曳引轮、导向轮等其他轴承的振动频率，可断定问题为电气故障，主要原因为系统调速性能异常，因此需要对电气系统进行调试。

（1）主机参数。对主机的电阻和电感值进行轻微调整，验证乘用体验是否有改善。调试过程中发现电阻的改变能减小振动，但主机的噪声会加强。

（2）载波调整。对主机运行的电流环、载波频率进行微调，验证乘用体验是否有改善。调试过程中发现载波频率的调整对振动改善明显。

（3）电磁干扰。对 EMC（电磁兼容性）部件进行更换，接地检测，并无明显改善。

步骤 4　振动排除

对引起主机频率异常的参数、部件进行反复调整，直到改善效果使用户满意为止。

培训项目 ② 自动扶梯设备诊断修理

培训单元 1　反复性故障分析排除

培训重点

能够分析排除扶梯反复性故障

知识要求

本培训单元主要介绍扶梯电气反复性故障的排除。扶梯机械反复性故障一般都是由其他连锁因素触发的，最后由电气保护装置动作体现，从故障表现可以倒推出机械故障原因。

一、电源故障

电源损坏的反复性故障一般都是维修作业人员在没有查清楚真正故障点的情况下，急于更换电源造成的，造成了二次损坏。如果前端有短路保护装置，那么会造成连续损坏熔丝或者跳闸。只有真正查到故障点，把故障点处理掉，才能彻底解决电源故障。

二、输入信号控制回路故障

1. 检修回路故障

检修信号一般在设计上都采用常闭点，断开触点进入检修状态。要让扶梯进行检修运行，首先要让一台正常的扶梯进入检修状态，然后通过上下行按钮进行给定方向后启动检修运行。

常见的检修回路故障有以下几种。

（1）扶梯未脱离正常状态，同时未进入检修状态。

（2）检修上下行信号未进入控制系统。

（3）上下机房的2个检修插头都处于断开状态。

2. 正常运行指令故障

一台可以检修运行的扶梯，无法用钥匙启动正常运行，除了楼层板开关、梯级塌陷保护、梯级缺失保护、多台连续扶梯中间的停止装置、制动器松闸保护、扶手带速度偏离保护以外，主要还是因为正常运行指令无法进入主板。一般该信号都是常开点，启动钥匙给定方向后，触点闭合得电起效。

3. 安全回路故障

安全回路故障是扶梯最为常见的故障。常见的重复性故障一般都与机械装配不良造成的误动作有关，例如扶手带入口开关，常见的有扶手带与入口装置安装距离过近，导致扶手带运行摩擦使入口装置误动作；又例如梳齿板开关，有很多时候是由于梳齿处有异物，导致梳齿板误动作。所以要彻底排除安全回路故障还是应该保证机械装置的正确有效性。

4. 接触器粘连故障

接触器粘连故障按标准规范要求是必须要设置响应措施的，但是扶梯的接触器粘连故障响应措施与电梯有些区别，扶梯要求该故障触发后不能再启动，而电梯是要求最迟在下一次改变运行方向之前停止运行。接触器粘连故障保护是用来检测接触器是否处于一种正常工作状态的保护装置，主要还是以检测释放为主。

5. 制动器松闸保护故障

制动器松闸保护装置（俗称抱闸开关，也可以用其他形式如传感器实现）用于检测自动扶梯的制动器打开过程。制动器松闸保护故障原因有：

（1）左右制动器打开不同步。

（2）制动器打开检测的时间与主接触器、制动器接触器工作时序不一致。

（3）调整了制动器的制动弹簧后，未调整制动器检测开关。

从某种程度上说，上述问题大多是维修人员在进行制动器调试时，未能同时兼顾制动器机械和制动器检测开关的调整导致的，因此扶梯的制动器的调整难度要大于电梯制动器。

6. 过热故障

过热故障也是自动扶梯常见的故障之一，尤其是室外自动扶梯，如过街天桥、人行地道等。这些扶梯常年暴露在室外，在夏季天气炎热的时候，驱动站内的温度会非常高，再加上一旦有制动器带闸运行，或者扶梯梯路卡阻，电动机电流过大，就很容易导致过热保护。过热保护有些是设置在电动机内部一个热敏元件，也有些是串联在驱动主机动力回路上的热保护继电器。热敏元件能检测电动机因为外部热量造成的整体温度上升，而热保护继电器有局限性，它只能在导线上经过的电流过大时才起作用。所以目前过热保护大部分都是通过设置在电动机内部的热敏元件实现。

7. 通信信号故障

通信信号故障在扶梯上相对较为少见，扶梯的控制信号大多都是相对独立的回路，且没有过多的按钮指令信号，因此基本不会产生由干扰造成的通信信号故障。通信主要存在于驱动站与转向站之间，还有主板与变频器之间。

8. 超速故障与非操纵逆转故障

（1）在梯速达到名义速度的 120% 之前，安全检测板切断主机和工作制动器电源，并在手动复位后才能再启动。

（2）在梯速达到名义速度的 140% 之前，切断主机和工作制动器电源以及附加制动器电源，并在手动复位后才能再启动。

（3）当出现逆转情况，切断主机和工作制动器电源以及附加制动器电源，并在手动复位后才能再启动。逆转判断条件如下。

1）扶梯测速 A 相、B 相信号反向，即扶梯已发生逆转。

2）扶梯正常向上行方向运行时，速度降到 1/3 额定速度以下，即扶梯将要发生逆转。

9. 梯级丢失故障

如果检测到梯级或踏板缺失，安全检测板切断主机和工作制动器电源，并在手动复位后才能再启动扶梯，且要求丢失的梯级产生的空当不能在梳齿相交线之前露出。但是该功能会在检修运行的时候被屏蔽掉，所以在检修运行的时候一定要注意必须在扶梯没有操作人员的那一端设置有效和固定的护栏防护，或者检修运行的时候把丢失的梯级空当朝自己操作的位置运转，这样会比较安全。

10. 扶手测速异常故障

当扶手带的实际速度小于梯级速度 15% 且持续 15 s 时，安全检测板切断主机和工作制动器电源。这种故障一般都是由于扶手带未被张紧装置张紧导致的。

三、输出驱动回路故障

1. 润滑系统回路故障

润滑系统回路故障一般是由油泵损坏、油泵驱动线路断线等造成的，维修起来较为简单。维修时主要需要考虑在运行过程中油泵驱动回路要有输出电信号。有许多维修人员在静态（扶梯不运行）的情况下检查油泵系统的好坏，自然无法找到故障。

2. 启动打铃回路故障

启动打铃回路故障一般是由警铃损坏、警铃驱动回路断线等造成的，维修起来较为简单。维修时主要需要考虑在启动过程中警铃驱动回路要有输出电信号。有许多维修人员在静态（扶梯不运行）或者扶梯已经运行的情况下检查启动打铃回路，也无法找到故障。

3. 制动器回路故障

自动扶梯的制动器电源与电梯一样，均由直流电源驱动。有些控制柜内的电源为交流电源，那是因为制动器上一般还会单独再安装一块抱闸电源板，即整流装置，用于把交流电整成直流电。制动器回路的故障是扶梯经常遇到的故障，因为自动扶梯是连续运行的，即使是慢速转高速运行的扶梯也是一样在连续运行，所以制动器一直处于得电松闸状态，长时间的制动器线圈带电工作导致制动器发热、制动器线圈烧毁的发生率很高，特别是高温下的室外自动扶梯（这里也包括附加制动器的电磁线圈）。因此制动器线圈烧毁是最常见的制动回路故障之一。

标准要求切断自动扶梯的制动器需要至少2个独立的电气装置，那么这2个独立的电气装置很有可能会出现触点无法接通的现象。触点无法接通有很多种可能因素，如触点氧化、触点腐蚀、触点破损等。

制动器的供电电源也经常会有问题，一般遇制动器无法打开，首先检查的就是制动器供电电源（一般在变压处）。这里还要考虑是否有制动器接地的可能性，所以在排查制动器电源是否正常的时候，一般需要在脱离负载的情况下用万用表进行检查和测量。

4. 驱动电动机回路故障

驱动电动机回路故障，常见的就是变频器故障，导致变频器不输出。变频器不输出的原因有很多，比较常见的就是接触器故障。因为切断电动机电源需要至少 2 个独立的电气装置，一般制造企业在设计制造的时候采用的是一个静态元件（例如变频器）加一个接触器的方式实现。接触器的主触点如果不能正常导通，那么会直接影响电动机的运转。接触器的主触点不能正常导通的原因有很多种（这里不讨论接触器线圈不吸合），如触点磨损、触点生锈、触点腐蚀，甚至触点断裂。

四、变频器故障

1. 模块过电流保护的原因和措施

（1）直流端电压过高，应检查电源。

（2）外围有短路现象，应检查电动机及输出接线是否有短路，对地是否短路。

（3）输出有缺相，应检查电动机及输出接线是否有松动。

（4）编码器故障，应检查编码器是否损坏或接线是否正确。

（5）异步电动机转差设置不合理，应调整异步电动机转差。

（6）空载电流系数设置不合理，应调整空载电流系数。

（7）其他原因，如变频器内部接插松动等，应检查变频器接插件是否松动。

2. 散热器过热保护的原因和措施

（1）环境温度过高，应降低环境温度，加强通风散热。

（2）风道阻塞，应清理风道内灰尘、棉絮等杂物。

（3）风扇异常，应检查风扇电源线是否接好，或更换同型号风扇。

（4）温度检测电路故障，应检查温度检测回路是否正常。

3. 制动单元故障的原因和措施

（1）制动单元损坏，应更换相应驱动模块。

（2）外部制动电阻线路短路，应检查制动电阻接线。

4. 母线过电压保护的原因和措施

（1）输入电源电压异常，应检查输入电源。

（2）电动机未停止旋转时再次快速启动，应注意将电动机停止后再启动。

（3）负载转动惯量过大，应使用合适的能耗制动组件。

（4）减速时间太短，应延长减速时间。

5. 母线欠电压保护的原因和措施

（1）电源电压低于设备最低工作电压，应检查输入电源。

（2）发生瞬时停电，应检查输入电源，待输入电压正常，复位后重新启动。

（3）电源的接线端子松动，应检查输入接线。

（4）在同一电源系统中存在大启动电流的负载，应改变电源系统使其符合规格值。

6. 输出缺相的原因和措施

（1）变频器输出侧接线异常或存在断线或者输出端子松动，应按操作规程检查变频器输出侧接线情况，排除漏接、断线。

（2）电动机功率太小，在变频器最大适用电动机容量的 1/20 以下，应调整变频器容量或电动机容量。

（3）输出三相不平衡，应检查电动机接线是否完好，断电检查变频器输出侧与直流侧端子特性是否一致。

7. 电动机接地故障的原因和措施

（1）接线错误，应对照用户手册说明，更正错误接线。

（2）电动机异常，应更换电动机，需先进行对地绝缘测试。

（3）变频器输出侧对地漏电流过大，应维修变频器。

8. IGBT（绝缘栅双极型晶体管）短路的原因和措施

外围有短路现象，应检查电动机及输出接线是否有短路，对地是否短路。

技能要求

扶梯电气反复性故障分析排除（一）

故障现象

某商场扶梯在正常使用中几乎每天都会出现 1~2 次停梯，检查故障代码主要报扶梯超速和低速，故障复位以后就能正常运行。

操作步骤

步骤1 安装位置检查

速度传感器的 A 相传感器感应面中心正对主驱动轮齿轮正中心，B 相传感器感应面边缘正对主驱动轮齿轮正中心，如图 2-13 所示。

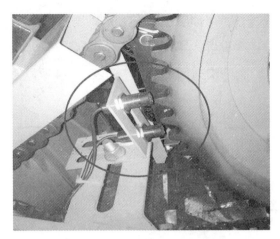

图 2-13　传感器安装位置检查

步骤 2　检测距离检查

主驱动轮上的传感器安装位置不准常会发生扶梯欠速 80%、超速 120%、扶梯逆转、AB 相缺相等故障。根据传感器型号确定两个传感器与齿轮距离应相同。根据选择的型号,检测距离一般在 2~6 mm(根据传感器型号确定)。检查传感器的检测距离。

步骤 3　得出结果

光电开关的信号线和照明线捆绑一起,造成信号干扰。

步骤 4　排除方法

把光电开关的信号线与照明电源分开,同时在光电开关的线路外围增加金属蛇皮管,进一步隔绝外围的信号干扰。

扶梯电气反复性故障分析排除(二)

故障现象

某工地的变频扶梯慢车时经常出现 NRD(防逆转)保护。

操作步骤

步骤 1　更换主驱动的速度传感器。

步骤 2　检查主驱动速度传感器的电压是否正常。

步骤 3　判断故障是由慢车速度不合理引起。

步骤 4　得出具体故障原因:配置传感器的扶梯 NRD 的阈值是额定速度的 40%,所以配置传感器的扶梯慢速一般设置在额定速度的 50%。而配置编码器的扶梯 NRD 阈值是额定速度的 15%，所以配置编码器的扶梯慢速一般设置在额定速度的 20%。如果慢车速度设置太小就会引起 NRD 保护（慢车速度必须大于 NRD 阈值）。在扶梯运行 1 s 后 NRD 才开始检测，如图 2-14 所示。

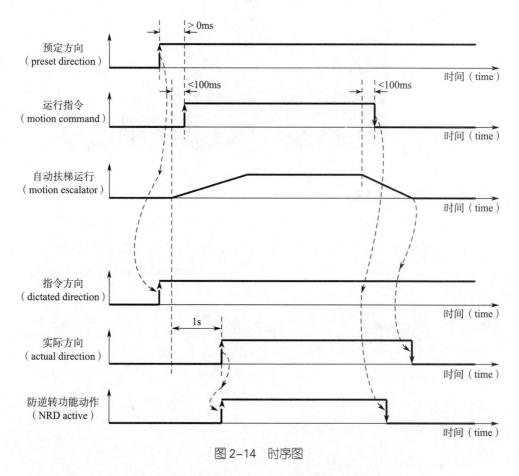

图 2-14　时序图

步骤 5　排除方法：调整扶梯慢车速度在额定速度的 20% 以上。

培训单元 2　偶发性故障分析排除

熟悉扶梯偶发性故障及其原因

能够分析排除扶梯偶发性故障

一、线路偶发性故障

1. 线路偶发性断路

自动扶梯的线路偶发性断路的原因有很多，有些是人为造成的，例如维保作业时操作人员不经意的剐蹭；有些是线路与运转的机械设备碰擦造成的，例如驱动站与转向站之间的连接线路，又例如出入口位置的启动钥匙装置的线路，这些线路都与机械装置的间隙或者距离过小，导致运转过程中易造成断路。所以需要对线路进行有效的固定。

2. 线路偶发性短路

自动扶梯的线路偶发性短路的原因也有很多，最常见的就是线路板短路。控制柜中的线路板一般都由绝缘性材料进行包覆或者与金属壳体隔离，但是长时间使用后，设备老化、自然脱落、移位导致与电源负极或者接地线之间发生短路。另外当电子设备的密封性下降后，潮湿或者液体进入电子元器件中也会造成偶发性短路，这在室外自动扶梯中较为常见。作业人员在作业过程中不经意间的触碰也会导致线路偶发性短路。

二、电子元器件偶发性故障

1. 偶发性不工作

电子元器件的工作要求比较严格，都有相应条件。例如光耦输入需要达到一定的工作电压等级才能起作用，但如果超过规定的电压等级，光耦输入则会损坏。所有外部设备供电的波动都会造成电子元器件偶发性不工作。

2. 偶发性误动作

电子元器件的偶发性误动作一般分为两大类。

（1）电气开关偶发性误动作。该类偶发性故障的原因是机械部件与电子元器件（例如电气开关）的配合间距过小，造成不同幅度机械行为的偶发性电子元器件误动作。例如：梯级链张紧装置与张紧开关间隙过小，导致梯级链在过分伸长或者过分缩短之前就提前动作了电气开关。这种偶发性误动作故障比较简单，也比较容易排查，根据触发特性一般采用短接法进行查找。

（2）通信干扰造成的偶发性误动作。通信板的故障会造成其在发出错误的指令信息或者接收正确的协议编码后对它进行错乱的分析，导致偶发性的误动作。另外，外部强电的磁场干扰会导致通信线上产生感应电流，这个感应电流会影响原先固有的协议编码顺序，导致产生错误的编码，接收终端在接收到这个错误的编码后即识别了一个错误的指令动作或者反馈信息。

技能要求

短接法分析与查找偶发性故障原因

步骤 1　假设

根据故障现象、自动扶梯停梯位置、停梯情况对故障点进行假设判断。

步骤 2　短接屏蔽

人为短接步骤 1 的假设对象。

步骤 3　防护和通知

对已经短接完成的自动扶梯进行测试运行，必须要保证可靠的安全防护。

步骤 4　选择测试运行方法

能用检修运行则用检修运行，如果检修运行会屏蔽或者短接某些电气安装，那么可以选择用快车运行检查的方法。

步骤 5　分析与判断

如果长时间未发现故障出现，则可判定被短接屏蔽的对象为故障点。

注意事项

如果还会继续发生偶发性故障，则重新进行步骤 1 ~ 5。

替换法分析与查找偶发性故障原因

步骤 1　假设

根据故障现象、自动扶梯停梯位置、停梯情况对故障点进行假设判断。

步骤 2　拆除假设对象

把拆下来的部件

步骤 3　测试假设对象

把拆下来的部件安装在一台正常运行的自动扶梯上，然后测试运行。

步骤 4　分析与判断

如果将假设损坏的部件安装在一台正常运行的自动扶梯上，自动扶梯报的故障码与原故障扶梯的故障码一致或者故障现象一致，则可判定假设对象正确，应立即领取新部件进行更换。不应将正常运行扶梯上的部件拆卸下来安装到原故障扶梯上去，这样很有可能会导致二次损坏。

偶发性故障的排除与预防

步骤 1　确认故障

根据分析检查的结果确认故障。

步骤 2　制订修理方案并排除故障

根据故障扶梯的使用情况和物料的库存情况对现场故障扶梯制订高效的修理方案。允许应急情况下从其他处于闲置状态的扶梯上拆卸同型号规格的部件临时代替使用。

步骤 3　制定改进及预防方案

在排除故障后，自动扶梯已完全正常投入使用。此时应对该偶发性故障进行总结，并且结合现场硬件设备的使用情况制订改进及预防方案。

培训项目 **3**

故障数据管理系统应用

培训单元 1　故障数据管理系统概述

培训重点

了解产品数据管理系统相关知识

熟悉故障数据管理系统

知识要求

一、产品数据管理系统概述

1. 基本概念

（1）PDM 与 PDMS。产品数据管理（product data management，PDM）是对产品全生命周期数据和过程进行有效管理的方法和技术的总称。实现产品数据管理功能的信息系统称为产品数据管理系统（product data management system，PDMS，或称 PDM 系统），如图 2-15 所示。

（2）PDM 系统的主要目标。实施 PDM 系统的主要目标是利用一个集成的信息系统来协助创建和管理产品开发设计以及产品制造所需要的完整的技术资料，并对产品的形成过程进行有效的管理和控制，如图 2-16 所示。

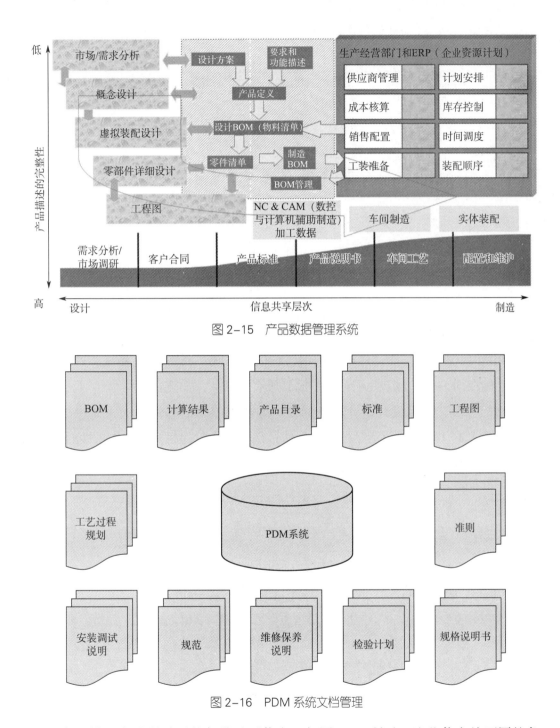

图 2-15　产品数据管理系统

图 2-16　PDM 系统文档管理

　　完整描述产品所需要的各种重要信息，如图 2-17 所示。这些信息从不同的角度描述了产品的不同侧面。在 PDM 系统的支持下，企业可以快速向用户提供产品运行维护、修理方面的各种重要信息，以便有效地使用和维护产品，快速地提供备品备件。这是向用户提供最佳售后服务，确保企业竞争优势的重要措施。

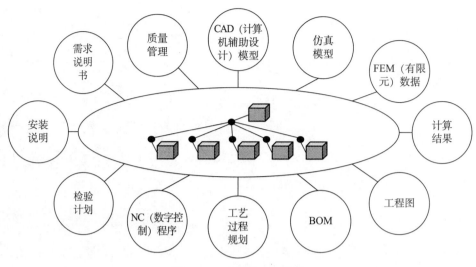

图 2-17　完整的产品描述

（3）PDM 系统的作用。利用 PDM 系统可以大大简化产品的开发和设计工作。通过 PDM 系统可以方便、透明地调用各种应用系统。利用 PDM 系统，产品开发设计人员在同一个平台上几乎可以完成其所有的任务，如查找资料、通知、检查、资料归档分类、产品设计、计算、绘图、建立 BOM 和修改等，大大减少了产品开发设计人员从事不增值活动的时间，使他们有更充足的时间进行创造性的工作，如图 2-18 所示。

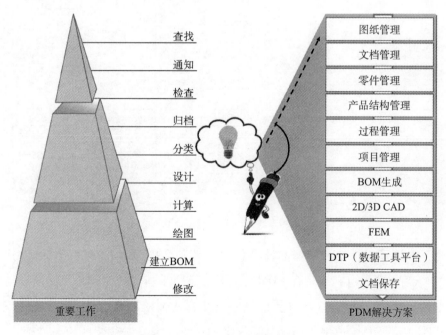

图 2-18　PDM 对工作的简化

2. PDM 系统与零部件编码技术基础

（1）零部件编码系统概述。企业生产中的很多问题，如管理混乱、成本过高、生产周期过长等都与零部件数量过多有关。产品的系列化和组合化是减少零部件数量的有效手段。但是，即便做了很好的产品系列化和组合化工作，如果没有有效的零部件编码系统的支持，利用目前常用的隶属制编码系统仍旧不能快速、准确地从原先的文档中找出重用件或相似件的有关资料。在这种情况下，寻找重用件或相似件资料的工作通常是凭设计人员的记忆进行的。但是设计人员不可能记住其曾经设计过的所有零部件的具体细节，更不可能记住他人设计的零部件。而"新"零部件还在被源源不断地"创造"出来，这对正常的生产管理造成了很大压力。

有效的零部件编码系统是成功实施 PDM 的基本保证。零部件编码有三种类型：数字码，如 2–3402–7081–43；字母码，如 CD–CF；字母数字码，如 AB80–C64。零部件编码有两项主要功能：一是识别，根据特性标志能明确识别一个对象物；二是分类，根据确定的概念能对各对象或对象物的特性进行分类。

（2）影响零部件编码系统结构的因素。不同生产方式、不同产品类型的企业采用了不同的编码系统。编码系统的结构与很多因素有关。影响编码系统结构的主要因素如下。

1）产品的类型和产品的复杂性。一般来说，企业生产的产品越复杂，其识别码的长度越长、分类码的层次越多。例如，电冰箱的识别码在 7～9 位，而飞机和船舶的识别码一般会超过 12 位。电梯产品编码规则如图 2–19 所示。

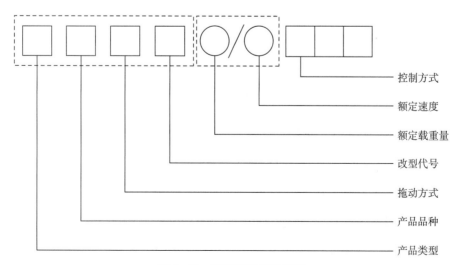

图 2–19　电梯产品编码规则

在读上图电梯产品编码时，习惯性按图 2-20 所示顺序阅读。

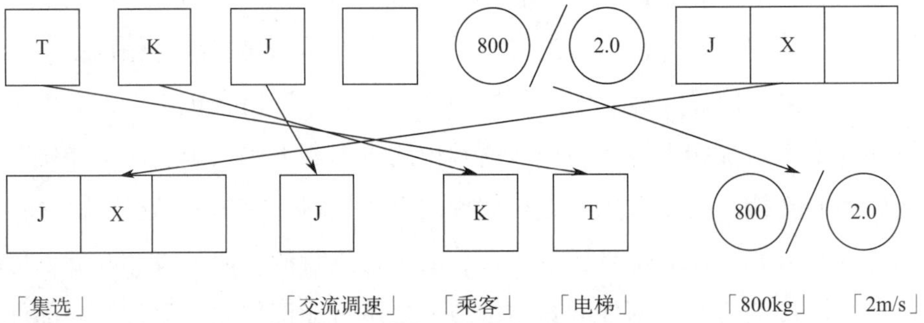

图 2-20　电梯产品编码阅读顺序

2）生产类型。企业的编码系统与其所采用的生产方式有非常密切的关系。例如 MTS（按库存生产）和 ATO（按订单装配）企业所采用的编码系统比较简单，而 MTO（按订单生产）和 ETO（按订单设计）企业所采用的编码系统一般比较复杂。

3）编码目的和编码应用范围。编码目的和编码应用范围对编码系统的影响很大，如：仅用于设计、用于设计和工艺、用于产品的生产过程、用于产品的全生命周期……编码应用范围越大，编码系统就越复杂。

上述各种因素中产品的复杂性、编码目的和编码应用范围等因素对编码的结构和内容影响最大。

（3）零部件编码系统的主要技术要求。编码系统应能进行识别和分类处理；应具有良好的开放性，以便进行扩充；符合数据处理技术的要求，便于 PDM 系统处理；简洁明了，易于理解，长度一般不超过 15 位。这些要求可以概括为：便于识别与分类、开放性、简洁性、便于计算机处理。如图 2-21 所示为一种电梯零部件编码规则。

（4）编码系统的分类。根据编码系统的结构特点，通常可以将编码系统分成平行编码系统和复合编码系统两种形式。

1）平行编码系统。在平行编码系统中，一个完整的编码是由分类码和识别码两部分组成的，两个部分既可以合并，又可以独立使用，灵活性较好。由分类码可以检索到零部件所属的零部件族然后再根据识别码检索出具体的零部件，如图 2-22 所示。平行编码系统的优点是具有较好的可扩充性，易于计算机处理。这种形式的编码系统应用范围较广。

图 2-21　电梯零部件编码规则

图 2-22　平行编码结构示例

2）复合编码系统。在复合编码系统中，一个编码是由分类码和识别码（计数号）以固定的形式相连组成，如图 2-23 所示。识别码依附于分类码。这种编码系统通常只适用于特殊场合，其主要缺点是结构僵硬，较难进行扩展。

电梯零件的分类等级较少，通常使用平行编码；但整机部件因综合信息较多，常使用复合编码，如图 2-24 所示。

复合编码：分类码与识别码以固定的形式相连

A	-	X	X	X	-	Y	Y	-	Z	Z	Z	Z

图 2-23　复合编码结构示例

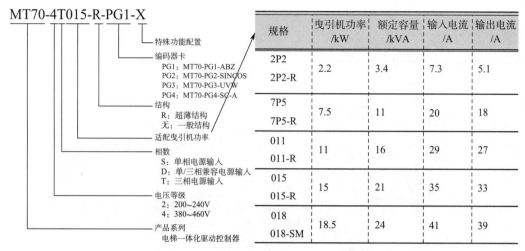

图 2-24　海浦蒙特控制系统产品编号规则

二、故障数据管理系统建立

在前述产品数据管理系统的基础上，通过对故障大数据分析，找到故障的规律，制订最高效、有效的措施，快速将故障率降低，并建立故障处理数据库，对潜在的故障制订预防措施，给预防性保养指明方向。

1. 故障代码编制

利用一定规则或次序对故障进行分类排列的编码叫故障代码，类似产品数据库中的 BOM 一样，对每个故障都给定其固定的编号，以方便数据查找、分析、记忆等。

（1）通用的故障代码编制规则。不同的电（扶）梯设备或不同的控制系统，其故障代码编制方式均会不同，有时候为了方便故障统计分析，需要对其故障进行统一编码。

（2）专用的故障代码编制规则。在产品或系统内部，对于不同的子系统、子部件会有专用的故障代码编制方法。

2. 故障收集

电梯故障收集渠道有以下三种。

（1）企业级热线中心。一般知名品牌都有其热线中心，其工作很重要的一部分就是处理召修热线，对故障召修信息做翔实的记录，通常有笔录、录音甚至视频信息。因其是企业级别，因此其故障记录中故障代码一般都能做到全面完整，以保证故障的信息准确、真实、有效，如图 2-25 所示。

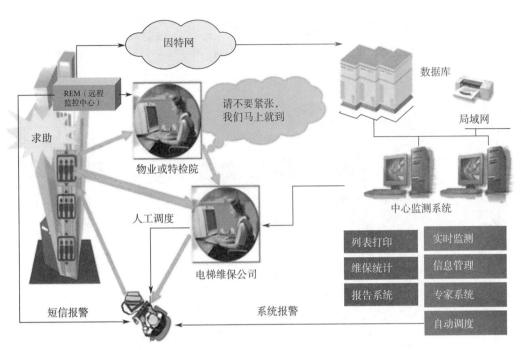

图 2-25　企业级热线中心

（2）行政级热线中心。政府监管机构也会有其热线中心，如图 2-26 所示，也会对故障信息进行记录。但因其面对各个品牌和单位，因此其故障记录的信息仅限于现象级别的描述，很难有数据分析的价值。

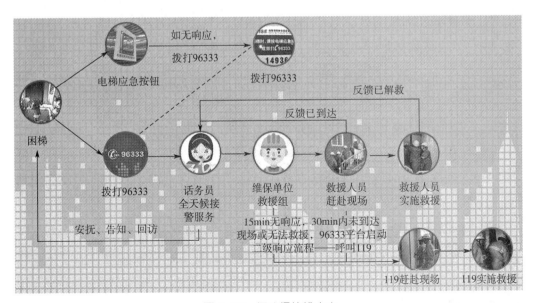

图 2-26　行政级热线中心

（3）基于物联网的数据中心。近年来，随着网络技术的发展，数字化维保逐步推广应用。部分监管机构要求各个品牌使用统一的故障代码，远程监控可自动采集故障信息并统计，甚至对数据进行初步分析，如图 2-27 所示。

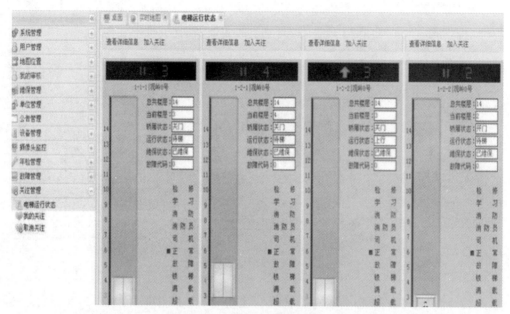

图 2-27　基于物联网的数据中心

三、故障数据分析

1. 故障率的概念

在有了故障数据管理系统之后，需要对故障数据进行分析，并基于分析结果指定行动项，以达到计划性保养的目的，进而降低故障率。

先引入故障率的定义。通常以一年为一个周期统计，将平均一台电梯在一年内发生的故障次数定义为平均故障率。比如，某维保单位保养的电梯台量为 3 000 台，在一年内发生的故障次数为 6 000 次，则该单位维保电梯的平均故障率为 2.0。但维保单位对故障的跟踪通常以月度、季度为单位，甚至对于重点项目以工作周为单位。因此，需要将这些换算成平均故障率，比如，某维保单位保养的电梯台量为 3 000 台，8 月份发生的故障次数为 600 次，则该单位维保 8 月的故障率为 600/3 000×12=2.4。季度、工作周故障计算方法依此类推，折算成年度即可。

2. 数据筛选与优先级确定

对于台量较少的电梯维保单位，或者大公司的维保站点，故障次数较少，可以逐条分析，并制定行动项。但对于大公司，由于其需要宏观地把控整个公司的产品质量，对于故障数据的分析必须有一定的方法，才能以最少的资源和成本实现最大的工地质量提升。

（1）"8020"原则。对故障出现的频次进行由高到低的排序，优先解决频次最高的 20% 的故障，并建立跟踪周期，重点查看这些故障的改善情况。当这些故障降低到不在前 20% 时，选出新的故障进行补充，依次不断替换，以改善整体产品质量，降低整体的故障率，如图 2-28 所示。

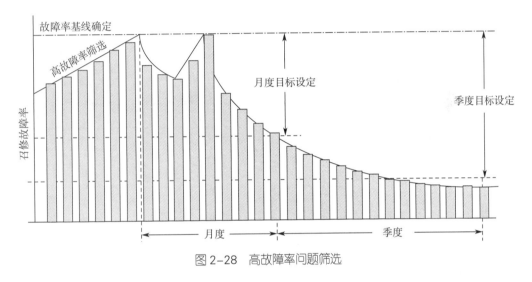

图 2-28　高故障率问题筛选

（2）权重等级。依据故障结果的影响程度进行优先级划分，优先解决权重等级评分高的故障，见表 2-1。

表 2-1　故障类型权重等级评分

类型	人身伤害 轻到重 （1~5分）	设备损坏 轻到重 （1~5分）	媒体影响 低到高 （1~5分）	处理难度 易到难 （1~5分）	处理效率 慢到快 （1~5分）	执行结果 差到好 （1~5分）	综合评分 降序排列
事故	4	4	5	5	5	3	26
困人	1	1	4	3	2	3	14
停止运行	0	1	2	2	2	2	9
轻微故障	0	0	0	1	1	2	4
使用故障	0	1	0	0	0	2	3

（3）头脑风暴。在很多时候，因召修员工的技术素养不够，故障报表的填写内容与实际问题之间存在较大的差异，因此，需要技术专家对故障报表进行统一梳理，并结合各自处理经验，对故障的处理进行优先级排序，如图 2-29 所示。

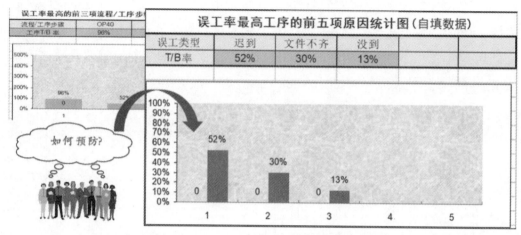

图 2-29　头脑风暴对误工数据处理的导向

四、改进方案制订与验证

使用合理的数据筛选方法，将需要解决的故障依次罗列并逐一分析。要通过持续的追踪找到问题的根源，并通过解决根本原因来阻止问题再次发生，这个方法叫作严格根源分析（relentless root cause analysis，RRCA）。

1. 常见的严格根源分析工具

（1）鱼骨图。分析问题时，从"人、机、料、法、环、其他"等方面进行头脑风暴，鼓励参加所有分析的成员从不同角度考虑问题，提出所有可能导致这种结果的直接或间接原因。

（2）5 why（为什么）。对问题发生的原因持续提问"为什么"，直到得到一个可以控制的，并且一旦解决，此类原因不会再发生的根本原因。

（3）小组投票。通过头脑风暴得出多个问题的产生原因时，为了得到最根本的原因，可通过"小组投票"的方法将问题原因缩小到 2~3 个，再进行进一步分析。

（4）树图分析法。将问题发生的情况根据其发生的顺序列出，并且对每一个发生的问题都查找所有可能导致这个问题发生的原因，从而得出最可能导致问题发生的根本原因。

2. 严格根源分析流程

（1）定义。即定义要解决的问题，收集现场调查的主要信息以及附加信息对问题进行描述。问题必须是具体明确的，是可追踪和衡量的。同时，确定解决问题所需要的资源、问题涉及的部门及分析工作所需的人员，并确定是否需要建立一个项目组。

（2）调查。在问题明确之后，开始对问题进行调查，常使用鱼骨图和 5 why 作为调查工具。

先使用鱼骨图将问题分解。例如，某三角钥匙锁芯尺寸偏大，无法开启层门锁，对于原因进行分解，如图 2-30 所示。鱼骨图的最右边就是要解决的问题。

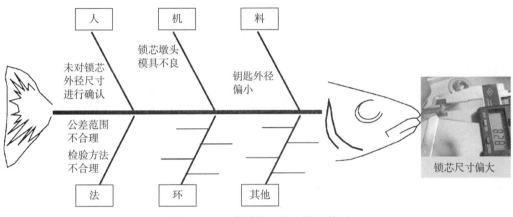

图 2-30　三角锁尺寸偏大根源分析

再使用 5 why 对每一个问题进一步深入分析。例如，某电梯安全问题根源中有一条为"扶梯警示标志模糊"，对此问题使用 5 why 工具进一步分析其原因，如图 2-31 所示。

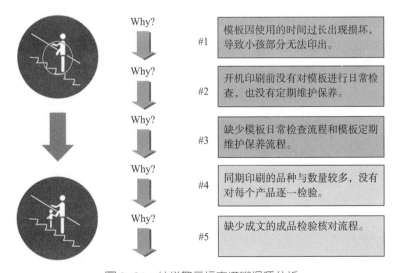

图 2-31　扶梯警示标志模糊根源分析

（3）验证。通过调查找到根本原因后，应当立即建立预防措施，拟订改进方案。对于各个改进方案，务必多次验证，避免改进方案对其他流程、产品或服务产生负面影响，选择最优化的改进方案。

常见的方案验证与选择方法有方案选择矩阵图、过程失效模式和效应分析、方案根源测试。方案选择矩阵图最简单，可以应用在工程项目管理中，而另外两种多用在开发测试阶段，此处不做介绍。方案选择矩阵即罗列每一个行动项多个方面的纬度，通常按低、中、高进行评分，加权求和取最大值，见表2-2。

表2-2　挡门超时故障改进方案优先级排列

改进方案	资源需求 少到多 5~1分	复杂性 简到繁 5~1分	消除问题 可能性 低到高 1~5分	产生新问题可能性 低到高 1~5分	执行效率 慢到快 1~5分	执行结果 差到好 1~5分	综合评分 降序排列
制作伸缩式清理刷	5	5	3	4	4	4	25
推广DHB（门保持按钮）功能	3	4	3	3	2	2	17
重新培训故障代码填写	3	3	3	1	3	3	16
开发3D光幕，雷达等AI装置	1	1	3	3	1	3	12

合理的方案应满足至少下述条件：问题的原因确定是流程中的一部分；问题的根源是可以控制的；即使再使用一次5 why，其结果依旧如此；如果采取行动来解决问题的根源，可以避免问题再次发生；这个根源可以作为案例分享到同类问题中。

（4）确认。方案的执行效果通常分为三个等级：一级是从根本上阻止了错误的发生；二级是不能解决问题，只能阻止错误不再继续扩大；三级是如果发生错误，能及时监测到它的发生，但并不能阻止错误。

当执行的效果达到一级时，则认为改进方案达到了期望的结果，那么这个问题改进方案可以进行标准化，作为标准作业纳入工作流程。

五、方案转化

对于合理的改进方案，可以将其转换成标准作业文件，根据故障的影响程度或类型，常见的标准作业类型有召回指令、工艺文件、技术通报等。

1. 召回指令

产品已经流入市场，但产品本身存在缺陷而需要改进，这时企业会进行召回。对于电梯设备而言，缺陷可能来自产品生命周期中的任意一个环节，包括开发设计、生产制造、安装调试、维护保养、大修改造等。其结果可能会危及乘客的人身、财产安全或设备的使用寿命。

通常企业的召回指令分为强制召回和非强制召回两种。强制召回通常是因产品的缺陷必然会对人或设备造成伤害，而非强制召回说明产品一般不会造成伤害，召回是对设备的运行性能进行提升。

召回指令通常包括以下部分。

（1）召回费用评估。企业必须对召回事件导致的各项费用进行估算，这些费用分为直接费用和间接费用两部分。

（2）告知召回沟通函。进行召回的企业需要将召回的相关事宜告知批发商、零售商、服务中心和消费者。应该告知的情况包括：采取的召回程序、怎样辨识缺陷产品、缺陷的性质、危害的严重程度、缺陷产品的数量、缺陷产品的使用者与企业的联系方式、召回的时间地点等。告知的方式除在政府管理部门规定的报刊、网站上发布召回公告外，还可采用信件、电报等方式。

（3）产品收回或升级程序。进行召回的企业应建立明确的召回产品的收回或升级程序。电梯产品比较特殊，通常都是在工地现场直接进行升级处理。对于少数因部件引起的缺陷，进行部件更换即可。无论采取怎样的程序，企业都应该提高其服务和维修队伍处理缺陷产品的能力。当需要处理的缺陷产品数量很大时，企业可以将这项工作分包出去，或临时调用其他部门的员工。

（4）其他附件。因召回内容的差异，在产品召回升级的过程中，可能还需要其他更多的信息，如受影响的合同清单、部件的维护保养手册、工时评估、升级的检验记录、客户拜访记录、部件形式试验报告等信息或记录，以供核查。

2. 工艺优化

电梯产品的工艺贯穿其整个生命周期。因此在电梯的各个生命环节中，其工艺都可以进行优化，以提高产品的工地质量。比如在开发设计阶段，对于部件的设计采用模块化设计方法，既能节省成本，也能提高部件的稳定性；在生产制造阶段采用新材料、新设备能提高产品的精加工质量；在安装调试阶段采用无脚手架安装工艺，既能缩短工期也能提高安装质量；在保养维修阶段借用物联网技术，实现无纸化办公、智能化保养或远程监控与支持；在大修改造阶段，使用积木式加装梯方案给主城区老小区加装电梯等。如图 2-32 所示，滚轮导靴的滚轮固定方式由螺栓固定改为螺纹固定，使导靴更换变得方便简单，促进保养工艺优化，提高了滚轮更换的修理工作效率。

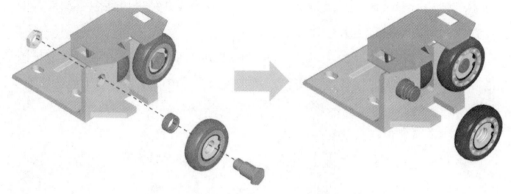

图 2-32　滚轮固定方式更改

3. 技术通报

技术通报通常是对典型案例的分享。近年来随着城市化的发展，电梯的产量与日俱增，每年都会有新的设备面世。近年来随着标准的变更，各个品牌的产品技术也做了很大的调整。电梯行业的飞速发展，使社会对电梯安装维修专业人才的需求持续增加，同时也给电梯安装维修行业带来新的变革，使电梯诊断修理思路、检测方式和维修方法产生了新的变化。为了满足广大电梯安装、调试、检验与维修等相关从业人员不断获取新技能的实际需求，技术通报是最有效最直接的形式。技术通报的归档方式也是多样化的。

（1）根据电梯的类型归档，如电梯、扶梯、液压梯、强驱式、人行道等。

（2）按电梯的控制系统分类归档，如 PLC（可编程逻辑控制器）系列、微机系列、分体式、一体式等。

（3）按部件分类归档。这是最常见的，如机械系统按曳引、导向、重量平衡、轿厢、门机构等部件分类；电气控制系统按操作、运行、驱动、门控制、称重等部件分类。

（4）按故障的现象类型分类归档。如困人、运行中急停、停梯保护、复位运行、冲顶、蹲底等。

无论何种归档方式，均是为了便于技术资料的查找。但通常案例都是符合多个纬度的，因此可以参考前述 PDM 知识，对技术通报按一个统一的标准归档，以减少重复，力求完整，也便于查阅。

六、满意度调查

随着客户满意观念的进一步普及和受到重视，许多企业安排专职人员，成立了专门的服务管理部门。在这个阶段，就可以满意度调查为核心，把其作为有效的服务管理工具，建立系统的服务管理体系。

如图 2-33 所示为某电梯企业保养服务满意度调查流程。

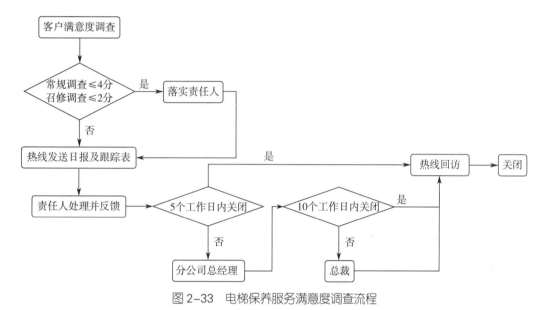

图 2-33　电梯保养服务满意度调查流程

通过满意度调查，管理者可建立在线监测系统、服务改进系统、服务绩效评估系统，轻松有效地倾听客户声音，了解服务现状，发现服务短板，评价服务绩效，推进服务提升。

培训单元 2　电梯故障数据分析与改进方案制订

培训重点

掌握电梯故障改进方案制订与跟踪流程

一、故障代码编制

1. 故障代码概述

故障代码能准确反映产品类型、部件名称、失效模式等信息，并且开放、简洁、便于识别和分类、便于计算机处理。

故障代码编制的目的是为改善产品自身质量和设备的运行质量、促进故障降低、减少维保工时、促进成本降低做数据储备。

因设备的类型、控制方式、驱动方式、故障类型、发生位置、涉及的系统、涉及的零部件、失效模式等均不同，在电梯中机械和电气系统的零部件繁多，其识别码长度和分类层次也比较复杂，因此故障代码的编制需要采用复合编码。

2. 故障代码编制方法

可将零部件定义为识别码，如主部件代码、次部件代码，这样在数据处理时，很容易检索到同一部件或零件的所有故障代码；将故障的类型作为分类码，当要对同一类故障单独建立改进项目小组时，便于直接将这些数据提取。

（1）故障类型。常见的故障类型有事故、困人、停梯、运行故障、使用故障等。故障类型较少，单一数字或字母即可定义完全。

（2）故障位置。对于电梯设备，故障发生的位置通常为机房、井道、轿厢、厅外，如果细分，可以到底坑、无机房顶层空间等；对于扶梯设备，通常为上下出入口、扶手带、梯级踏板、上下检修机舱等。

（3）设备类型。可以单独建立分类码，将设备进一步细化，如电梯产品可细化到客梯、货梯、医梯、杂物梯、液压梯、消防梯等，扶梯产品可细化到商用梯、公交梯、云梯等。

（4）故障系统。通常按机械和电气系统进行划分，如机械系统可细化为曳引系统、导向系统、门机构系统、重量平衡系统、轿厢系统等；而电气系统可细化为安全保护系统、操作控制系统、运行控制系统、驱动控制系统、开关门控制系统、称重控制系统、自动应急疏散系统等。

（5）零部件。电（扶）梯产品的零部件数量较多，因此需要对其识别码进行分层，分层的方式也是多样化的。

1）纯数字统一长度的零部件识别码。比如，经过核算，零部件的数量不会超过 999，则可以定义 3 位，之后进一步分层。比如 000～099 用来定义曳引系统机械部件，100～159 用来定义曳引系统电气部件，160～199 用来定义 ×××，依此类推，按可以设想的数量定义各个部件。

2）纯数字不同长度的零部件分层识别码。使用 5 位数表示零件，比如 00000～99999 都定义零件，如果故障是零件损坏引起只需要更换零件的，使用零件的识别码即可。00000～00099 用来定义曳引机的零件，00100～00199 用来定义制动器的零件，00200～00299 用来定义 ×××，依此类推。而使用 3 位数表示部件，000～999 都定义部件，如果故障时部件损坏引起需要更换整个部件的，使用部件的识别码。000～599 用来定义机械部件，600～999 用来定义电气部件，再进一步分层。

3）字母和数字组合的零部件分层识别码。其优点是可以缩短识别码的长度，缺点是对字母组合又需要进一步定义。比如使用单个字母 A～Z 用来定义部件（如 A 表示曳引机，B 表示变频器），使用多个数字定义零件（如使用 00～99 定义零件），A09 表示曳引机曳引轮，而 B09 表示变频器底座模块。09 在有前置识别码时，其表达的零件才是有效的，独立使用时没有意义。

（6）失效模式。电（扶）梯是机械电气混合的设备，因此，其故障的失效模式也是繁多的，其编码方式跟零部件一样也有很多方式可以选择。

如需要其他更多信息，可以继续增加分类码以完善。通常，完整的故障报表还应当有时间、人物、地点、设备信息、故障描述等更多的信息，而故障代码只是其中之一，但也是最核心的部分。有了故障报表，才能基于故障记录，建立流程向导，进行分析，制定改进方案进行改进，并评估效果。

以下是一种常见的故障代码，其主要包含：召修分类（故障的类型及其表象），部件区域（故障发生的空间范围，即设备的具体位置），主部件（发生故障的主要部件），次部件（发生故障的具体部件），故障原因（故障失效的模式或故障产生的根源），如图 2-34 所示。

二、召修记录收集

传统的故障记录采用现场维修人员给热线中心回台的方式进行收集。随着物联网技术的发展，更多的智能的数据传输方式被应用在电梯维保行业中，甚至不需要维修人员主动提交信息，远程监控系统可以实时提供故障记录、运行状态、维修信息等。如图 2-35 所示为西奥召修应用软件。

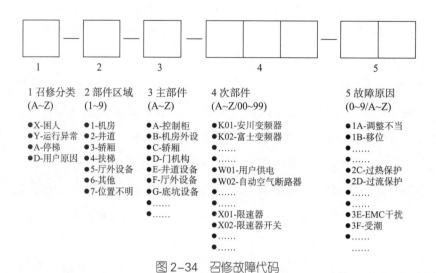

1 召修分类 (A~Z)	2 部件区域 (1~9)	3 主部件 (A~Z)	4 次部件 (A~Z/00~99)	5 故障原因 (0~9/A~Z)
●X-困人 ●Y-运行异常 ●A-停梯 ●D-用户原因	●1-机房 ●2-井道 ●3-轿厢 ●4-扶梯 ●5-厅外设备 ●6-其他 ●7-位置不明	●A-控制柜 ●B-机房外设 ●C-轿厢 ●D-门机构 ●E-井道设备 ●F-厅外设备 ●G-底坑设备 ●……	●K01-安川变频器 ●K02-富士变频器 ●…… ●W01-用户供电 ●W02-自动空气断路器 ●…… ●X01-限速器 ●X02-限速器开关 ●……	●1A-调整不当 ●1B-移位 ●…… ●2C-过热保护 ●2D-过流保护 ●…… ●3E-EMC干扰 ●3F-受潮 ●……

图 2-34　召修故障代码

图 2-35　召修应用软件

软件后台可以根据需求依据故障代码中特定的分类码筛选所需要的数据。比如需要 9 月困人故障的数据，先选择月份，再选择分类码"召修分类"中的 X，即可将所需数据筛选出来，以供数据分析使用。

三、故障数据分析

1. 定义项目

通常为了降低故障率，会依据数据筛选与优先级确定的内容，优先改善一批或一类故障，反复替换，最终实现整体故障率降低的目标。以困人故障率降低为例，则应当在故障报表中筛选出所有的困人故障，如图 2-36 所示。

召修员工	召修时间	到达时间	离开时间	召修类型	部件区域		主部件	次部件	故障原因	故障原因/现象/处理经过	设备
H-李俊良	6-09-08 14:36	6-09-08 14:45	6-09-08 17:00	X	困人	1	井道	H	井道设备	H01 行程开关-H0	2A	损坏	2016-09-08 17:52 yanww: 员工放人,1人,身份不详,下	GEN
H-单体柱	6-09-13 13:55	6-09-13 14:00	6-09-13 14:30	X	困人	1	机房	器及安全钳	X02	限速器开关	2C	(误)动	2016-09-13 14:47 shenxz: 员工放人,1人,顾客,限速器	FOV
H-杨忠东	6-09-07 10:30	6-09-07 10:55	6-09-07 11:2	X	困人	1	机房	控制柜	KT4	其他-KT4	2A	损坏	2016-09-07 13:40 yangjl: f1保险丝损坏,更换	OH5
H-邹云超	6-09-13 16:45	6-09-13 16:55	6-09-13 17:2	X	困人	2	底坑	D	D03 涨紧轮开关	2A	接触不良	2016-09-13 21:02 wupf_col: 底坑的涨紧轮开关接触不良,	REG
SH-徐炯	6-09-03 09:25	6-09-03 09:35	6-09-03 09:5	X	困人	1	机房	器及安全钳	X05	安全钳拉杆	2A	损坏	2016-09-03 10:50 CHENY: 员工放人,2人,送客,安全钳提拉	FOV
SH-张岐	6-09-10 08:45	6-09-10 08:55	6-09-10 10:0	X	困人	3	轿厢	C	C08 RS5\RS53板	2R	失效	2016-09-10 14:08 duyn: 到达人已出, RS5板故障,断电复	OH5
H-何林泽	6-09-05 09:55	6-09-05 10:00	6-09-05 10:3	X	困人	2	井道	M	门机构	M01 厅门门锁	1B	多位、脱层	2016-09-05 11:29 fangij: 3人,员工,1层厅门锁沟间距太	XO-S
SH-邓明	6-09-05 12:35	6-09-05 12:55	6-09-05 14:1	X	困人	2	门机构	M05	挂轮	2A	损坏	2016-09-05 14:13 yangl_col: 2楼厅门挂轮损坏,更换	XO-S
H-费绍德	6-09-15 20:05	6-09-15 20:35	6-09-15 21:0	X	困人	1	机房	控制柜	K33	接触器	2A	损坏	2016-09-15 21:06 zhouaj_col: 员工放人,1人,接	XO-S
H-冯连军	6-08-28 10:05	6-08-28 10:15	6-08-28 10:2	X	困人	X	器及安全钳	X02	限速器开关	3J	后运行	2016-08-28 13:10 9202: 员工放人,1人,业主,限速器上	REG
H-周帅彬	6-08-28 00:05	6-08-28 00:15	6-08-28 00:4	X	困人	1	门机构	M02	厅门门锁	2L	接触不良	2016-08-28 00:45 dail: 关人,1人,轿厢门锁调整不当	Rege
H-费绍德	6-08-31 17:55	6-08-31 18:15	6-08-31 18:1	X	困人	2	底坑	D	D03 涨紧轮开关	2A	(误)动	2016-08-31 18:28 dongql: 员工放人,3人维修工 底坑涨紧轮	OH5
H-葛虚新	6-09-08 15:45	6-09-08 15:55	6-09-08 16:1	X	困人	2	门机构	M02	厅门门锁	2L	接触不良	2016-09-08 16:31 chenlh: 员工放人、3人,顾客,厅门门	GEN
H-袁超超	6-08-28 00:05	6-08-28 00:15	6-08-28 13:4	X	困人	2	门机构	M02	厅门门锁	2L	(紧固、松	2016-08-28 14:56 yanww: 员工放人,1人,轿厢门锁调整不当	JXW
SH-陈鑫	6-08-27 16:15	6-08-27 16:35	6-08-27 17:3	X	困人	1	机房	K	控制柜	KT4 其他-KT4	2A	损坏	2016-08-27 20:35 shisx: 员工放人,2人员工,控制柜里漏	其它
SH-陈鑫	6-08-28 07:15	6-08-28 07:35	6-08-28 07:4	X	困人	1	井道	H	井道设备	H08	光电	2A	损坏	2016-08-28 07:41 xuxq: 员工放人,1人,顾客,光电不好	其它
SH-陈鑫	6-09-01 09:15	6-09-01 09:25	6-09-01 10:0	X	困人	1	机房	K	控制柜	KT7 其他突频器	2A	(误)动	2016-09-01 17:50 xuj: 关人,一人,外来人员。电梯停在t	OH5
SH-陈强	6-09-13 09:45	6-09-13 10:00	6-09-13 10:2	X	困人	X	器及安全钳	X01	限速器	2C	(误)动	2016-09-13 14:20 yangl: 护士,关人,轿厢门开关动作	REG
H-王以王	6-08-27 08:15	6-08-27 08:35	6-08-27 09:1	X	困人	2	井道	M	门机构	M01	其它-MT1	2C	(误)动	2016-08-27 10:10 yeyl: 员工放人,1人,业主,防引门装	GEN
H-伊承行	6-09-20 14:35	6-09-20 14:45	6-09-20 15:1	X	困人	C	轿厢	CT3	其它-CT3	2L	(设置)	2016-09-20 15:35 shenxz:员工放人,2人,员工,电梯i	FOV
H-王静2	6-09-19 09:15	6-09-19 09:30	6-09-19 07:4	X	困人	K	控制柜	KT4	其他-KT4	2A	(误)动	2016-09-19 14:38 dail: 关人电板器故障 更换AM数电车板	OH5
SH-王静2	6-09-12 08:55	6-09-12 09:10	6-09-12 09:4	X	困人	2	底坑	D	D03 涨紧轮开关	2C	(误)动	2016-09-12 11:07 yeyl: 员工放人,1人,业主,涨紧轮开门	OH5
H-何杰堂	6-08-28 12:05	6-08-28 12:35	6-08-28 12:5	X	困人	1	机房	K	控制柜	K33	接触器	2L	接触不良	2016-08-28 13:46 zongzp: 员工放人,1人,租客,轿厢门	OH5
06-姜凤丽	6-08-30 16:35	6-08-30 16:55	6-08-30 17:1	X	困人	2	机房	M	门机构	M01 厅门门锁	2L	(设置)	2016-08-30 17:17 GaoDQ: 员工放人,1人,员工,厅门门锁	FOV

图 2-36 召修故障数据报表

（1）确定项目目标。通过对比或环比查看困人故障率趋势以及改进效果。可将历年的困人故障率作为基准线，以对比当前；也可将某一重点区域与全国相对比；也可将故障率划分到月度、季度对比查看趋势，并以此趋势确定故障率降低的目标，如图 2-37 所示。

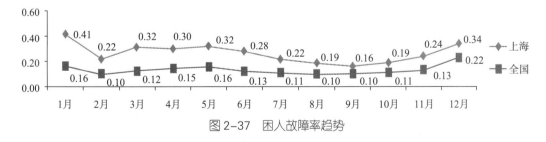

图 2-37 困人故障率趋势

（2）确定项目组成员。电梯产品运行质量涉及其生命周期的各个环节，需要各个部门参与和改进，因此可以建立以部门为责任归属的项目组，明确项目组成员及其在项目中的职能和主要工作，见表 2-3。

表 2-3　故障率降低项目组

姓名	职位	部门	责任
×××	故障降低经理（项目经理）	服务部	推动项目进度、数据处理、协调等
×××	资深工艺工程师	服务部	提供工艺支持、对服务包标准化支持，形成标准施工工艺
×××	资深技术支持工程师	服务部	提供工地支持，对服务维保工艺优化
×××	资深工地工程师	服务部	提供工地支持，对服务包提供技能支持，形成标准调整指导工艺
×××	机械工程师	机械开发部	提供机械系统方面方案支持
×××	资深安装工程师	安装部	提供安装工艺支持，并将安装遗留问题整改形成标准安装工艺
×××	电气工程师	电气开发部	提供控制系统方面方案支持
×××	T业务经理	服务销售	推动服务包在服务销售业务中扩散
×××	品质工程师	品质部	将工地品质问题传递给供应商
×××	工地经理	分公司	协调部分项目在区域和分公司的工地验证资源
×××	人力资源业务伙伴	人事部	提供培训项目数据，支持标准作业推广培训
×××	高级保养技师	服务中心	与其路线伙伴为数据收集、头脑风暴、工地验证提供更多的数据以及现场支持

2. 数据处理与分析

（1）数据处理。将筛选的困人数据按故障频次排列，按"8020"原则选取重点问题。比如通过数据排列发现，排在前三的故障集中在井道、机房、用户使用三个方面，针对这三类数据进行二层数据分析，罗列出排在前面的9个问题，再对这9个问题进行严格根源分析，如图 2-38 所示。

（2）严格根源分析。对于每一个筛选出来的重点问题进行严格根源分析，并安排项目组进行头脑风暴，让成员自由发言并记录，使用鱼骨图或者5why工具，不断提问，直到确定引起该故障频次高的所有原因。当然，对于重点问题中相同类的问题，可以合并在一起分析。比如，在电梯故障中，层门和轿门地坎卡异物的故障分别排在首位和次位。经过数据分析和头脑风暴罗列"人机料法环"中的系列问题以供制定行动项，如图 2-39 所示。

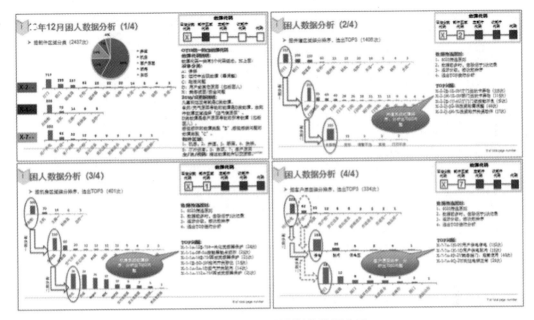

图 2-38　"8020"原则故障数据分析

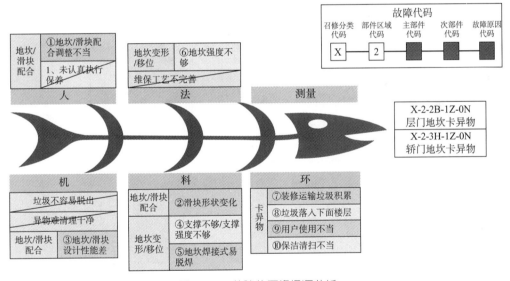

图 2-39　故障的严格根源分析

3. 制定行动项

（1）方案制订。多次进行头脑风暴，反复确认根源，并对每一个问题罗列出可以执行的方案，并优先执行难度低、成本低、效果好的方案。

（2）实施与跟踪。每一个方案的执行由项目经理确定成员并定期跟踪（见表 2-4）。成员在定期的小组会议中汇报进度和状况，有困难需要资源的，向项目经理寻求帮助，由项目经理协调组内或组外成员给予支持。

表 2-4　改进行动项项跟踪表

序号	问题	根源确认		行动项	行动项类型	责任人	完成日期	当前状况	确认部门
1		地坎 / 滑块配合	地坎 / 滑块配合调整不当	确认调整技能	培训				
2			滑块形状变化	更换滑块材质 / 安装工艺	质量改进				
3			地坎 / 滑块设计性能差	滚轮导向创新设计	概念设计				
4			支撑不够 / 支撑强度不够	增加支撑 / 增加支撑强度	维保业务				
5	X-2-2B(3H) -1Z-0N层（桥）门地坎卡异物	地坎变形 / 移位	地坎焊接式易脱焊	设计为螺栓连接	维保业务				
6			地坎强度不够	加强维保工艺执行力度管理	维保业务				
7		卡异物	装修运输垃圾积累	灰尘 / 小异物清理装置	概念设计				
8			垃圾落入下面楼层	地坎垃圾收集装置	概念设计				
9			用户使用不当	完善装修期间告知流程 / 装修使用梯建议等	维保业务				
10			保洁清扫不当	完善使用期间告知流程 / 保洁注意事项等	维保业务				

4. 结果确认

定期对困人故障率进行跟踪，查看其趋势，见表 2-5，并罗列重点问题在整体困人故障率中分布的趋势走向，用故障数据验证行动方案的有效性。对于效果明显的行动方案，将其制定成为标准作业文件，并将其归入工艺文件。

表 2-5　故障率跟踪表

	项目	2016 年 12 月	2017 年 1 月	2017 年 2 月	2017 年 3 月	2017 年 4 月
总体故障情况	关账台量	130 047	128 071	130 278	126 782	128 688
	故障率	2.9	1.7	3.11	3.17	3.57
	困人故障率	0.22	0.13	0.23	0.23	0.25
	困人故障比	7.59%	7.65%	7.40%	7.26%	7.00%
重点困人故障分布情况	X-2-2B-1Z-0N 层门地坎卡异物	18.55%	13.58%	15.58%	14.90%	15.93%
	X-2-3H-1Z-0N 轿门地坎卡异物	4.76%	4.08%	3.92%	4.73%	5.15%
	X-2-2B-1V-4U 层门门锁接触不良	2.42%	1.78%	20.08%	2.26%	2.87%
	X-1-1A-12B-7M 一体化变频器保护	0.90%	1.34%	1.16%	1.73%	0.93%
	X-1-1A-14B-7M 西威变频器保护	1.48%	1.41%	1.08%	1.19%	1.12%
	X-1-1A-0F-0A 接触器触点损坏	1.07%	0.74%	1.20%	1.32%	0.93%
	X-7-7A-1K-0V 用户供电停电	6.24%	4.60%	3.84%	5.68%	5.89%
	X-7-7A-1K-1D 用户供电跳闸	1.44%	1.26%	0.76%	1.32%	1.94%
	X-7-7A-8P-2V 乘客挡门超时	1.64%	2.82%	2.20%	1.98%	1.83%

四、标准作业文件编制

1. 作业安全总则

通常在工地施工作业开始时，首当其冲的是对作业安全总则的学习和阅读。

因此标准作业文件通常以作业安全总则开头。常见的作业安全总则描述一般会包括这些信息：所有的工地活动必须遵守工地作业安全标准；在工作前，需要阅读、理解工作程序，并完成工作危险扫描与分析；如果工作内容或风险不能确定，请务必立即停止工作并和监督人员进行沟通汇报。

2. 工具准备

预先整理工具，根据作业内容及性质，准备适当的防护工具、保养工具、调整工具、维修工具以及测量工具。以更换门刀为例，准备如图2-40所示工具。

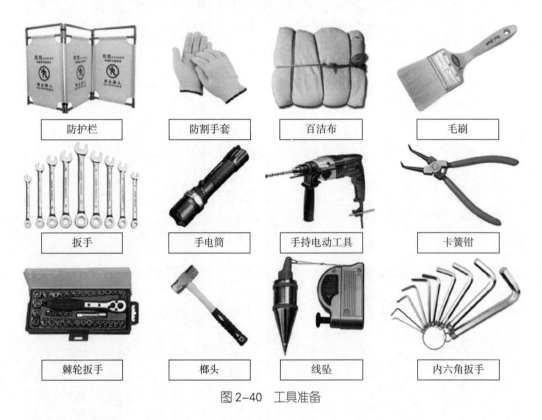

图2-40　工具准备

3. 作业流程

编写作业流程，应确定核心项目，列出技术要点、安全作业要点等，并预估工时和作业人员数量。比如更换门刀，预估需要2位作业人员，整改工时约4 h。主要作业流程如图2-41所示。

4. 作业指导

根据作业流程罗列出详细的施工步骤，可以从多个维度强调作业内容所需要注意的事项。如下门刀更换作业指导的案例，列出了工具和备注，见表2-6。

1.电梯停止服务，设置防护栏

2.进入轿顶，电梯运行至工作位置

注：取门刀挂板，需要先完成步骤3~6

3.分离皮带与门刀挂板连接

4.分离门刀挂板与轿门连接

5.分离门刀挂板与钢丝绳连接

6.拆除开门限位和皮带轮

7.门机上坎处取出门刀挂板

8.拆除旧门刀

9.安装新皮带固定件

10.门刀挂板装回门导轨处

注：安装新门刀，需要先完成步骤11~14

11.安装M6×20螺栓

12.安装摆臂

13.安装皮带轮

14.固定皮带

15.安装新门刀

16.将摆臂与门刀连接

17.安装开门限位装置

18.更换层、轿门缓冲垫

19.调整门机运行曲线

20.整理

图 2-41　更换门刀作业流程

表2-6　下门刀更换作业指导

步骤	作业内容	工具	备注
1	通知用户后，电梯停止服务，并在层门口设置防护栏	防护栏	
2	进入轿顶，将电梯运行至工作位置	层门阻止器、安全鞋、安全帽	依照标准程序进入轿顶后，将电梯运行至工作位置（轿顶离层门地坎700 mm），按下急停开关
3	分离皮带与门刀挂板连接	卡簧钳、手套	使用卡簧钳拆除门刀与皮带的固定处的卡簧，取出轮轴销
4	分离门刀挂板与轿门连接	13 mm扳手、手套	拆除门刀挂板与轿门板的连接螺栓
5	分离门刀挂板与钢丝绳连接	13 mm扳手、手套	拆除门刀挂板与钢丝绳的连接卡扣
6	拆除开门限位和皮带轮	8 mm扳手、手套	
7	从门机上坎处取出门刀挂板	扳手、手套、内六角扳手	a）如果井道空间足够大，不需要拆除挂轮，门刀挂板直接移至门机导轨外，取出 b）如果井道空间不够，需要拆除挂轮，才能取出门刀挂板
8	拆除旧门刀	13 mm扳手、手套	从门刀挂板上拆除旧门刀，拆除两个门挂轮
9	安装新皮带固定件，安装两个门挂轮	电钻、13 mm扳手	使用电钻，按照尺寸在挂板上钻孔$\phi 9$ mm，用8 mm螺栓固定
10	将门刀挂板装回导轨处，调节门挂轮	扳手、手套	恢复门刀挂板与钢丝绳连接，恢复门刀挂板与轿门板的连接
11	安装M6×20螺栓	毛刷	将4颗M6螺栓插入导轨固定处
12	安装摆臂	扳手、手套	将摆臂进行固定
13	安装皮带轮	扳手、手套	利用原有螺栓安装皮带轮
14	固定皮带	8 mm扳手、手套、刀片	将皮带测量后，割去多余长度，用M6螺栓固定皮带端部 张紧皮带后，将皮带固定
15	安装新门刀	13 mm扳手、手套、线坠、电钻	安装新门刀，安装在轿门门板上，用4颗M8×35螺栓固定 保证轿门门刀垂直偏差0.5 mm，刀片与层门地坎间隙6~8 mm，刀片与层门门球间隙居中，门刀片与门球啮合量大于门球厚度2/3，门刀用定位销锁定

步骤	作业内容	工具	备注
16	将摆臂与门刀连接	13 mm 扳手、手套	使用摆臂自带 M8 螺栓连接摆臂与门刀
17	安装开门限位装置	扳手、手套、电钻	在旧门刀上取出胶粒，用电钻在限位件上开 ϕ9 mm 孔，装上胶粒，调整后进行固定（利用原有螺栓）
18	更换层、轿门缓冲垫		取出原白色缓冲垫，更换新的缓冲垫
19	调整门机运行曲线	服务器	将电梯运行至平层，轿门带上层门，门机进行自学习后，使门机正常开关门
20	整理		清理现场

5. 工作确认

施工完成后，恢复电梯并测试运行，确认电梯运行正常后方可交付使用。对于一般修理，还需填写维修单与用户确认，对于涉及大修、改造的还应当进行监督检验，验收合格后方可交付使用。在标准作业文件中，这些内容也是必不可少的。

培训项目 4

运行失效预防与潜在风险评估

培训单元 1　风险评价概述

培训重点

掌握电梯运行风险评价的目的和流程

知识要求

一、风险评价的目的

依据"人机料法环"原则，证实与设计、制造、安装、保养、调试乃至标准有关的风险被消除或充分降低，以保证电梯或电梯部件保持在预期的运行状态，确定电梯是否需要调整、小修、大修甚至改造等。

二、风险评价的流程

风险评价是一个逻辑程序的反复。执行情节识别、风险等级评估、风险评定从而制定行动项，如果行动项的效果不明显，则反复实施这些步骤，直到消除危险或建立有效的预防措施，甚至需要重新确定风险主题和因素，如图 2-42 所示。

1. 成立风险评价组

考虑电梯的生命周期所涉及的环境不同，而各个工程师主攻的方向也不同，应针对风险评价过程组成评价组，保证评价结果的全面性。

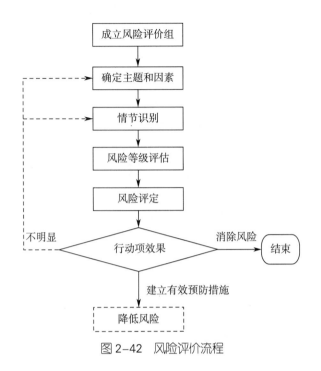

图 2-42　风险评价流程

评价组成员的选取对于成功进行风险评价非常重要。比如对电梯安全事故进行调查并评价修复后的设备是否能继续使用，评价组就至少应包括设计、检验、安全、保养方面的专家。

评价组组长应全面了解所评价的设备，了解风险评价过程，不带任何偏见，不受外界影响，具有主导能力，能公正客观地对给出评价结果。

2. 确定主题和因素

从风险评价的目的出发确定风险主题，可以依据"人机料法环"原则建立评价因素或确定评价内容。

（1）人。人包括：使用人员，如乘客或司机；管理人员，如物业或保安等；作业人员，如安装、保养、调试、检验人员等；特殊人员，如消防人员或在电梯设备附近作业的人员。

（2）机。机是指电梯的主部件或系统，包括曳引、导向、重量平衡、门、轿厢、安全保护、电气控制、电力拖动等系统核心部件和功能。

（3）料。料是指电梯的子部件或维修备件。

（4）法。法是指与电梯或部件相关的作业程序，包括设计、安装、保养、检验、维修、改造、更新等流程，以及相关归档记录或资料。

（5）环。环是指电梯使用的环境，包括所处场所、运转环境。

3. 情节识别

分析评价因素的各个情节来归纳伤害后果，见表2-7，以便采取必要措施，避免事故发生。

表2-7 伤害产生的原因与后果

原因	后果		
由机械问题引起	擦伤	割破	刺穿
	钩住	缠绕	切断
	拖拽	撞击	剪切
	烧伤	喷射	刺伤
与重力有关	挤压	拽住	卡住
	倒塌	跌落	窒息
	挤压	滑倒	绊倒
	落下	塌落	夹住
由电气问题引起	电伤	麻木	刺芒

（1）对人的行为进行扫描，包括不正常的使用、维护、清洁操作，对部件进行不正确的调整或调试，误操作或违规使用等；或者询问是否可能遭受任何类型的伤害，如机械的、电气的、环境的伤害。

（2）对电梯系统的功能进行检验，包括各项功能是否正常，安全保护系统是否有效。如电梯井道进水水处理后，底坑安全保护开关是否还正常有效。

（3）对电梯的易损部件使用状态进行评价，包括是否还处于有效使用寿命内，部件的替换是否符合标准规定。

（4）对电梯的资料进行审查，包括其保养记录是否属实，改造作业是否有正常报备，定期检验功能是否齐全。

（5）对使用环境是否造成电梯设备危害进行识别，使用环境因素包括温度、海拔、气候、电磁、楼宇结构等。

4. 风险等级评估

对风险情节进行识别以后，还需要确定伤害程度，并进一步确定伤害发生的概率。概率应当基于多台同型号的设备的统计数据分析得来。如果风险情节、伤害程度、发生概率不能达成一致时，应当重新定义评价因素并识别。

（1）伤害程度。通过评估对人或设备造成的后果，将风险情节中可能发生伤害的严重程度分为四个等级：1—高、2—中、3—低、4—可忽略。

（2）伤害发生的概率。通过评估统计数据、事故的记录、伤害性质和程度的记录，并对类似设备进行比较，将伤害发生的概率分为六个等级：A—频繁、B—很可能、C—偶尔、D—极少、E—不大可能、F—不可能。

通过综合衡量伤害程度和概率等级，最终确定风险等级，见表2-8。

表2-8　风险等级

概率等级	伤害程度			
	1—高	2—中	3—低	4—可忽略
A—频繁	1A	2A	3A	4A
B—很可能	1B	2B	3B	4B
C—偶尔	1C	2C	3C	4C
D—极少	1D	2D	3D	4D
E—不大可能	1E	2E	3E	4E
F—不可能	1F	2F	3F	4F

5. 风险评定

风险评定是风险分析流程的关键步骤，依据其结果可以制定行动项以预防电梯事故的发生。

在风险等级评估后就可以进行风险评定，基于所评估的风险等级，通过确定风险类别来评定风险，最终决定是否需要采取防护措施来降低风险。风险等级分类举例见表2-9。

表2-9　风险等级分类举例

风险类别	风险等级	所采取的措施
I	1A、1B、1C、1D，2A、2B、2C，3A、3B	需要采取防护措施消除风险
II	1E、2D、2E、3C、3D、4A、4B	需要复查，在考虑解决方案的实用性和社会价值后，确定进一步采取的防护措施
III	1F、2F、3E、3F、4C、4D、4E、4F	不需要任何行动

在风险评定时风险评价组应注意，归入高风险类别的往往是高发生概率的风险，而不一定是高伤害程度的风险。

三、风险评价的结果与文件

1. 评价的结果

风险评价依赖于经过判断后作出的行动项。这些行动项靠定性方法来支持，又应当建立定量的执行方案来补充。当伤害的严重程度和范围被预见为很高时，应当建立更多的执行方案。定性方法适合于评价可选的安全措施以及判断哪一种提供了较好的保护。

2. 评价的文件

应当建立有效的风险评价模板（样例见表2-10）和记录特定情节的风险分布模板。模板通常包含以下内容。

表2-10 风险评价模板样例

目的和主题：						组长：					日期：
序号	情节			风险要素评估		风险类别	防护措施（风险降低措施）	实施防护措施后		风险类别	遗留风险
	危险状态	伤害事件		S（风险程度）	P（发生概率）			S（风险程度）	P（发生概率）		
		原因	后果								

——进行风险评价的目的。

——评价组的组长和成员。

——风险评价的主题。

——情节的记录，包括：危险状态、伤害事件原因和后果，以及在实施防护措施前后风险要素的评估。

——在实施防护措施前后的风险评定。

——对风险评定结果的评价和进一步降低风险的需要。

——所考虑和实施的所有防护措施和遗留风险。

——任何所采用的参考数据以及数据的来源，如法规与标准、设计归档文件、安装验收文件、定期检验记录、保养记录、维修记录、事故记录等。

——在确定情节过程中或进行风险评估和评价过程中所做的任何假设。

培训单元 2　曳引驱动乘客电梯运行失效预防与潜在风险评估

掌握电梯故障风险的预防措施

熟悉新技术、新材料、新工艺对电梯故障风险预防的作用

一、电梯故障风险的预防措施

1. 降低机械故障风险

电梯机械故障风险主要来源于部件稳定性或可靠性的变化。应通过加强试验和监管各个环节来提高电梯部件的可靠性，以降低机械故障的风险。

（1）可靠性分析。可靠性分为固有可靠性和使用可靠性。

固有可靠性是在开发设计阶段，依据已有的质量反馈数据模拟实际工况下的使用环境，测试部件的稳定性，依据测试结果反复修改材料、结构、工艺等以达到设定的指标。

使用可靠性是部件生产出来后，在电梯生命周期中各个环节的使用稳定性。运输不当、安装不符、保养缺失、调整错误等因素会造成可靠性指标降低。

（2）使用寿命。电梯安装移交投入使用后，其部件的使用寿命主要经过三个阶段。

1）早期失效。此阶段一般为电梯投入使用的第 1~2 年。在此阶段中，电梯处于磨合期，而一般楼宇常处于装修阶段，装修垃圾运输量大，施工人员复杂，电梯使用环境较差，问题频繁。但随着时间的推移，失效故障逐步下降，电梯进入稳定期。

2）偶然失效。此阶段一般为电梯投入使用的第3~6年。在此阶段中，电梯运行故障少、失效率低且稳定。除了主要的易损部件因超过其本身所能承受的强度且没有被及时替换导致失效，一般情况下电梯都处于可靠运行状态。除去产品本身因素，保养是否得当决定了这个阶段的长短。

3）耗损失效。此阶段一般为电梯投入使用多年后。在此阶段，部件的老化、疲劳或损坏已经到了不可逆的状态。需要及时建立预防保养和配件更新计划，才能使设备长期运行稳定或偶然失效。在必要的节点上，电梯应进行现代化更新。

（3）生命周期环节控制。加强对电梯生命周期各个环节的控制，有助于提高设备的整体可靠性。

1）开发设计。在该阶段依据现有产品使用状况的质量分析数据，制订改善计划，提出各种可能的解决办法，拟定可靠性等级，并结合成本分析，确定可行的方案，经过不断仿真和实践测试，最终确定生产方案。

2）生产制造。对零部件的质量数据进行调研，改善现有的生产工艺，制定质量控制和检验程序，并抽样测试检验产品的可靠性。

3）安装检验。严格执行检验标准，并按监督检验要求对整梯进行实地功能性测试，对于不合格的项目要求施工人员返工整改，直到各项指标达标。

4）维修保养。严格执行定期保养计划，并制订专项保养计划。填写完整的保养记录和维修记录作为质量数据反馈，为改进设计提供依据。

5）改造更新。对于不可逆的失效，制订改造更新方案，以恢复部件到偶然失效期。改造更新相关的文件应及时归档，作为风险评价的重要文件。

2. 降低电气故障风险

电梯电气故障风险主要来源于电气安全保护功能的失效。应加强对电梯安全保护功能的检查和检验，以保证其安全可靠运行。

（1）防越行程保护。主要为强迫减速、限位、极限开关，它们分别起到端站强迫减速、切断检修回路、切断安全回路而启动保护的作用。缓冲器则对极端的越行程的冲顶、蹲底提供保护。

（2）超速断绳保护。依据编码器测速和限速器电气动作开关提供切断动力电源的保护。

（3）层、轿门锁闭。在正常模式下，确保门未可靠关闭时电梯无法运行；在再平层和提前开门模式下，可确保在开门或开门到位状态下，以极低的速度在门区范围运行；在检修模式下，门旁路被短接时有声光报警提醒。

（4）乘客保护。在轿门或层门设置光幕、光眼、安全触板等声光检测装置，保证关门过程中不会夹伤乘客或货物；关门受阻时，力矩保护可使门机重新开门。

（5）电网质量检测。对供电系统相序、电压、电流进行检测，异常时切断供电回路。

（6）意外移动的保护。对无齿轮电梯，通过门区检测、门锁状态监控、制动器检测结合，确保电梯在非门区开门状态下运行的紧急制停功能有效；对有齿轮电梯，通过门区检测、门锁状态监控，使用作用于轿厢或钢丝绳的装置确保电梯在非门区开门状态下运行的紧急制停功能有效。

（7）其他电气安全装置。如无机房伸缩式护栏，浅底坑伸缩式护脚版，高速梯多级强迫减速、强迫急停装置，称重装置超满载保护，轿厢安全窗检测，井道安全门检测等。

3. 降低使用环境风险

电梯使用环境的风险因素包括温度、火焰、气候、闪电、雨水、风、雪、地震、电磁干扰，以及建筑物状况和用途等。常见的环境风险因素和预防措施如下。

（1）海风。电梯设备在海边使用时，因海边空气对流较大，当电梯在底层开门时，海风吹入，进入井道，形成对流，这会使电梯门很难关闭，导致电梯无法正常使用。在此种情况下，通常要在电梯厅设置防风门，当防风门关闭后，海风无法卷入电梯厅，以保证电梯能正常开关门运行。

（2）火灾。普通电梯应设置消防联动触发，使电梯进入消防模式，不再响应呼梯指令，直接将乘客运送至消防楼层，然后开泊车并警示。消防员电梯则进入消防员模式以供消防员使用。

（3）地震。对于地震常发的地区，地震联动触发应使用专业的地震检测仪，并且对地震检测仪给出的触发信号分级，使电梯对其等级作不同的应急响应。

对于一般地区，可依据电梯在地震时轿厢对导轨瞬间的冲击变换，通过编码器反馈速度的瞬时变化以及主机电流瞬时的波动，触发地震检测功能，让电梯立即就近停车，开门放人，此种方式的本质是电梯对冲击的反馈，而非真正意义的地震检测。

二、新技术、新材料、新工艺对风险预防的作用

1. 新技术

（1）控制技术。控制技术对风险预防主要体现在使电梯的运行更加合理，减少不必要的运行，以减少部件的磨损，延长其偶然失效期，从而延长整体使用寿命。

1）群控环的优化。对于办公楼、公共场所等人流量较大的电梯设备，群控电梯会依据每天不同时段的人流量记忆分析，不断优化。群控环合理地控制环内电梯对指令的分配和响应，既可以缩短乘客的等待和乘用时间，也可以减少电梯的运行次数，从而达到节能减排，减少设备耗损的目的。

2）节能模式。对于智能电梯，自动控制其各个电气子系统的工作状态，在处理完指令后按群控环分配到指定楼层待机，进入休眠模式，自动关闭轿厢照明以及不必要耗电的设备，当接收到运行指令时再立即激活。

3）预置模式。基于网络技术，对电梯在特定日期或时间段，预先输入流量数据生成派梯算法，甚至生成应对各种失效情况的算法。

（2）电力拖动技术。电力拖动技术通过不断提高电能和机械能的转化效率，减少功率损耗，从而减少部件的损耗以延长拖动部件的生命周期。

1）变频变压驱动装置。这是当前使用最广泛的技术，其良好的调速性基本上已经取代了交流调试装置，其能源损耗相比之前的调速装置有非常大的优势。

2）能源再生驱动装置。电梯在使用过程中存在四种不同的工况，其中空载上行或满载下行均是一种能源再生状态。对于传统的二象限变频器，此时的再生能源只能通过制动装置转换成热能以消耗；而能源回馈和再生技术可将其通过逆变器，将变频器直流侧的电能逆变成工频交流电回馈到电网，从而达到节能的效果，对于电梯设备来说，其整体工况和能源利用效率会有大幅提升。

3）超级电容驱动装置。随着新能源汽车的发展，超级电容技术近年来已经相当成熟，而对于电梯而言，超级电容技术就是在变频器的直流母线上接上超级电容，存储电梯能源再生状态下的电能，在电梯正常运行时放电使用，也可以作为楼宇其他设备电源，甚至在停电时作为电梯的应急电源以减少困人的风险。超级电容目前价格较高，但其实用性强，在不久的将来电梯应用超级电容技术将是一个主流趋势。

2. 新材料

通过使用新材料，可降低电梯部件的负荷，减少磨损，减少设备失效风险，

延长偶然失效期的时间。

（1）耐磨靴衬。使用由聚氨酯高分子材料制成的靴衬，磨损时间得到延长。原来每半年更换一次，可以延长到每年更换一次。

（2）超轻型随行电缆。使用复合材料包裹电缆，可提升电缆的抗拉性，并且不再需要钢丝绳贯穿电缆，电缆总体重量为相同普通电缆的1/3。当轿厢运行时，电缆增加在轿厢侧的重量明显减少，补偿装置的整体重量也同步减少，从而减轻了主机的轴载，提高了主机轴承的寿命。

（3）曳引钢带。曳引钢带（见图2-43）作为一种新的曳引悬挂装置，最先由奥的斯和迅达使用，目前已经得到广泛应用。曳引钢带把绳股进行重新排布，在维持钢丝绳强度的前提下，增大了曳引面积，从而增加了曳引力。复合材料包裹着钢丝绳，起到了防锈和防磨损的作用。

图2-43　曳引钢带

作为曳引悬挂装置，相比传统钢丝绳，曳引钢带安全系数更高，重量更轻，传动平稳，轿厢运行的噪声和振动降低，使用寿命更长，真正做到了节能环保。

 相关链接

钢带与钢丝绳综合性能对比

早在20年前，奥的斯公司率先将钢带应用在电梯中作为悬挂和传动装置。近年来，随着人们对电梯乘用舒适感要求的提高，钢带得到了广泛使用。

一、产品优点分析

相比传统钢丝绳，钢带的特性有：耐磨、抗撕裂、耐空气中的臭氧老化、耐日光老化、抗曲挠龟裂、在多次变形下生热低、疲劳强度高、抗盐雾、蠕变性能好、工作噪声低、弹性较好、摩擦系数低等。

二、同类功能产品对比

1. 载重相同时，相比于钢丝绳，钢带因其扁平的外形特征，耐磨性特别突出。如图 2-44 所示，钢丝绳与曳引轮接触点的摩擦力约是载重的 2/3，但钢带单根钢芯与曳引轮接触点的摩擦力却可以为只有载重的 1/10。此外，钢丝绳受力不匀，它与曳引轮直接接触；而钢带钢芯受力均匀，且不与曳引轮接触，耐磨性更强。钢带还拥有使用寿命长、噪声低、运行平稳的特点。

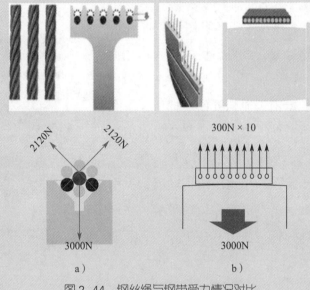

图 2-44 钢丝绳与钢带受力情况对比

a）钢丝绳受力情况 b）钢带受力情况

2. 钢带扁平的特性决定其悬挂曳引机与普通曳引机不一样，通常称作条形主机，如图 2-45 所示。

图 2-45 钢带与钢丝绳主机

a）钢丝绳主机 b）钢带主机

主机结构的不同决定了力学模型的不同，如图 2-46 所示。

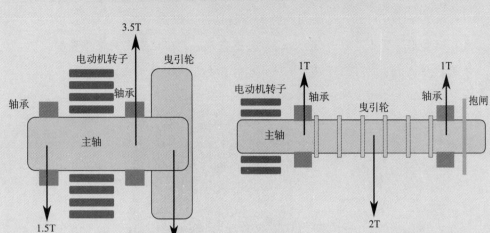

图 2-46　主轴受力模型示意图

a）钢丝绳主机　b）钢带主机

由上图可知，钢带主机轴承受力较小，因此能提高其耐磨性，寿命较钢丝绳主机长。

3. 钢丝绳主机多使用鼓式制动器，通常为两侧各一个制动块；钢带主机多使用盘式制动器，通常为两片全盘式刹车片。因此，当要求的制动力相同时，相比于鼓式制动器，盘式制动器接触面积较多，其需要的制动正压力则较小，闸瓦（制动衬）的使用寿命会延长，如图 2-47 所示。

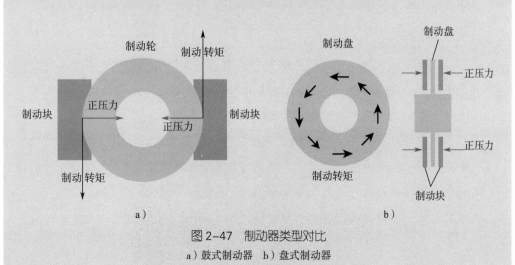

图 2-47　制动器类型对比

a）鼓式制动器　b）盘式制动器

4. 钢丝绳电梯需要每隔一段时间检查一次钢丝绳的运行情况，当其损伤用肉眼无法观察时，还需要用特殊的探伤仪探伤检查。钢带电梯则配有电子式自动监测装置（见图2-48），通常可根据钢芯的阻值变化反馈钢带的拉伸、破断、磨损等情况，既可以节省保养工时，也能快速指明故障所在。

图2-48　钢带监测装置

三、产品缺点分析

同样，因产品自身的特性，钢带在某些方面的表现不如钢丝绳，缺点比较突出。

1. 当提升高度较高，乘客进/出轿厢时，钢带伸长形变带来的弹性会变得不稳定，乘客会有明显的轿厢下沉或晃动的感觉，易造成乘客身体不适和心理恐慌。

当有乘客进入轿厢时，轿厢瞬间的重力变化在钢带上反馈出来即是一个动态的下沉。电梯提升高度越高，轿厢所在的楼层越低，动态下沉就越明显——如果轿厢乘客人数较多，甚至会触发再平层功能。

当乘客在轿厢内走动时，提升高度越高，轿厢所在的楼层越低，就越能感觉到轿厢有轻微的上下晃动，有轻微的静态下沉的感觉。

当然钢丝绳电梯也会存在这样的现象，但相对于钢带电梯并不明显，因此很多厂家为了解决类似问题，均会考虑在轿厢侧安装夹轨器。当轿厢停靠时，夹轨器夹持导轨，以减少乘客进出轿厢时电梯的震动和晃动。

2. 钢带的生产工艺比较复杂（见图 2-49），任何一个环节不同，生产出来的钢带就可认为是不同批次的产品，其特性也会不一样，不能混用，否则就会出现异响、拉伸、破裂、跑偏等情况。

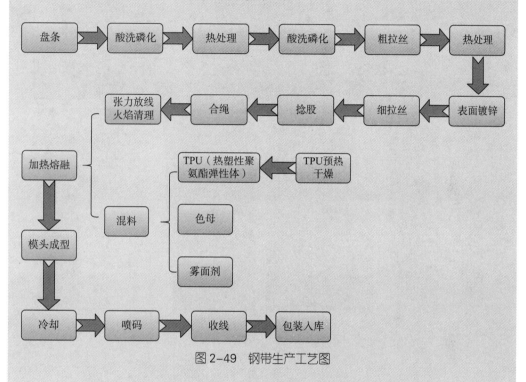

图 2-49　钢带生产工艺图

3. 钢带胶料特性的表面决定了其对使用的工况及环境要求较高。

钢带不能承受长时间的动摩擦，因此在进行曳引力打滑测试时，运行时间不能太长，否则会磨损钢带。如果出现井道卡阻如安全钳夹持导轨而电动机继续旋转，则很容易磨损钢带。

钢带也不能承受较大的破断力，否则胶料面很容易被拉断，因此在做安全钳联动试验时，要提前检查安全钳及其连杆的安装是否符合工艺要求。

钢带容易被异物划伤划破，或因张力不匀跑偏挤压而挤破；容易受强光照的影响而变质；容易被导轨油、水泥浆、污水腐蚀而变异；容易受高温影响而变形，易烧毁。钢带的失效模式如图 2-50 所示。

只有深入了解钢带的特性，才能进行有针对性的保养和维修，制订合理的保养计划，积极采取风险控制措施，预防钢带各种失效，降低失效的风险，延长其使用寿命。

图 2-50　钢带的失效模式

1—油泥挤压破裂　2—拉伸破断　3—光照变质　4—跑偏挤压破裂　5—水泥浆腐蚀变质
6—异物划破　7—烧毁

3. 新工艺

电梯的生命周期中涉及各种各样的工艺，工艺的优化有助于电梯运行可靠性的提高。

（1）生产工艺。电梯零部件生产工艺水平的提高有助于实际安装调整时的间隙控制，如中分门间隙调整，普通折弯门的门棱呈弧形，不便于测量门缝间隙，数控折弯门一般采用 V 型折弯，门棱呈直角，电梯关门后，门缝贴合更加美观，且便于测量。

（2）安装工艺。无脚手架安装工艺在电梯安装工地已经得到广泛应用，在底坑拼接好轿厢后，在顶层进行快速脚手架安装，安装曳引悬挂系统，配置对重，即可利用电梯自身的曳引系统拖动轿厢，完成导轨的逐步安装。对于高层的电梯，无脚手架安装工艺的效率是传统脚手架安装工艺的 2 倍。

（3）检验工艺。使用电流法测量平衡系数相当浪费工时，而使用功率法计算则可以节省很多工时，并且很多品牌已经无须手动计算，系统可以自动进行运算确定平衡系数是否异常。对于制动器制动能力的检测，使用传统的方法计算，需要使用到 PMT（乘运质量分析仪）等高级运行曲线测量设备，而让电梯驱动器通过制动电流进行计算，即可知道制动能力是否下降。

（4）保养工艺。保养工艺对电梯运行可靠性的提高主要体现在零部件状态监测传感器的应用，即远程监控，如近年来流行的电梯监控管家之类的系统。这类系统采集电梯运行的数据到云端，经过数据分析，指出零部件状况和整体运行状况，为制订预防性保养计划提供参考。

通用型能量回馈装置的应用示例

四象限变频器采用了 IGBT 模块作为整流装置，实现了能量的双向流通，从而达到节能运行效果。因普通变频器常采用二极管整流，会产生比重很大的谐波，对电网产生污染，干扰其他电子部件，而四象限变频器采用 IGBT 模块作为整流装置，可以调整功率因数，消除对电网的谐波污染，同时能减少制动过程的能量损耗，将减速能量回收反馈到电网，达到节能、环保的功效，提高了电梯电气控制系统整体的稳定性，降低了保养维修频率和成本，从而降低了产品的失效风险。

能量回馈装置（以下简称回馈单元）基于 DSP（数字信号处理），采用先进的 PWM（脉冲宽度调制）整流控制技术，能替代常规的能耗制动单元，将再生能量回馈给电网，在电梯控制系统改造技术中能使普通变频器转变成四象限变频器，从而具备四象限变频器的优点。

下面将以深圳市海浦蒙特科技有限公司研制的 HDRU 系列能量回馈单元产品为例（见图 2–51）介绍能量回馈装置的应用。

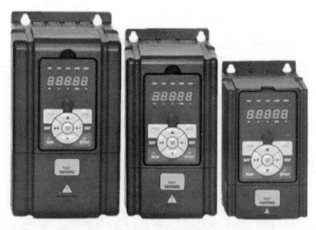

图 2-51　HDRU 系列能量回馈单元产品

步骤 1　产品选型

依据工地实际变频器配置，结合 HDRU 系列产品说明书，查看配置表，进行选型，如图 2-52 所示。

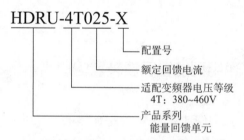

图 2-52　海浦蒙特 HDRU 系列产品型号

按接线方式和功率选取合适的规格，见表 2-11。

表 2-11　海浦蒙特 HDRU 系列产品规格表

结构规格	产品型号	额定回馈电流	适配变频器功率
FR1	HDRU-4T025	25 A	380 V/7.5～22 kW
FR1B	HDRU-4T025-B	25 A	380 V/7.5～22 kW
FR2	HDRU-4T050	50 A	380 V/305～37 kW
FR2	HDRU-4T075	75 A	380 V/45～75 kW

步骤 2　设备安装

根据所选规格，确定回馈单元的外形尺寸和安装方式，是直接安装到电梯控制柜，还是单独做支架，或打孔悬挂在机房墙壁，如图 2-53 和表 2-12 所示。

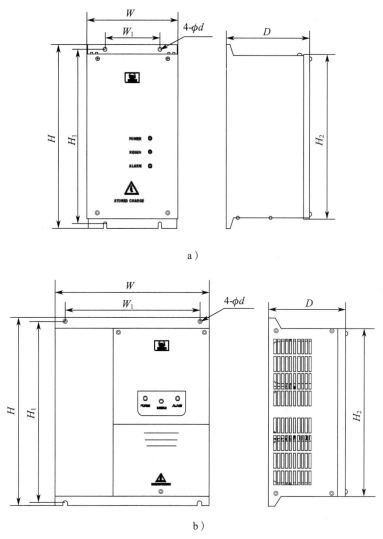

图 2-53　回馈单元外形尺寸图

a）FR1/FR2 外形图　　b）FR1B 外形图

表 2-12　回馈单元外形尺寸表

结构规格	外形尺寸（mm）			安装尺寸（mm）				毛重（kg）
	W	H	D	W_1	H_1	H_2	d	
FR1	200	390	180	120	370	350	6	13.0
FR2	320	550	240	230	530	502	10	30.5
FR1B	320	380	160	280	365	340	7	26.0

为了使回馈单元散热效果良好，应考虑安装位置空气流动情况，如图 2-54 及表 2-13 所示。

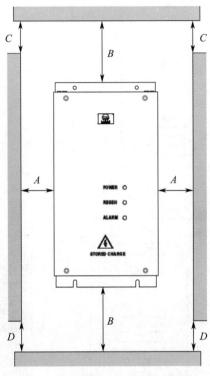

图 2-54　回馈单元安装尺寸要求图

表 2-13　回馈单元安装尺寸要求表

位置	安装尺寸要求
A（左右）	≥50 mm
B（上下）	≥100 mm
C（上通风口）	≥50 mm
D（下通风口）	≥50 mm

步骤 3　设备接线

正式开始接线前先对设备的接线端子和配件进行检查，再结合控制柜实际电气原理图进行接线。

（1）设备检查。功率端子检查，如图 2-55 及表 2-14 所示。

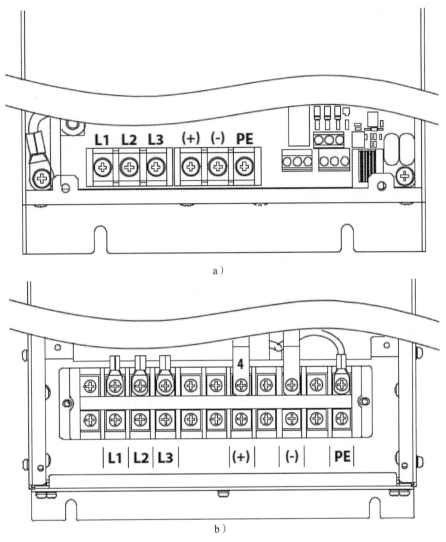

图 2-55　功率端子图

a) FR1/FR1B 功率端子　b) FR2 功率端子

表 2-14　功率端子说明

端子		端子说明
L1/L2/L3	三相交流电源输出端子	回馈单元的三相交流电源输出端子
（+）（-）	直流母线输入端子	分别接变频器（+）、（-）直流母线
PE	保护接地端子	与保护地相连

控制端子检查，如图 2-56 ~ 图 2-58 和表 2-15 所示。

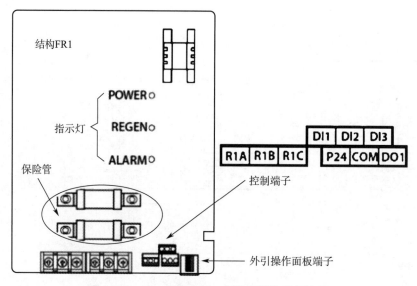

图 2-56　FR1 控制端子、保险管和指示灯位置

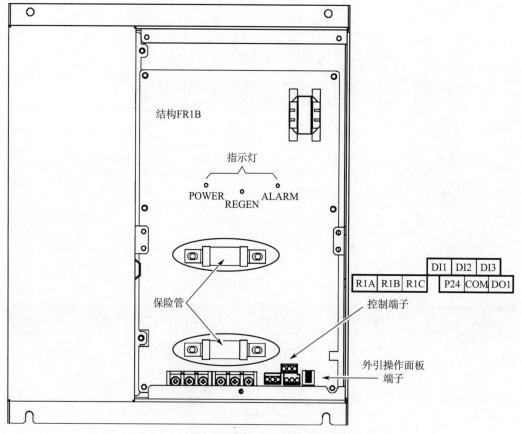

图 2-57　FR1B 控制端子、保险管和指示灯位置

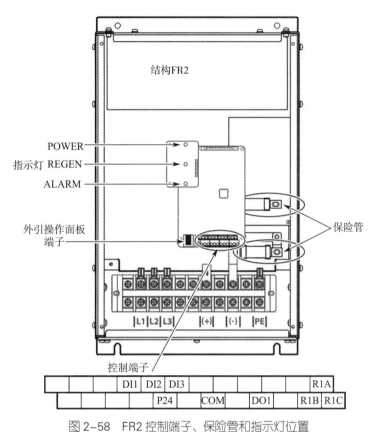

图 2-58　FR2 控制端子、保险管和指示灯位置

表 2-15　控制端子说明

端子		端子说明
DI1/DI2/DI3	数字输入	可编程光耦隔离，与 COM 短接有效 输入电压范围：DC 0~30 V，输入阻抗：4.7 kΩ
DO1	数字输出	可编程光耦隔离，开路集电极输出 输出电压范围：DC 0~30 V，最大输出电流：50 mA
P24/COM	+24 V 数字电源	数字输入 / 输出用电源，最大允许输出电流：200 mA
R1A/R1B/R1C	继电器输出端子	可编程断电器 1C 触点输出 R1C-R1A：常开触点；R1C-R1B：常闭触点 触点容量：AC 250 V/3 A 或 DC 30 V/1 A

（2）系统接线。回馈单元的接线需根据控制柜的配置要求选取合适的接线方式，以下列举了典型以及特殊要求的接线方式，以供选择。

回馈单元典型接线图（回馈单元与 HD30 变频器的接线图）如图 2-59 所示。

如果变频器直流母线正负端子是从软启动电路前端引出的，则回馈单元上电和变频器上电没有时序要求。直流母线端子从软启动电路前端引出时接线如

图 2-60 所示。

如果变频器直流母线正负端子是从软启动电路后端引出的，则必须保证变频器先上电，变频器上电完成后，再给回馈单元上电，否则会损坏回馈单元。直流母线端子从软启动电路后端引出时接线如图 2-61 所示。

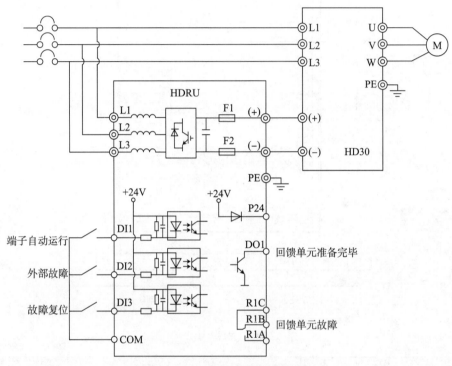

图 2-59　回馈单元典型接线图

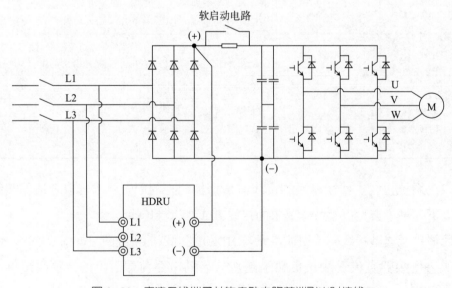

图 2-60　直流母线端子从软启动电路前端引出时接线

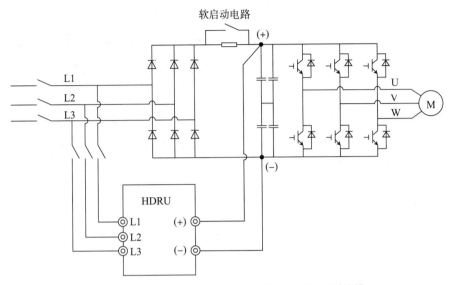

图 2-61   直流母线端子从软启动电路后端引出时接线

　　如果变频器直流母线正负端子是从软启动电路后端引出，但应用现场又不具备变频器先上电、回馈单元后上电的时序条件，或者不清楚变频器直流母线正负端子是从软启动电路前端引出还是从软启动电路后端引出，应按图 2-62 所示接线，同时设置功能参数 F01.07=6（母线电压建立），可以实现对回馈单元上电的自动控制。

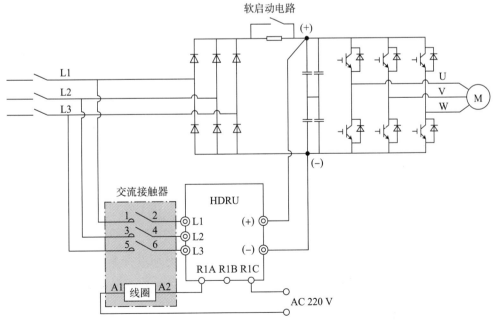

图 2-62   不具备上电条件或不清楚直流母线端子引出位置时接线

步骤 4　应用调试

回馈单元分为自动模式和手动模式。自动模式分为完全自动模式和端子自动模式，而手动模式分为操作面板手动模式和端子手动模式。可以通过设置功能参数 F00.01 和 F00.02 来设置回馈单元不同的工作模式。

（1）自动模式 1。回馈单元出厂默认参数设置为自动模式 1。F00.01 设置为 0 或者 2，F00.02 设置为 1。回馈单元根据母线电压值自动运行，无回馈电流时自动停止，如图 2-63 所示。

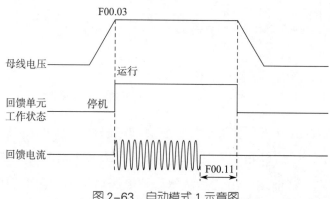

图 2-63　自动模式 1 示意图

（2）自动模式 2。F00.01 设置为 0 或者 2，F00.02 设置为 0。回馈单元根据母线电压值自动运行与停止，如图 2-64 所示。

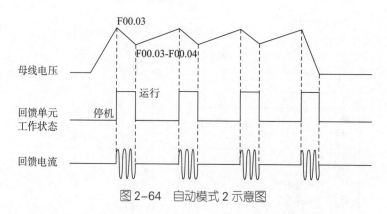

图 2-64　自动模式 2 示意图

步骤 5　测试运行

通常回馈单元出厂默认参数设置为自动模式 1，无须进行参数设置即可正常工作。若有特殊要求或功能时，才需要使用操作器（见图 2-65）做进一步调整，详情可以查阅随机文件。

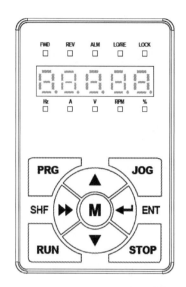

按键	功能
PRG	进入、退出编程按键
JOG	保留
RUN	操作面板控制时，启动HDRU
STOP	a. 操作面板控制时，停止HDRU b. 检出故障时，为故障复位按键
M	保留
▲	功能参数或参数设定值递增
▼	功能参数及参数设定值递减
▶▶	a. 选择设定数据的修改位 b. 循环切换停机/运行显示状态参数
←	a. 进入下级菜单 b. 设置后确认保存

图 2-65　海浦蒙特 HDRU 操作器与按键功能

测试运转 0.5 h 后无故障，即可交付使用。

培训单元 3　自动扶梯运行失效预防与潜在风险评估

掌握扶梯运行常见的失效风险
能够运用智能化设备进行扶梯运行风险评估和失效预防

一、剪切和挤压风险

人员进入两个及以上的相对运动物体之间，被钩住或被夹住，这种风险经常会造成人身残疾甚至死亡。

二、被移动物体撞击风险

移动的物体撞击到身体的任何部位，造成冲击伤害，有时也会因受冲击身体移位而造成二次伤害。

三、坠落风险

人员在一定高度离开了原有安全位置，重力势能转换成动能造成风险。

技能要求

安全监控系统和安全监控板的设计与应用

下面以新时达 FSCS 功能安全监控系统和 AS330 安全监控板的设计与应用为例进行介绍。该设备是一种智能化电子旁路设备，不会影响原设备系统的工作，同时可以提供自动扶梯运行的失效预防功能，还可以归类失效数据用于后期的风险再评估工作。

安全监控板是 FSCS 功能安全监控系统的核心部件，对 GB 16899—2011 表 6 要求中的 c)、d)、e)、k)、l)、m)、n)、o) 进行安全监控，主要有以下特点：根据 SIL（安全完整性等级）要求进行设计；双 32 位 CPU、双回路冗余设计，更加安全；采用新时达标准手持操作器，可在机房外进行设置，上传、下载参数，使调试更加简单；标准 8421 段码输出，可接故障显示装置；多路冗余、互相监控的输入点用于各项安全监控（主机测速、梯级缺失检测、扶手带速度检测等）；优越的系统自检测功能；兼容各种系统，如 PLC、微机板系统等；提供标准安装解决方案；良好 EMC（电磁兼容性）等。

按照 GB 16899—2011 表 6 中的相关内容，FSCS 功能安全监控系统能够实现的安全功能和非安全功能见表 2-16，安全功能措施见表 2-17。

表 2-16　FSCS 系统功能列表

国标表 6 子项	安全功能	功能安全等级
c)	超速或运行方向的非操纵逆转	SIL2
d)	附加制动器的动作	SIL1

国标表 6 子项	安全功能	功能安全等级
e）	直接驱动梯级、踏板或胶带的元件断裂或过分伸长	SIL1
k）	梯级或踏板的缺失	SIL2
l）	自动扶梯或自动人行道启动后，制动系统未释放	SIL1
m）	扶手带速度偏离梯级、踏板或胶带的实际速度大于 −15% 且持续时间大于 15 s	SIL1
n）	打开桁架区域的检修盖板和（或）移去或打开楼层板（备用）	SIL1
非安全功能		
o）	超出最大允许制停距离 1.2 倍	

表 2-17　FSCS 系统安全功能措施

国标表 6 子项	安全功能	切断主机电源	切断附加制动器电源	手动复位
c）	运行速度超过额定速度的 120% 之前	是	否	是
	运行速度超过额定速度的 140% 之前	是	是	是
	非操纵逆转	是	是	是
d）	附加制动器的动作	是	否	否
e）	直接驱动梯级、踏板或胶带的元件断裂或过分伸长	是	否	是
k）	梯级或踏板的缺失	是	否	是
l）	自动扶梯或自动人行道启动后，制动系统未释放	是	否	是
m）	扶手带速度偏离梯级、踏板或胶带的实际速度大于 −15% 且持续时间大于 15 s	是	否	否
n）	打开桁架区域的检修盖板和（或）移去或打开楼层板	是	否	否
非安全功能				
o）	超出最大允许制停距离 1.2 倍	是	否	是

步骤 1　监控信号的要求

AS330 安全监控板设计采用光耦隔离输入的方法，信号类型为 DC 24 V/ 低电平有效干触点信号或者 DC 24 V/NPN 集开信号。

步骤 2　监控元件的选择

FSCS 功能安全监控系统使用的传感器分为主驱动检测传感器、梯级检测传感器、扶手带检测传感器、检修盖板打开检测传感器，可以配置四种品牌传感器，见表 2-18。

表 2-18　传感器型号列表

品牌	型号	数量	安装位置
倍加福	NBN8-12GM50-E0-V1（NBN8-12GM50-E0）	2PC	主驱动轮
倍加福	NBN4-12GM40-E0-V1（NBN4-12GM40-E0）	2PC	扶手带
倍加福	NBN40-L2-E0-V1（GLV18-55/25-102-115）	2PC	梯级
倍加福	NBN40-L2-E0-V1	4PC	检修盖板（备用）
科瑞	DW-AS-631-M12（DW-AD-631-M12）	2PC	主驱动轮
科瑞	DW-AS-631-M12-120（DW-AD-631-M12-120）	2PC	扶手带
科瑞	DW-AS-611-M30-002（DW-AD-611-M30-002）	2PC	梯级
科瑞	DW-AS-611-M30-002（DW-AD-611-M30-002）	4PC	检修盖板（备用）
图尔克	B14U-M12-AN6X-H1141（B14U-M12-AN6X）	2PC	主驱动轮
图尔克	Ni4-M12-AN6X-H114（Ni4-M12-AN6X）	2PC	扶手带
图尔克	Ni50U-QV40-AN6X2-H1141	2PC	梯级
图尔克	Ni50U-QV40-AN6X2-H1141	4PC	检修盖板（备用）
施耐德	XS218BLNAM12C（XS218BLNAL2C）	2PC	主驱动轮
施耐德	XS212BLNAM12C（XS212BLNAL2C）	2PC	扶手带
施耐德	XS230BLNAM12C（XS230BLNAL2C）	2PC	梯级
施耐德	XS230BLNAM12C（XS230BLNAL2C）	4PC	检修盖板（备用）

步骤 3　检查超速

对应 GB 16899—2011 表 6 中的 c）项。在主驱动轮侧安装 2 个接近式传感器（2 个同时工作，其中 1 个为冗余），通过检测接近式传感器的输出脉冲计算梯速。

步骤 4　检查非操纵逆转

对应 GB 16899—2011 表 6 中的 c）项。在主驱动轮侧安装 2 个接近式传感器（即步骤 3 中所指的 2 个接近式传感器），安装形式采用 AB 相的方式。

通过检测 2 个接近式传感器输出的相位，可以得到主机实际运行的方向值，将该方向值与上下行接触器触点（星 – 三角模式）或者是扶梯控制器的继电器（变频模式）给出的方向信号做对比。如果两个方向值不一致，判断出现逆转情况，切断主机和工作制动器电源以及附加制动器电源，并在手动复位后才能再启动。

步骤 5　检查附加制动器的动作

对应 GB 16899—2011 表 6 中的 d）项。附加制动器在以下 3 种情况下应动作。

（1）超速 140%。参见步骤 3。

（2）逆转。参见步骤 4。

（3）驱动链断开。当驱动链检测开关检测到驱动链断开时。

在以上 3 种情况发生时，检查附加制动器开关的状态与附加制动器接触器开关的状态是否正确（即检查附加制动器是否正常动作）。如果附加制动器未正常动作，则主机和工作制动器电源应保持在切断状态，防止扶梯再次启动。

步骤 6　检查梯级或踏板的缺失

对应 GB 16899—2011 表 6 中的 k）项。在自动扶梯或自动人行道的上部转向站（梯级露出梳齿板之前）和下部转向站（梯级露出梳齿板之前）的位置安装接近式传感器，检测每个开关的脉冲周期，并参照每两个脉冲之间主驱动轮侧传感器输出的脉冲数量，判断是否存在梯级或踏板缺失的情况。如果检测到梯级或踏板缺失，则切断主机和工作制动器电源，并在手动复位后才能再启动。

步骤 7　检查工作制动器的打开

对应 GB 16899—2011 表 6 中的 l）项。运行接触器的触点闭合时，工作制动器检测开关（如果为常闭点）应为断开状态。运行接触器的触点断开时，工作制动器检测开关（如果为常闭点）应为闭合状态。自动扶梯或自动人行道启动后如检测到的实际状态与以上要求状态不一致时，应切断主机和工作制动器电源，并在手动复位后才能再启动。

步骤 8　检查扶手带速度偏离

对应 GB 16899—2011 表 6 中的 m）项。在左右扶手带轮上分别安装接近式传感器，通过两个接近式传感器分别检测左右两个扶手带的速度。当扶手带的实际速度大于梯级速度 –15% 且持续 15 s 时，应切断主机和工作制动器电源。

步骤 9　检查桁架区域检修盖板的打开或楼层板的打开或移去

对应 GB 16899—2011 表 6 中的 n）项。在上检修盖板和下检修盖板侧安装检测开关。当检修盖板在正常闭合状态下时，开关闭合；当检修盖板被打开时，开关断开。通过检修开关的状态确定自动扶梯或自动人行道是处于检修状态还是自动状态。当自动扶梯或自动人行道处于检修状态时，检修盖板可以正常打开；当自动扶梯或自动人行道处于正常状态时，检修盖板一旦被打开，应切断主机和工作制动器电源。

步骤10　检查制动距离

对应 GB 16899—2011 表 6 中的 o）项。在主驱动轮侧安装接近式传感器（即步骤 3 中所指的接近式传感器），检测接近式传感器的输出脉冲值，该值作为扶梯制动距离计算的依据（以检测到抱闸开关动作作为触发测距的条件）。当扶梯的制动距离超过最大允许制动距离的 1.2 倍时，应保持扶梯处于停止状态，并在手动复位后才能再启动。

培训项目 **5**

诊断修理效率改进

培训单元 1   曳引驱动乘客电梯诊断修理效率改进

了解工时相关知识

熟悉电梯专用维修工具和自制维修工具

能够设计、使用专用工具提高电梯诊断修理效率

一、工时概述

1. 工时的概念

（1）标准工时。标准工时是指维修人员在标准工况下以标准执行效率维修一种标准定义的故障所需要的时间。

（2）附加工时。附加工时是对诊断修理之外的可选项花费的时间、对不同类型的故障额外花费的时间、响应客户需求花费的时间、移交客户花费的时间等的总和。

（3）基本工时。基本工时是指维修人员在实际工况下维修一种标准定义的故障所需要的时间。基本工时等于标准工时加附加工时。

（4）实际工时。实际工时是指从维修工作开始到顺利修复交付给客户使用所花费的时间。实际工时一般大于基本工时。

2. 工时的测量

（1）标准工时测量。通常，公司的维修技术支持科负责准备产品各类故障维修的预估标准工时数据。技术支持科参与到工地实际维修作业过程中，评估作业过程中任何可能影响到工时的因素。技术支持科根据实际维修作业过程修正预估标准工时数据，并在实际的维修作业中负责测量工时，测量前创建符合标准工况的工时单，测量人员使用秒表测量工时。根据实际标准工时测量结果创建工时文件，文件中注明测量人、审核人等信息。

（2）附加工时测量。附加工时的测量与标准工时测量相同，需要罗列非标准工时以外所有花费工时的项目，并逐一使用秒表测量工时，同样需创建工时文件。

3. 维修工时的验证

技术支持科负责在工地实际维修作业中验证标准工时和附加工时，需要选取技能与故障类型匹配的维修员工进行测量，维修技能与实际故障之间存在巨大差距是导致维修作业实际偏长的最直接原因。维修员工无法知晓其维修的故障类型是否超过自身能力而花费的工时，均记录为附加工时。

4. 工时文件的归档与更新

（1）归档。制定的维修工时经过评审通过后，可完成工时文件并使用指定的编号命名，暂存在待归档文件夹中准备归档，然后发起归档申请。待归档的工时文件经各个相关部门审批通过后方可归档为正式文档，并保存在公司数据库系统的标准作业文件夹中。最后，正式发布工时文件归档信息给所有相关部门。

（2）更新。当产品、部件、工艺、工具、方法等更新影响到标准工时，应立即更新工时文件，对影响部分的工时进行重新测量并验证，之后对工时文件进行修改，并在文件更新记录中注明更新的内容和日期，之后再重新归档和发布给相关部门。

二、常见操作器和软件

在电梯诊断修理时，最常用的工具就是各类控制主板的操作器，它能帮助维修人员快速确认电梯状态、查看故障记录、修改相关参数等，大大提高工作效率。

1. 板载数字操作器

通常控制系统的逻辑控制板或变频器驱动板会有板载 LED 指示灯或七段码显

示的数字操作器，他们上面的可编程 LED 指示灯可以显示电梯的输入输出状态和其他基本状态，通过自带操作器还可以查看一体机参数和故障代码等。常见的板载数字操作器如图 2-66 所示。

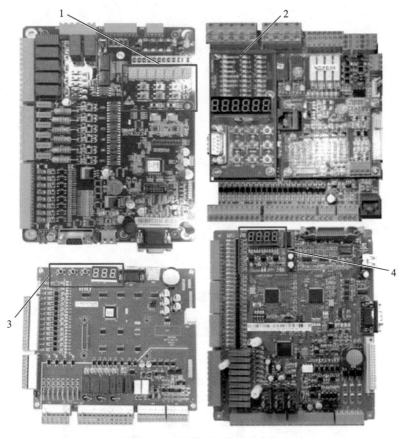

图 2-66　常见板载数字操作器

1—西子 S 系列　2—新时达 AS380 系列　3—默纳克 NICE3000 系列　4—蓝光 BL2000 系列

　　通常数字操作器具有以下主要功能：中英文可选的液晶显示，参数访问级别及密码设置，调试快捷菜单设置，电梯及控制器的状态监视，参数的查看、设置和保存，井道数据自学习，电动机参数自学习，称重数据自学习，系统时钟设置，故障历史记录及查询，参数复制、上传和下载，恢复出厂缺省值等。图 2-67 为 AS380 数字操作器的功能菜单，具体使用和操作说明可以参看随机文档。

2. 手持式操作器

　　数字操作器通常比较简单，只能进行简单的状态查看和常规的调试工作。而手持式操作器通常是为更高级的调试而配置，是系统调试和维修的专用工具，如图 2-68 所示。

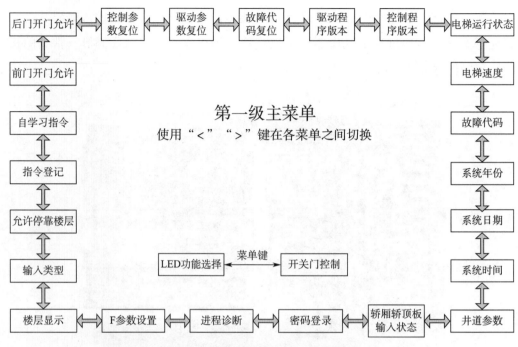

图 2-67　AS380 数字操作器功能菜单

图 2-68　各类型手持式操作器

手持式操作器便于携带，功能强大，通常会涵盖板载数字操作器所有功能，并且会有更高阶的调试、诊断、测试等功能，如图 2-69 所示。

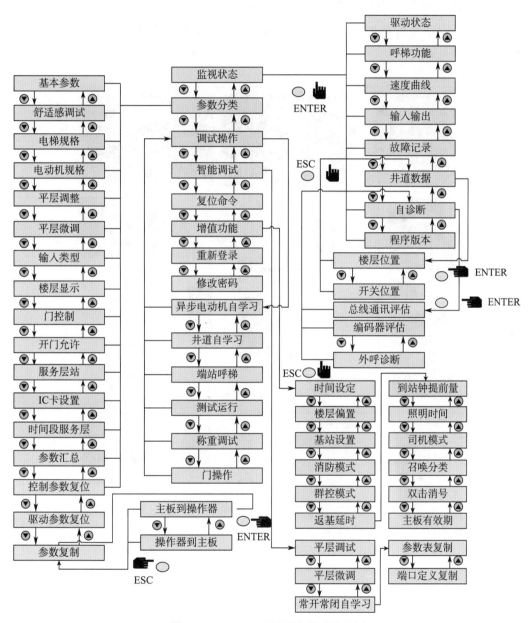

图 2-69　AS380 手持操作器功能菜单

随着网络技术的发展和应用，越来越多的手持式操作器实现了软件化，只需要在手机中装载相关的应用，并配置数据接头，即可实现操作器功能。通常一个操作器可以在多种设备上使用。

以奥的斯服务器为例，当需要操作逻辑控制板或变频器时，需要配置 RS422 数据传输协议的转接头；需要操作门机控制器时，仍旧使用 RS422 转接头即可；当需要操作西威变频器时，需要配置 RS485 数据传输协议的转接头，如图 2-70 示。在手机中下载服务器应用的 APP，获得厂家授权即可使用，作业人员只需携带转接头。

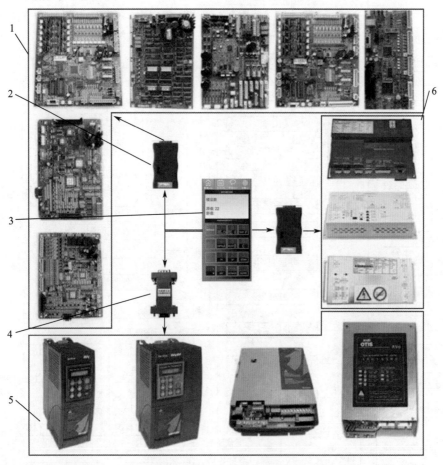

图 2-70　奥的斯服务器

1—各类主板　2—RS422 转接头　3—服务器　4—RS485 转接头　5—西威变频器　6—各类门机控制器

3. 上位机软件

上位机软件是基于 PC（个人电脑）的调试软件，更多偏向于对软件和硬件的测试调试。上位机软件通常在实验室软件测试阶段使用，极少数情况下在工地现场使用，但也有针对工厂测试、工地工程调试的上位机软件。

如西威变频器的上位机软件 config99，其可以使用 PC 调试变频器，获得比手持操作器更多的功能。

如图 2-71 所示，利用 config99 时序捕捉功能分析电梯运行时序段，以找出故障点。建立以时间为横轴、速度为纵轴的时序坐标图，在信号栏中依次定义使能信号、运行指令、制动器打开指令、制动器打开反馈、主机转速时序条，当电梯运转后，通过分析制动器打开和主机转速之间的时序差，找出电梯启动倒溜的原因。

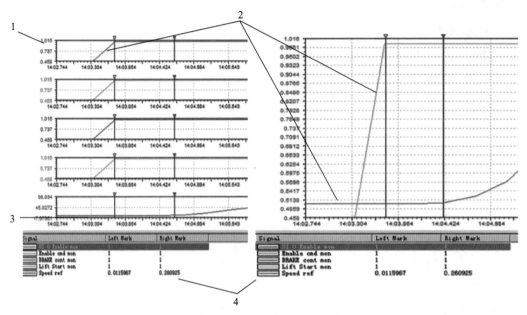

图 2-71 变频器运行时序图

1—速度轴　2—时序信号　3—时间轴　4—信号栏

三、自制维修工具

1. 钢丝绳固定以及起吊夹具

如图 2-72 所示，在电梯更换、截断曳引绳时，钢丝绳夹具可用来固定钢丝绳，以便进行下一步工作。在测试限速器时也可用来固定限速器钢丝绳。

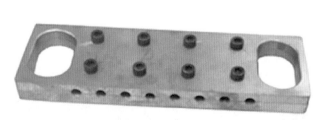

图 2-72 钢丝绳夹具

2. 通用电梯井道顶层平台

通用电梯井道顶层平台如图 2-73 所示，无脚手架安装时用于放样、穿曳引绳及安装对重框。

3. 玻璃吸盘

玻璃吸盘如图 2-74 所示，在自动扶梯及人行道维修保养时，通过吸盘可轻松装拆玻璃壁板。

4. 快装脚手架

主要用于大修快速拼装作业平台，如图 2-75 所示。

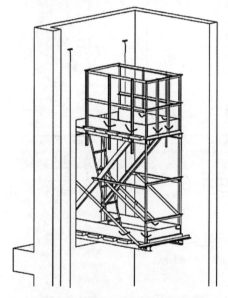  

图 2-73　通用电梯井道顶层平台　　　图 2-74　玻璃吸盘　　　图 2-75　快装脚手架

5. 随行电缆／钢带释放工具

随行电缆／钢带释放工具如图 2-76 所示，在安装电梯随行电缆或钢带时使用。

6. 钢丝绳剪刀

钢丝绳剪刀如图 2-77 所示，在更换钢丝绳、截短钢丝绳作业时用来截断钢丝绳。

四、专用维修工具

1. EVA-623 振动分析仪

EVA-623 振动分析仪如图 2-78 所示，主要用于电梯、自动扶梯、自动人行道的振动分析。

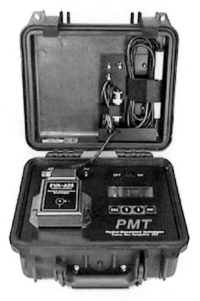

图 2-76　释放工具　　　图 2-77　钢丝绳剪刀　　　图 2-78　EVA-623 振动分析仪

2. 示波器

示波器如图 2-79 所示，是一种用途十分广泛的电子测量仪器。它能把肉眼看不见的电信号变换成看得见的图像，便于人们研究各种电现象的变化过程。在电梯维修中主要用来捕捉编码器脉冲或其他高频脉冲以判断故障。

图 2-79　示波器

3. 烧录器

烧录器如图 2-80 所示，是为可编程的集成电路写入数据的工具，主要用于单片机（含嵌入式）、存储器（含 BIOS）之类的芯片的编程（或称刷写）。在电梯维修中主要用来复制程序和参数，在部件替换时可以省去调试步骤。

图 2-80　烧录器

4. 模拟器

模拟器如图 2-81 所示，通常在测试台使用，用来模拟电梯或者自动扶梯的外围设施，让控制系统能够正常运行。模拟器在企业的生产制造、配件维修、教学演练等各个方面均得到了广泛应用。

图 2-81　模拟器的应用

1—模拟器　2—车间测试台　3—维修中心　4—教学基地

技能要求

使用西子一体机操作器分析门系统故障

操作器能快速为故障分析提供数据，能直接给排查项目提供结果，从而避免

烦琐的测量，对于诊断修理效率提升有着明显的作用。本节
以西子一体机操作器解决门系统故障为案例介绍操作器对维
修工时的优化。西子一体机操作器如图 2-82 所示。

步骤 1　故障查看

查看故障现象和故障记录，可以帮助确定故障具体发生
的位置。在电梯维修时使用操作器，一是可以缩减维修工时，
二是可以给出正确的指示，否则既浪费时间，又花费精力，
有时还会误导诊断思路从而南辕北辙使维修工作陷入死胡
同。以西子一体机操作器为例，将查看不开门故障时使用操
作器所需的维修工时与不使用操作器进行对比，见表 2-19。

图 2-82　西子一体机
操作器

表 2-19　不开门故障查看工时对比

步骤	使用操作器	工时	不使用操作器	工时
1	使用服务器查看主板状态，确认是否发出了开门指令 S8 / M-1-1-1　A-01 IDL ST < >][C> U00D00 A 1C M-1-1-6　A-01 IDL ST < >][F: 111 R: 011 .	2 min	情形一：无法判断控制系统是否发出开门指令。根据经验盲目认为门机存在异常而无法开门 情形二：使用电压法测量主板开门信号输出口，判断主板是否发出开门指令	情形一：随机工时无法确定 情形二：5 min
2	如果主板未发出开门指令，查看故障记录，确定不开门的原因	2 min	如果主板未发出开门指令，查看主板状态灯，查找故障原因	随机工时无法确定
3	如果主板发出了开门指令，则继续用操作器查看指令是否传输到了门机 M-3-1-1　aaaa:bb:ccccdddd Peeeemm ffffmm/s	5 min	如果主板发出了开门指令，则继续用电阻法确认到门机的线路正常	10 min

步骤 2　故障分析

查看故障记录，结合故障现象进行进一步分析。查看当前电梯的电气原理图、
调试说明、保养说明等材料，锁定故障的范围。利用各种方法分析故障产生的原
因从而锁定具体的线路或参数。对于门系统故障，即使出了故障，电梯系统也会
多次发出开关门指令，而不像出其他故障后直接保护，因此一般使用状态分析法

比较合适，即分析控制系统状态和门控制系统状态的变化。如果步骤 1 确认了控制系统发出的指令无异常，则能锁定故障在门控制回路或门控制系统本身。以西子一体机操作器为例，将分析不关门故障时使用操作器所需的维修工时与不使用操作器进行对比，见表 2-20。

表 2-20　不关门故障分析工时对比

步骤	使用操作器	工时	不使用操作器	工时
1	使用服务器查看主板状态，确认是否发出了关门指令 M-1-1-1　A-01 IDL ST > < [[C> U00D00 A 1C M-1-1-1　A-01 IDL ST [ ]][C> U00D00 A 1C	2 min	情形一：无法判断控制系统是否发出关门指令。根据经验盲目认为门机存在异常而无法关门 情形二：使用电压法测量主板关门信号输出口，判断主板是否发出关门指令	情形一：随机工时无法确定 情形二：5 min
2	如果未发出关门指令，大多是因为门机一直处于开门到位状态，可以查看电梯是否进入了特定的功能模式（比如"司机"或"独立"），或者乘客保护装置一直有效（比如光幕 LRD、安全触板 SGS），或者门出现严重卡阻 DOS M-1-1-2　A-01 IDL ST [ ]][Lrd EDP dob DOS	2 min	如果主板未发出关门指令，查看主板状态灯，检查电梯门卡阻状态，检查光幕状态，查找故障原因	随机工时无法确定
3	如果主板发出了关门指令，则继续用操作器查看指令是否传输到了门机，或门机接收到的安全开门信号是否异常 M-3-1-1　Working RDY > < Lrd EDP so dob	5 min	如果主板发出了关门指令，则继续用电阻法确认到门机的线路正常，并再次用电压法或电阻法测量门机接收到的安全开门信号是否异常	20 min
4	确认指令未到达门机，则需要进一步查找故障，判断控制系统到门控制器的通信是否正常。使用操作器可以直接强制地址确认通信是否中断 M-1-1-1　RSL-C ADR08 BIT 1 IN : OFF　OUT : OFF	5 min	确认指令未到达门机，则需要进一步查找故障，判断控制系统到门控制器的通信是否正常。用电压法测量 RS422 通信电压，TXA~TXB：DC0.3~0.5 V；RXA~RXB：DC0.3~0.5 V	10 min

续表

步骤	使用操作器	工时	不使用操作器	工时
5	使用操作器查看门控制器，可以确认通信是否达到门控制器，可判断是通信端站损坏还是门控制器损坏 M-3-1-1　aaaa:bb:cccc:ddd Peeeemm ffffmm/s	5 min	电压法测量通信线路正常，只能使用替换法判断是通信端站损坏还是门控制器损坏	20 min

当查找门机未能响应主板指令类的故障时，一般情况自上而下查找命令源是由谁发出，经过怎样的黑盒子处理，是否真的到达门机。当查找主板检测到门机状态异常类的故障时，一般情况自下而上在主板上锁定是哪个状态反馈未能到达主板，它经过了怎样的黑盒子处理，是否真实到达主板。对于有故障周期的，新手只能按部就班用替换法查找；对于老手，可借助经验从最大可能性开始下手。而无论何种门系统故障，使用操作器能大大提高维修效率，且不会轻易进入误区而浪费工时。

使用操作器，无论在何种通信模式下，都能快速获取指令和反馈信息。在最常见的直接开关门信号通信中，使用操作器可以很快地获取 DO/DC 指令信号，并结合状态和地址查看门控制器通过 RSL 串行通信反馈的开关门到位信号。在串行通信中，使用操作器可以很快地查看 RSL 通信开关门指令，各个 RSL 端站指令状态，以及门控制器反馈的开关门到位信号。在多重信号通信中，使用操作器既能查看 422 串行通信开关门指令，也能查看主板给出的安全开门信号 SO，还能查看 422 串行通信反馈的开关门到位信号。门控制通信类型如图 2-83 所示。

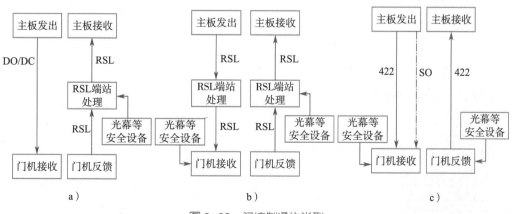

图 2-83　门控制通信类型

a）直接开关门信号通信　b）串行通信（RSL）　c）多重信号通信

使用变频器上位机软件解决启动异常故障

普通的操作器通常只能满足基本的调试操作要求。故障诊断时也只能记录故障，而不能记录故障前后的状态变化，对于偶发性的或者比较棘手的问题很难解决。上位机软件有丰富的功能，为维修人员提供了更多获取设备信息的手段，有助于分析和快速锁定故障。

步骤 1　故障查看

故障现象：乘坐电梯时感觉到电梯启动倒溜严重，并且在电梯启动时主机有强烈的电流声。这可能是同一个问题的两种表现，也可能是两个不同的问题，暂时无法断定。

初步认为，启动倒溜的原因与变频器的启动时序、转矩、速度有关，也可能是增益相关参数设置不当，或井道阻力较大引起；初步判断，主机异响并非机械声，而是类似主机励磁的电流声，怀疑与主机参数设置相关联。

步骤 2　故障分析

（1）启动倒溜。使用富士变频器上位机 lift loader 软件获取电梯启动时的时序图和运行曲线（见图 2-84），发现在启动过程中，编码器的速度反馈有一个急速下降点，这就是启动倒溜的故障点，确定故障原因为主机的倒溜导致启动倒溜。

保存原有参数，调整启动相关的参数，如启动速度、增益值、预转矩等，见表 2-21。

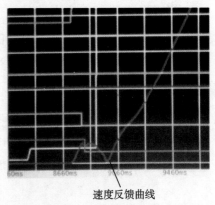

速度反馈曲线

图 2-84　启动时序图

表 2-21　调整启动相关参数

参数	参数功能描述	中文描述	原值	调整值
F23	Starting Speed	启动速度	0.01	2
F24	Starting Speed（Holding time）	启动速度保持时间	0.4	0
H64	Zero Speed holding time	零速启动保持时间	0	0.5
H65	Start Speed（Soft start time）	软启动保持时间	0.5	0.1
L38	ASR（P constant at low speed）	低速时比例增益值	13	10

续表

参数	参数功能描述	中文描述	原值	调整值
L39	ASR（I constant at low speed）	低速时微分增益值	0.08	0.1
L68	Unbalanced Load Compensation（ASR P constant）	不平衡载重补偿比例增益值	12	10
L69	Unbalanced Load Compensation（ASR I constant）	不平衡载重补偿微分增益值	0.03	0.01
L82	Brake Control（ON delay time）	抱闸打开延时	0.5	0.1

尝试多种参数的组合调试，监控电流，未见启动时有明显的大的持续波动，抱闸开关时序正常。多次尝试后，确定以上值已经是最佳值，没有倒溜现象，启动时序图如图 2-85 所示。

从曲线中未看到有倒溜现象，而实际乘坐也没有倒溜感觉，但启动略有迟滞。检查发现导靴很紧，基本没有间隙，两边各去掉 1 mm 垫片，摇晃，有间隙。再次乘坐，舒适感良好。主机电流声依旧，因此判断这与启动倒溜是不同的问题。

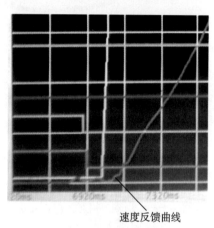

速度反馈曲线

图 2-85　启动时序图

（2）主机异响。通过核查主机铭牌，使用上位机软件对比主机参数表，发现主机参数设置与铭牌不一致，见表 2-22。

表 2-22　主机参数

参数	参数功能描述	原值	现值
P01	电动机（极数）	20	32
P02	电动机（功率）	11.7	13.4
P03	电动机（额定电流）	26.5	31
P07	电动机（%R1）	6.8	3.22
P08	电动机（%X）	13.01	12.27

对主机参数进行修改，需要对主机磁极位置进行重新整定。此时，上位机操作不便，使用面板或操作器更加便捷，使用操作器时需要配置专用转接头。变频器调试工具如图 2-86 所示。

a)   b)

图 2-86　变频器调试工具

a）面板　b）操作器＋转换头

1）使用面板调整。在对变频器参数调整前，确认面板显示数值为"0.00"，此时操作面板监控内容须为转矩输入量，操作面板上标志为："%"；若否，请更改 C31 参数值，直到操作面板显示值为"0.00"。在设定该参数时，从面板显示非 0 值开始，按 改变 C31 的值，到面板第一次显示"0.00"时的 C31 值即为所需要的值，按下 ，将该值写入变频器。

2）使用操作器调整。先输入"3"键，选择功能代码"C"，操作器进入如图 2-87a 所示的窗口一，再输入子代码"31"，显示如图 2-87b 所示窗口二。

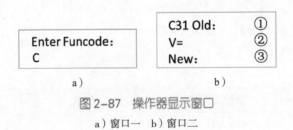

a)   b)

图 2-87　操作器显示窗口

a）窗口一　b）窗口二

确认"②"位置的"V"值为"0.00"，若否，请以"①"位置"Old"值为基数，以正负 0.1 为最小偏移单位，在"③"位置输入"New"值，保存后，使用"Clear"键返回到第二个窗口，查看"V"值是否为"0.00"，若否，则继续修改 C31 的值，直到"V"值第一次为"0.00"，这时的 C31 值即为所需要的值。

步骤 3　故障修复

完成调整之后，先检修运行电梯，确认无异常后，再正常运行电梯。通常试运行 0.5 h 无异常，才可恢复电梯使用。

使用自制钢丝绳夹板工具更换曳引轮

在电梯重大修理过程中经常需要起吊轿厢、对重，但过去一直没有一种安全、便捷的工具及相应工艺，往往需要通过搭设脚手架施工，施工前期准备时间长，操作复杂，施工成本大，对电梯用户的影响也很大。通过多年的施工经验总结，目前可以通过设计专用工具及相应工艺来解决轿厢和对重起吊问题，采用该工具能够减少工具使用，减少工具运输负担，且工艺简单，操作方便，施工周期短，效益明显。这种工具就是钢丝绳夹板，如图2-88所示。

图2-88　钢丝绳夹板

步骤1　流程确定

传统的轿厢起吊工艺步骤见表2-23。

表2-23　传统的轿厢起吊工艺步骤

工序	作业内容	目的	安全风险和措施
1	电梯运行到3楼，井道壁固定吊钩，安装安全绳	提供脚手架上员工的坠落保护	确保吊钩能承受拉力2t
2	机房工字钢架设起吊方管，沿起吊方管下放吊带	从工字钢上沿钢丝绳垂直下放吊带，避免破坏绳孔	起吊后检查绳孔，防止异物掉落
3	进入轿顶，电梯运行到顶楼，将两只2t或2t以上的手拉葫芦挂在吊带上	起吊轿厢	两只手拉葫芦确保轿厢不会坠落
4	进入井道搭设脚手架	安装对重支撑；使电梯复位时钢丝绳对应绳槽不错位	
5	进入地坑，拆除部分或全部对重防护栏，安装对重支撑。对重支撑应有足够强度，应有中间支撑导靴	防止细长杆弯曲失效	不能随意使用脚手架钢管或圆木支撑
6	电梯电动上行，使对重支撑压实缓冲器		
7	轿顶上使用两根吊带分别连接到手拉葫芦吊钩		
8	在厅外同时拉动手拉葫芦，起吊轿厢		

工序	作业内容	目的	安全风险和措施
9	手动使限速器动作，释放手拉葫芦，使轿厢重量主要由安全钳承受	防止手拉葫芦失效	
10	从事进一步的重大修理作业：截短钢丝绳、更换曳引轮、更换轿顶轮、更换对重轮、更换曳引绳、更换主机		

对于有安全窗的电梯，可以将对重压实缓冲器后通过安全窗到轿顶，通过机房放下吊带等起吊设备后起吊轿厢，该方法虽简单易行，但目前大部分电梯没有安全窗，所以该方法适用范围小。对于无安全窗的电梯，如图 2-89 所示，起吊轿厢的方法是：采用对重支撑，轿厢上行对重支撑压实缓冲器，再起吊轿厢至轿顶易于走出井道的高度。对重支撑高度略大于轿厢高度，为 2.4～2.5 m。由于轿厢起吊后曳引轮对重侧钢丝绳张力大于轿厢侧，对重轮钢丝绳松动，为确保电梯复位时钢丝绳正确置于对重轮槽中，底坑必须搭设脚手架，而且必须使用安全绳和全身式安全带。传统的轿厢起吊工艺缺点是工具使用多，运输非常麻烦，工时较多，施工量大，施工过程中易发生意外。

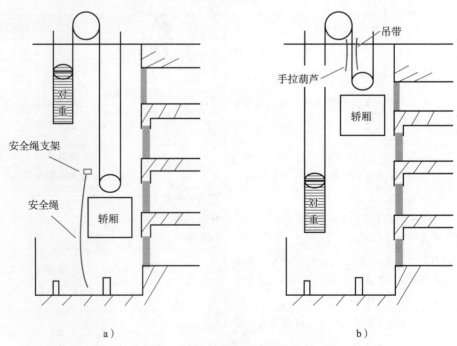

图 2-89　传统的轿厢起吊工艺

a）挂安全绳　b）起吊轿厢

使用钢丝绳夹板后的起吊工艺步骤见表 2-24。

表 2-24　钢丝绳夹板起吊工艺步骤

工序	作业内容	目的	安全风险和措施
1	机房工字钢架设起吊方管，沿起吊方管下放吊带，分别将两只手拉葫芦挂于吊带上	从工字钢上沿钢丝绳垂直下放吊带，避免破坏绳孔	起吊后检查绳孔，防止异物掉落
2	电梯运行到轿顶略低于顶楼层门踏板高度，曳引轮对重侧利用夹板固定对重侧钢丝绳	起吊轿厢，对重不会向下移动	
3	将吊带连接到轿厢上梁与手拉葫芦上，在厅外起吊轿厢，使限速器动作，释放手拉葫芦，使轿厢重量由安全钳承受	起吊轿厢	检查绳孔，确认无异物坠落风险
4	机房拆除曳引轮上的钢丝绳，更换曳引轮或主机		

该工艺共使用夹板两只、手拉葫芦两只、吊带四根、辅助工具若干，无须较大汽车运输，减少了准备工时，施工简单安全，如图 2-90 所示。

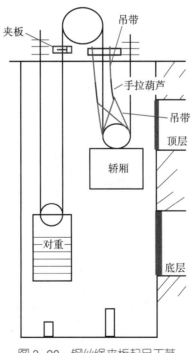

图 2-90　钢丝绳夹板起吊工艺

步骤 2　工时对比

相对于使用传统方法起吊轿厢，起吊对重侧钢丝绳，以便剥落曳引轮上的钢丝绳，最后更换曳引轮或主机，采用新工艺省略了支撑对重、搭设脚手架、安装安全绳支架和安全绳等步骤，减少了大量的施工工时和工具运输时间。

使用传统工艺的单人工时与优化工艺后的单人工时对比见表 2-25（运输成本另计）。

表 2-25　工时对比表

项目	运输	支撑对重	搭设脚手架	安装安全绳	起吊轿厢	更换曳引轮	复位电梯	试运行和现场整理	合计
改进前所需工时	2	0.5	1	0.6	0.5	1.5	1.2	0.5	7.8
改进后所需工时	无	无	无	无	0.6	1.5	0.5	0.4	3

考虑到 3 人操作，以上工作不可同时进行，因此改进前后工时分别为 23.4 工时和 9 工时。

步骤 3　工具准备

主要工具如图 2-91 所示。

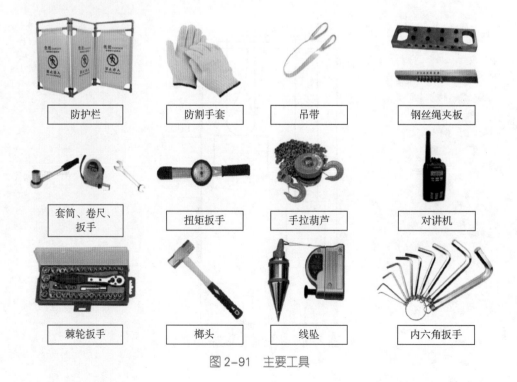

防护栏	防割手套	吊带	钢丝绳夹板
套筒、卷尺、扳手	扭矩扳手	手拉葫芦	对讲机
棘轮扳手	榔头	线坠	内六角扳手

图 2-91　主要工具

步骤 4　施工工艺编制

按工作流程确定工作计划，编制施工工艺并明确要点。工艺步骤见表 2-26。

表 2-26　曳引轮更换工艺步骤

工序	作业内容	工具	工艺要点
1	通知客户后，电梯停止服务，并在层门口设置防护栏	防护栏	带警示标志
2	维修人员进入机房摆放工具和物料		
3	在曳引轮轿厢侧放置起吊方管，从方管上放下两根吊带。方管应尽量靠近钢丝绳	吊带	钢丝绳绳孔水泥块等异物坠落风险，吊带快口风险
4	进入轿顶。慢车向上运行电梯，将两只手拉葫芦挂在吊带上。电梯下行，将吊带连接到手拉葫芦及轿厢上梁上，估算吊带拉紧时，轿顶高出层门地坎 40～50 cm	手拉葫芦	进入轿顶的剪切风险
5	切断主电源，挂牌上锁。拆除曳引轮罩。在曳引轮对重侧，将钢丝绳夹具置于主机承重梁上，夹在钢丝绳两侧，紧固螺栓。在钢丝绳夹具上部，用钢丝绳夹板夹紧钢丝绳	钢丝绳夹板	钢丝绳滑移风险，电梯意外移动的风险
6	利用轿顶手拉葫芦起吊轿厢，同时观察并确保钢丝绳夹板无滑移。钢丝绳松动后用绳子或扎带固定钢丝绳，避免钢丝绳交叉	钢丝绳夹板	钢丝绳滑移风险
7	将钢丝绳移出曳引轮，置于下方主机承重梁上。释放手拉葫芦，使轿厢缓慢下移。当轿顶高度略高于顶层地坎时，手动限速器动作。继续释放手拉葫芦，使安全钳动作，此时轿厢重量主要由安全钳承担，且钢丝绳没有完全拉紧		轿厢坠落风险，钢丝绳快口损坏导致人员坠落风险
8	评估拆装曳引轮时，对曳引轮敲打等动作是否会影响旋转编码器的正常使用，如有可能影响编码器的使用，先拆除编码器	内六角扳手	
9	在曳引轮四周敲打曳引轮，使曳引轮在安装使用过程中产生的粘连松动，便于拆卸。将拆卸螺栓拧进拆卸螺孔	套筒	
10	拧紧拆卸螺栓，缓慢地将曳引轮拉出。若拆卸过程难以拉出曳引轮，则可以用敲打曳引轮四周、四颗螺栓同时拧紧等方法拉出曳引轮		曳引轮坠落风险

续表

工序	作业内容	工具	工艺要点
11	清理曳引轮轮毂上的油漆、锈迹等异物。在轮毂上涂抹少量润滑油，以方便安装	百洁布	
12	安装曳引轮轮毂。将固定螺栓拧上曳引轮，紧固螺栓，将曳引轮压上轮毂。轻轻敲打曳引轮，以便紧固曳引轮。在曳引轮安装到位时，应多次敲打并紧固螺栓，以确保曳引轮安装紧固可靠	套筒	钢丝绳快口损坏导致安全风险
13	起吊轿厢，使曳引轮位置的钢丝绳松动，将钢丝绳挂于曳引轮上。复位限速器，释放手拉葫芦，使轿厢重量由曳引绳提起。拆除机房对重侧钢丝绳夹板		手拉葫芦失效风险
14	安装电梯曳引机罩。电梯慢车试运行，确认无异常。电梯快车试运行，确认无异常		
15	作业结束，清理现场		

　　钢丝绳夹板的起吊和固定功能已经在行业内全面推广，利用其特点，维修人员改进了多个施工工艺，如更换电梯主机、截短钢丝绳、更换曳引轮、更换轿顶轮等。使用该工具的重大修理和改造作业标准工时全部缩短，工艺的安全性也通过了各厂家安全部门的严格审核。在实际工程应用中，施工细节不断被优化，钢丝绳夹板的使用场合正变得更加广泛，安全性更高，操作细节更完善，施工成本优势也更明显。

培训单元2　自动扶梯诊断修理效率改进

培训重点

熟悉扶梯特殊诊断修理工具

能够使用专用工具提高自动扶梯诊断修理效率

知识要求

一、常用机械工具的应用

1. 锤子的设计改进

扶梯在安装和维修时不能使用刚性锤子，应采用柔性锤子，如橡胶锤，这样在敲打的时候不会破坏扶梯设备，也不会因为意外的动作击碎玻璃。一般在调整内盖板、围裙板、梯级以及护壁板的时候会用到橡胶锤，如图 2-92 所示。

2. 量具的设计改进

（1）扶梯在安装和维修时需要进行间隙或者缝隙测量，普通的测量工具

图 2-92　橡胶锤

有时不能完成某些测量，例如啮合深度和间隙的测量，这时可以使用台阶尺（见图 2-93）。这个测量工具确切地说应该是个简易工具，没有计量的要求，也没有计量证，但是可以作为辅助工具使用，快捷便利。

（2）在测量扶梯驱动轴、扶手驱动轴的水平度的时候还会用到框式水平仪，如图 2-94 所示。

图 2-93　台阶尺

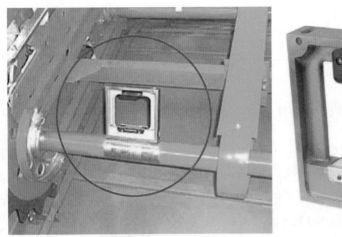

图 2-94　框式水平仪

二、扶梯特殊诊断修理工具的应用

1. 扶梯扶手带同步率测试仪的应用

下面以某公司测试仪为例进行介绍。

（1）基本配置（见图 2-95）

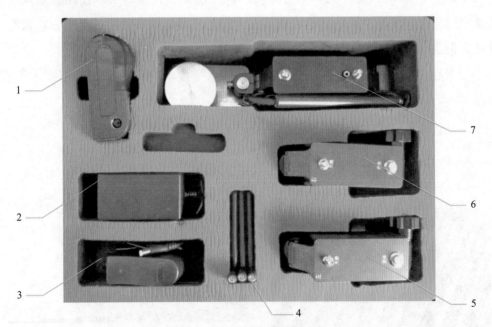

图 2-95　扶手带同步率测试仪

1—蓝牙打印机　2—蓝牙打印机充电器　3—扶手带、梯级测量模块充电器　4—通信天线
5—左扶手带测量模块　6—右扶手带测量模块　7—梯级测量模块

（2）仪器构成。梯级测量模块和扶手带测量模块构成如图 2-96 和图 2-97 所示。

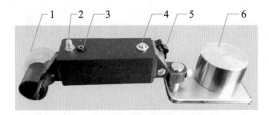

图 2-96　梯级测量模块构成

1—测速轮　2—天线座　3—触发器插座　4—电源开关　5—锁紧手轮　6—托板

图 2-97　扶手带测量模块构成

1—测速轮　2—吸盘　3—锁紧手轮　4—电源开关　5—天线座

梯级测量触发器如图 2-98 所示。

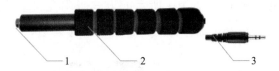

图 2-98　梯级测量触发器

1—触发开关　2—手柄　3—触发器插头

（3）仪器参数（见表 2-27）

表 2-27　扶手带同步率测试仪参数

项目	参数	单位
测量方式	接触式	—
速度测量范围	0～3	m/s
速度测量精度	<0.5%	—
速度分辨率	0.001	m/s
距离测量精度	<1%	—
工作电压	DC 4.5	V

（4）测试过程

1）测前准备

①在测量现场设置警示标志，以免因乘客乘用扶梯而影响测量正常进行。

②清除扶手带和梯级上的杂物。

2）操作步骤

①按自动扶梯或自动人行道运行开关，使其停止运行。

②安装扶手带梯级测量模块的"通信天线"。

③将触发器插头插入梯级测量模块的触发器插座，如图2-99所示。

图2-99 将触发器插头插入插座

④将触发器顶部的开关弹出，如图2-100所示。

⑤通过扶手带测量模块的锁紧手轮调节吸盘和测量模块间的角度，并利用吸盘将左右扶手带测量模块按图2-101所示的方式吸附在自动扶梯或自动人行道的围裙板上。

图2-100 触发器顶部的开关

图2-101 测量模块的吸附固定

注意：请选择扶手带直线部分安装，安装时请务必保持测速轮转动方向与被测扶手带前进方向平行（偏差不大于5°，见图2-102），使测速轮与被测扶手带接触平稳，压力适当，无打滑现象。

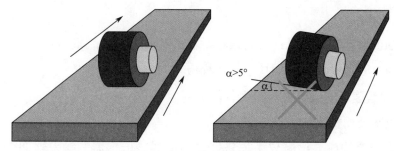

图 2-102　测速轮的固定

⑥将梯级测量模块放置在梳齿支撑板和梳齿板之间，通过调节梯级测量模块的锁紧手轮，使托板在平稳接触梳齿支撑板的同时，测速轮平稳接触梳齿板且没有打滑现象。

⑦确定左、右扶手带和梯级测量模块均已安装正确，且测速轮均与被测对象平稳接触，如图 2-103 所示。

⑧按扶手带梯级测量模块的"电源开关"。此时，电源开关蓝灯（或红灯）亮起。

⑨启动手持控制端测量程序，程序自动连接仪器和蓝牙打印机，并与其建立通信连接。如连接成功，测量程序界面顶端的"左扶手带""右扶手带"和"梯级"旁边的蓝牙图标将由灰色状态变为彩色状态，如图 2-104 所示。

⑩正常情况下，当自动扶梯或自动人行道停止运行时，测量程序自动结束测量并计算测量结果，无须点击测量界面顶端的"结束"按钮。如果想中途结束测量可以点击"结束"按钮，测量程序将结束测量并计算测量结果。

⑪如果在自动扶梯或自动人行道运行过程中存在速度偏离现象，在测量过程中点击"速度偏离"按钮，可查看偏离测量结果（见图 2-105）。

图 2-103　测量模块安装状态

图 2-104　测量程序界面顶端
a）灰色状态　b）彩色状态

速度偏离检测值：

被测对象	偏离时刻	偏离时长
右扶手带	18.60	0.80
左扶手带	17.50	2.80

图 2-105　偏离测量结果

3）注意事项

①请确保自动扶梯或自动人行道在空载的情况下进行测量。

②测量时测量模块不可随扶手带或梯级一同移动。

2. 扶梯超速及非操纵逆转检测仪的应用

下面以某公司检测仪为例进行介绍。

（1）检测仪构成。检测仪由操作器、驱动器、传感器、触发器四个部件及其他附件组成。

（2）测试前接线。不同的扶梯有不同的接线要求。

接线时应断电操作，且检查并确认自动扶梯电动机的启动方式。根据不同方式，拆除自动扶梯控制柜处与电动机相连的原有接线，根据启动方式选择相应接线方式进行接线。总接线示意图如图 2-106 所示。

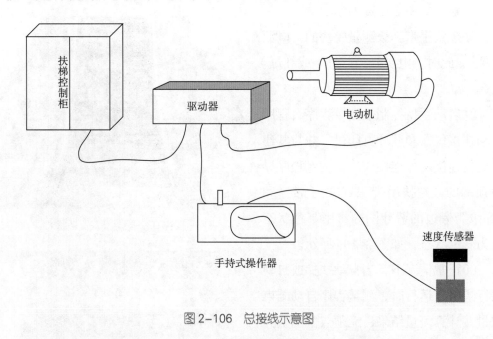

图 2-106　总接线示意图

以目前常用的变频扶梯为例，将仪器连接电动机的步骤如下。

1）断开所有电源。

2）控制柜接线排上到电动机的进线一般只有三根，分别以 U、V、W 标志区分。将此三根线从接线排上拆除，将拆除的线头并接接入原扶梯变频器的三相进线 R、S、T 处。

3）找到原扶梯控制柜的输出接触器（运行接触器）的输出端，将该输出端的3 根去电动机的线头拆除，接入驱动器的输出端（output）。

4）从原扶梯控制柜的输出接触器（运行接触器）的输出端重新接三根线到驱动器的输入端（input），检查线夹处是否牢固，以免接触不良导致无法通电，如图 2-107 所示。

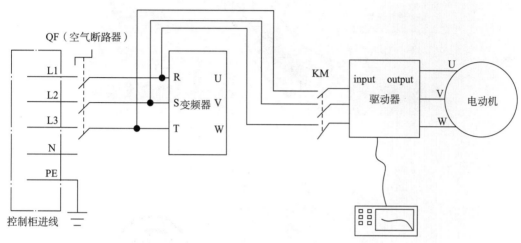

图 2-107 驱动器与变频扶梯电动机的接线

（3）测试前的准备、检查和安全防护

1）检查各条连接线以及信号线正确与否。

2）检查连接线的各个接口是否完全插入不松脱，注意连接线接头的裸露部分不能互相触碰。

3）检查传感器与裙板或者扶手装置的连接是否牢固，滚轮是否紧压着梯级（踏板）或者扶手带。

4）注意周围防护，防止无关人员进入检测区域。

5）不能用手直接接触带电的电气元件。

6）如更改接线，必须断开扶梯主电源。

（4）测试

1）超速试验。在试验选择界面点击左上角的"超速试验"按钮，如图 2-108 所示。

①进入超速试验指令界面，按动右侧"下行"按钮，启动钥匙开关使自动扶梯向下运行，如图 2-109 所示。

②点击"帮助"按钮，会出现如图 2-110 所示的帮助界面。

③钥匙启动扶梯正常运行后，在超速试验指令界面点击"已校验，下一步"按钮，则进入如图 2-111 所示的界面。

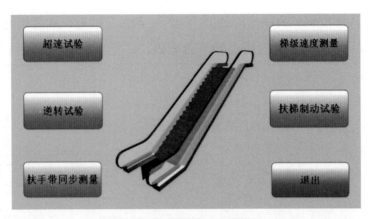

图 2-108　功能测试选择界面

图 2-109　超速试验指令界面

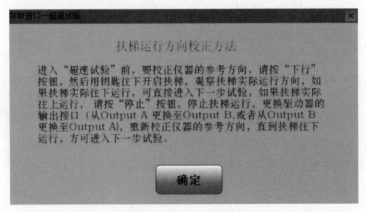

图 2-110　帮助界面

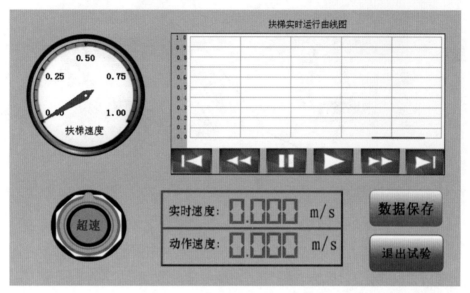

图 2-111　超速试验数据显示界面

④点击左下角"超速"按钮，扶梯将在仪器带动下慢慢加速，同时速度传感器采集扶梯加速的信号，并在实时速度中显示。当保护装置动作时，扶梯停止，并显示出动作速度。此时可以点击"数据保存"记录下动作的数据，方便以后读取查看。如果超速保护一直不动作，点击"数据保存"则只能记录"0.00"，代表动作试验失败。

数据记录完毕可以点击左下角的"停止"按钮，扶梯将会停止运行，然后点击"退出试验"按钮结束超速试验。如果没有点击"停止"就直接退出，则会弹出警告界面，如图 2-112 所示。

图 2-112　退出超速实验的警告界面

2）逆转试验。在试验选择界面点击左侧"逆转试验"按钮，如图 2-113 所示。

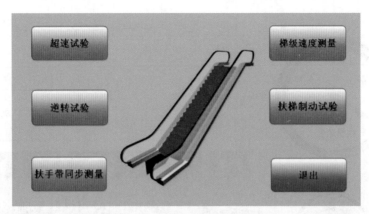

图 2-113　功能试验选择界面

①进入逆转试验指令界面，按动右侧"上行"按钮，启动钥匙开关使自动扶梯向上运行，如图 2-114 所示。

②点击"帮助"按钮，会出现图 2-115 所示的帮助界面。

图 2-114　逆转试验指令界面

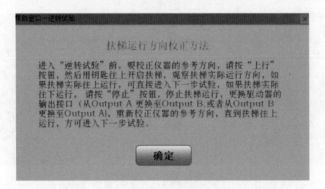

图 2-115　帮助界面

③钥匙启动扶梯正常运行后，在逆转试验指令界面点击"已校验，下一步"按钮，则进入如图 2-116 所示的界面。

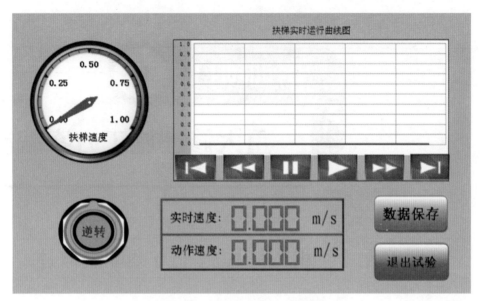

图 2-116　逆转试验数据显示界面

④点击左下角"逆转"按钮，扶梯将在仪器带动下慢慢减速，同时速度传感器采集扶梯减速的信号，并在实时速度中显示。当保护装置动作时，扶梯停止，并显示出动作速度。若减速至零，保护装置仍未动作，则扶梯在仪器驱动下会逆转向下加速运行；当保护装置动作时，扶梯制停，检测仪输出动作速度（下行）。此时可以点击"数据保存"记录下动作的数据，方便以后读取查看。如果逆转保护一直不动作，点击"数据保存"则只能记录"0.00"，代表动作试验失败。

⑤数据记录完毕可以点击左下角的"停止"按钮，扶梯将会停止运行，然后点击"退出试验"按钮结束逆转试验。如果没有点击"停止"就直接退出，则会弹出警告界面，如图 2-117 所示。

图 2-117　退出逆转试验的警告界面

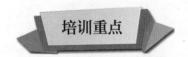

培训项目 ⑥

重大修理施工方案编制

培训单元1　重大修理施工方案编制概述

培训重点

掌握电梯重大修理施工流程

掌握电梯重大修理施工方案编制方法

知识要求

一、修理的概念与分类

修理是用新的零部件替换原有的零部件，或者对原有零部件进行拆卸、加工、修配，但不改变电梯的原性能参数与技术指标的活动。修理分为重大修理和一般修理两类。

1. 重大修理

（1）加装或更换不同规格的驱动主机或其主要部件、控制柜或其控制主板或调速装置、限速器、安全钳、缓冲器、门锁装置、轿厢上行超速保护装置、轿厢意外移动保护装置、含有电子元件的安全电路、可编程电子安全相关系统、夹紧装置、棘爪装置、限速切断阀（或节流阀）、液压缸、梯级、踏板、扶手带、附加制动器。

注：规格是指制造单位对产品不同技术参数、性能的标注，如工作原理、机

械性能、结构、部件尺寸、安装位置等。

（2）更换不同规格的悬挂及端接装置、高压软管、防爆电气部件。

（3）改变层门的类型、增加层门。

（4）加装自动救援操作（停电自动平层）装置、能量回馈节能装置等，改变电梯原控制线路的。

（5）采用在电梯轿厢操纵箱、层站召唤箱或其按钮的外围接线以外的方式加装电梯 IC 卡系统等身份认证方式。

注：电梯 IC 卡系统等身份认证方式包括但不限于密码、磁卡、移动支付、指纹、掌形、面部、虹膜、静脉等。

2. 一般修理

（1）修理或更换同规格不同型号的门锁装置、控制柜的控制主板或调速装置。

注：型号是指制造单位对产品按照类别、品种并遵循一定规则编制的产品代码。

（2）修理或更换同规格的驱动主机或其主要部件、限速器、安全钳、悬挂及端接装置、轿厢上行超速保护装置、轿厢意外移动保护装置、含有电子元件的安全电路、可编程电子安全相关系统、夹紧装置、限速切断阀（或节流阀）、液压缸、高压软管、防爆电气部件、附加制动器等。

（3）更换防爆电梯电缆引入口的密封圈。

（4）减少层门。

（5）仅通过在电梯轿厢操纵箱、层站召唤箱或其按钮的外围接线方式加装电梯 IC 卡系统等身份认证方式。

二、重大修理施工流程

1. 确认需求

判断客户提出的修理需求是否属于重大修理需求，若属于重大修理，则按照本流程执行。

2. 确定方案

（1）分析客户需求，会同技术人员根据现场情况和现有技术制订技术方案。技术方案包括确定需维修部件的种类、数量、规格型号，判断所需配件是否为标准件等。

（2）完成技术方案后还需制订书面的工艺方案。

（3）若现场不能按照标准工艺执行，组织技术人员根据现场条件确定维修方案。

3. 政府告知

属于政府要求书面告知的项，准备政府部门要求的相关资料，到当地特种设备安全监督管理部门进行开工告知。

4. 开工前检查／复查

重大修理项目必须进行开工前检查。开工前检查的时间点为人员已经到达现场，层门及机房孔洞防护工作完成后。项目监督按照"开工前检查报告"进行开工前检查，并反馈人员穿戴、起吊设备、机房孔洞层门防护、临时电箱（如有）等信息，如发现不合格项，应立即停工整改，直至现场整改完成、复查合格后才可施工。开工项目必须100%进行开工前检查。

项目监督在进行开工前检查时，必须对大修班组成员进行安全和技术交底。交底的记录经大修项目监督和班组长签字后由监督带回存档。

施工现场必须有经过批准的施工工艺文件，作为班组施工的指导文件。

5. 进场施工

（1）作业人员必须严格按照之前确定维修方案进行施工，严禁擅自更改施工工艺。

（2）施工过程中若工艺方案和现场实际情况有冲突，需立即停工并上报。

（3）施工前必须完成风险评估，施工过程中应做好安全防护和现场5S工作。5S是指整理（seiri）、整顿（seiton）、清扫（seiso）、清洁（seiketsu）和素养（shitsuke）。

6. 调试检验

施工完成后，班组进行自检，填写自检报告；如需调试的，由项目监督通知质量工程师指派调试人员。

7. 政府验收

对于政府要求需申请监督检验的项目，在自检合格的基础上准备政府部门要求的检验资料，申请监督检验，在所确定的检验日安排相关的专业人员到现场配合检验。对于少数不合格项并发出"整改通知书"的项目，维修人员或合作方员工要在"整改通知书"规定的期限内进行整改，并向检验机构提交填写了处理结果的"整改通知书"和整改报告。对于检验机构出具的检验报告结果是"不合格"的项目，服务站长应组织整改或者修理，并向检验机构申请复检。当检验机构出具结果"合格"时方可交付客户使用。

8. 报完工 / 客户移交

验收完成后，项目监督应及时报完工，并与客户完成移交事宜。

三、重大修理施工方案编制

1. 编制说明及依据

这一部分主要说明工作的目的以及施工依据，参考写法如下。

（1）为使电梯专项修理作业如期圆满完成，并在施工活动中有统一的行动依据，保证施工活动有条不紊地进行，提高整个施工工地的电梯安装质量、安全生产、文明施工的水平，达到预定的各项质量、安全目标，特制订本电梯安装施工组织设计方案。

（2）本方案的编制依据：电（扶）梯设备买卖 / 改造合同；国家现行的规范、技术质量标准；工地作业安全标准。

2. 工程概括

这一部分介绍工程内容，包括：工程项目名称，工程项目地址，建设单位，设备合同号，安装合同号，电梯安装平面分布及概况，本工程项目的特点（施工条件、建设单位配合情况、特殊要求和采用新技术、新工艺、新设备、新材料的质量安全保证措施等），与工程有关的联系方式等。

3. 组织架构

（1）电梯设备制造单位资质

1）特种设备制造许可证及证书编号。

2）营业执照及统一社会信用代码。

3）建筑施工企业电梯安装工程专业承包证书。

4）安全生产许可证。

（2）电梯改造单位资质

1）特种设备安装改造维修许可证。

2）营业执照及统一社会信用代码。

（3）工程改造项目经理部的组建。根据电梯安装工程的特点，选派专业的、有丰富工程管理经验的人员组成项目经理部。项目经理部组建后，在建设单位、监理单位、建筑总承包单位的指导和配合下，对施工项目实行全过程的管理，对工程工期、质量、安全文明生产实施组织协调、控制和决策，确保完成本项目工程，达到公司要求的管理目标。

（4）安全生产、质量保证体系组织。施工组织架构如图2-118所示。

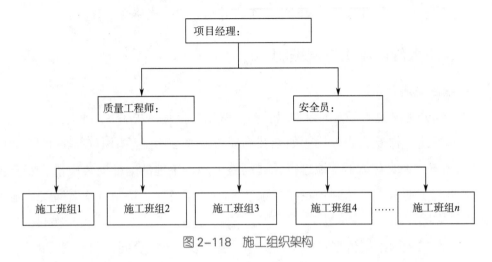

图2-118 施工组织架构

（5）人员职责

1）项目经理职责

①全面负责整个项目的组织管理，为项目的安全、质量、消防、治安第一责任人。

②制订项目的管理目标，报分公司领导批准后实施，并为管理目标的实施提供充分的资源。

③领导项目经理部人员严格按国家法规标准、公司技术文件规范施工，掌握整个项目的施工进度。

④对电梯施工中存在的重大质量和技术问题组织召开分析会议，采取纠正和预防措施，对可能造成质量事故或发生质量事故的单位和个人，直接颁布停工令，限期整改并给予一定处理。

⑤定期检查工地的安全、质量工作。

⑥定期（每月至少一次）组织召开项目经理部安全质量会议。

2）质量工程师职责

①分管项目的技术、质量工作，贯彻执行行业标准、规程规范及公司的施工标准，负责电梯安装及检验等过程的施工质量，防止施工过程中出现不合格的项目。

②参与电梯施工方案的编制，监督项目按电梯施工方案、工艺标准等实施。

③指导技术人员和施工人员理解、掌握和实施质量标准、技术标准，必要时

给予培训。

④参与对施工人员的安全技术交底工作。

⑤负责组织解决施工中存在的重大技术质量问题，对降低质量标准而造成的电梯施工质量低劣的情况和重大质量事故负责。

⑥组织电梯施工质量问题的预防、改进和纠正措施的实施。

3）安全员职责

①学习国家和地方有关安全生产法律法规，熟悉公司的安全规章制度、安全操作规程，依法依规实施安全管理。

②组织开展安全教育培训，提高施工人员安全施工认识水平和安全操作技能水平。

③每日检查施工现场，对违章作业进行制止，督促整改；对严重的违章可能会造成人身安全事故的有权先行责令停工，并立即向项目经理汇报，跟踪违章作业的整改和安全措施的落实。

④参与对施工人员的安全技术交底工作。

4）施工班组长职责

①负责对施工人员的管理，根据施工进度计划合理安排作业人员，对本班组的施工进度和施工质量负责。

②执行公司的质量管理体系文件，根据施工方案和工艺标准进行施工作业，严格执行公司的安全管理和施工过程的安全操作规程。

③负责协调施工过程中的各个环节，处理施工中的有关问题。对于牵涉到多方面且施工班组难以处理的问题，应及时向项目经理部汇报。

④负责所属设备、工具的日常管理。

⑤做好施工过程中的自检、互检工作，认真填写作业记录，确保施工过程的不合格项不流入下道工序。

⑥对违反工艺规程、未进行自检而造成的质量损失负责。

5）项目监督职责

①负责分管项目的安全、消防、治安工作，对项目的安全、消防、治安负主要责任。

②制订和落实工地的安全措施，支持、指导安全员的工作，定期向项目经理汇报安全状况。

③定期检查施工现场，对违章作业进行制止，督促整改；对严重的违章可能

会造成人身安全事故的有权先行责令停工，并向项目经理汇报。负责跟踪违章作业的整改和安全措施落实的确认，符合要求后批准其复工。

④负责项目工地的安全用品到位，负责发放个人防护用品到每个使用人。

⑤负责对施工人员进行安全技术交底工作。

⑥负责现场施工环境的管理，搞好环境卫生。

6）检验员职责

①认真学习公司的质量管理体系文件，熟悉相关标准和工艺规定。

②在检验中按电梯安装质量手册检查表的要求，认真如实填写报告，并对检验报告和检查表的结果负责。报告应在现场填写，整理后交公司质量安全科统一处理。

③对于查出的问题，根据规定及时出具有关整改单，并认真、耐心地向作业人员解释。对于作业人员不清楚的问题，应予以指导。

④在检验工作中，与客户等相关人员做好沟通工作，与客户保持良好的工作关系。

⑤负责安装竣工验收，在工程验收合格后代表公司向客户办理移交工作。

4. 项目管理目标和要求

（1）施工管理目标。参考写法如下。

本项目工程的质量安全管理实行标准化管理，争创"质量安全施工标准化工地"。

1）项目质量目标。（略。）

2）项目安全目标。（略。）

3）消防、治安管理目标。（略。）

（2）项目经理部将认真贯彻执行 ISO 9001 质量管理体系标准和 GB/T 50430—2007《工程建设施工企业质量管理规范》。根据管理体系要求，建立健全项目经理部的质量保证体系组织，建立严格的质量岗位责任制，明确各个岗位的质量职责，并落实质量管理责任制。

（3）项目工程将贯彻"安全第一，预防为主"的思想，坚持"管生产必须管安全"的原则。

5. 施工准备

（1）准备工作。项目监督在项目生效后预计发货前一个月联系甲方（或总包方、监理）召开甲方见面会，项目监督根据项目现场实际情况，进行施工安全环境评估，和业主确定施工方案，避免或者降低施工对业主正常生产生活带来的影响。

1）施工人员准备。根据项目规模和工期的要求配备施工人员。施工人员均持有特种设备作业人员证。

2）技术准备。熟悉设备随机技术文件、井道土建图、机房平面布置图、安装工艺文件等资料，并与实际对照确认。

编制项目施工组织设计方案，由质量工程师审核。对于重大的项目工程，组织专家组对方案进行专项论证审查。进行技术交底、安全环保交底。

3）材料工具准备

①施工工具。根据工程项目需要，准备电焊机、电气焊工具、电锤、切割机、卷扬机、激光放线仪、校导尺、线坠、水平尺、磁力线坠、电工工具、钳工工具等。工具数量按施工班组标准工具配置准备。

②辅助材料。准备工字型钢、电焊条、钢板、膨胀螺栓、配件等辅助材料。

4）作业条件检查。土建条件，库房，大件物品堆放地，施工通道（如楼梯、过道、通向机房的无防护栏屋顶平台等），安全用品，供电，消防，脚手架等都应事先查看。

5）工程施工许可。根据《特种设备安全监察条例》（国务院 2009 年 549 号令）要求，电梯施工前应书面告知设区的市特种设备安全监督管理部门。填写"电梯安装改造维修告知书"并附施工人员的特种设备作业证原件送当地特种设备安全监督管理部门告知，经同意后开始施工。

6）货到工地的检验。项目监督组织甲方、施工人员一起开箱验货。如发现缺、错件，项目监督应及时向公司反馈。

（2）开工检查。项目监督必须根据"开工前检查报告"中的内容进行检查。如首次检查不符合要求，施工班组应根据要求进行整改。施工班组整改完成后，由项目监督确认签字，在"开工前检查报告"中填写相关内容，并由施工班组长在"开工前检查报告"中进行开工前声明后报项目经理审批备案。项目经理在"开工前检查报告"批准后进行随机抽查，并填写"复核抽查表"。

6. 施工质量控制

（1）施工过程的要求

1）项目监督根据施工质量手册的内容对工地进行质量检查，将检查记录和需整改的内容填入施工质量手册。对检查中的整改项，由施工单位整改完毕后填写施工质量手册，交由项目监督确认。

2）施工单位在施工期间必须对起重工具/索具进行日常检查，将检查记录填入"起重工具/索具检查表"中。项目监督进行工地检查时，对于不符合安全规定的起吊工具和索具必须现场进行报废处理。

3）项目监督根据工作需要出具"安装工地联系单"给甲方（或总包方、监理），汇报工地情况和工地需要配合、整改的工作内容。

4）当施工单位对施工工艺有疑问时，项目监督应及时给予指导和培训。

5）项目监督负责与甲方（总包方、监理）协调封门洞、调试电源、标高线等事宜，分包商需配合项目监督。

6）项目监督每月须对施工电梯进行检查。

（2）施工作业的注意事项及作业指导/工艺。由项目承包单位提供。

（3）施工过程的质量控制。包括：施工技术交底、机械安装与调试、电气安装与调试、验收与功能测试。

7. 施工的检验

包括施工班组自检、检验员检验、政府部门验收。

8. 项目施工管理及措施

（1）施工进度控制措施

1）项目经理在规划项目时应根据项目中电梯的型号规格、安装台量、合同交付日期等诸因素合理安排项目施工人员，为按时完成施工项目打好基础。

2）项目经理在进场前召集班组长会议，分配班组的施工任务，强调施工工期。此会议也可与项目安全技术交底会议同时进行。

3）班组长对每台维修的电梯根据施工流程制订工程进度计划，进度应细化到按天计算。班组长对本班组的施工进度负责。

4）班组长应每天对照工程进度计划检查完成情况，如有出入应及时调整。当班组出现可能会影响施工进度的特殊情况（如施工过程发现技术问题、施工人员多人生病等），应及时向项目经理部汇报，项目经理应及时采取应对措施，必要时召开专题会议解决，避免影响施工进度。当此情况出现时班组长应将内容和处理结果在"施工日志"中予以记录。

5）加强质量检查控制，防止由于质量原因返工影响工期进度。

（2）安全质量管理和技术措施

1）施工人员持证上岗及安全培训。凡电梯安装维修施工人员必须持有特种设备作业人员证，并经企业考核合格才允许上岗。

2）进场的安全教育。由项目经理部组织，安全员负责对所有进场的施工人员进行安全教育，重点是安全思想教育、安全生产制度教育、安全技术教育。

3）做好劳动防护。正确使用"四宝"（安全帽、安全带、安全网和安全绳）。在使用前对劳防用品进行检查，如安全帽是否有缺损、安全带和安全绳是否过检测期和破损、安全网是否破损等。

4）施工技术及安全技术交底。质量工程师负责向班组长（必要时含施工人员）对项目工程的施工技术及安全技术进行交底，特别是根据项目特点拟订的针对性措施。交底工作须履行签字手续。班组长根据交底内容组织施工人员进行学习落实。

5）检查制度。实行项目经理部领导值班制度，并由项目经理部定期抽查多项安全质量制度的执行情况。日常的安全质量检查工作由安全员负责，检查记录必须妥善保存。

6）检验制度。施工质量的检验实行班组自检、项目经理部抽检、施工单位终检的制度，每项检验都应有记录保存。对终检中发生的不合格项，经班组整改后终检员必须再次检验确认，合格后才能报特种设备检验机构检验。

7）工地实行 5S 管理。为搞好文明生产，使工地有序、整洁，确保施工质量和安全生产措施的落实，工地实行 5S 管理。安全重点通告牌要有安全标志、安全工作保证书、就近医院路线、急救电话、领导电话号码、安全通道等，并配备医药箱。

8）脚手架搭设。脚手架搭设工作必须由具有相应建筑资质的单位承担。脚手架搭设应符合住房城乡建设部《建筑施工扣件式钢管脚手架安全技术规范》的标准。搭设完毕后，搭设单位应提供脚手架检验合格证，经安全员检验合格后才允许使用。

9）做好"四口、五临边"的防护工作。对于电梯安装维修工作来说，主要是做好电梯井道口的防护工作，在每层楼的电梯井口必须设置防护栏，其高度≥900 mm，且须安装中间栏和踢脚板。

10）用电安全。由于电梯施工的临时用电设备除少量的电焊机外，大多为手用电动工具，功率小（小于 50 kW），故在本方案中不单独编制临时用电施工组织设计方案。但在施工临时用电中，按照《施工现场临时用电安全技术规范》要求，采用 TS-N 供电系统、三级配电结构、两级漏电保护的方法，并规定漏电断路器的动作电流为≤10 mA，用电设备的金属外壳必须接地，在设置临时用电线路和装置时必须计算用电容量、线路电压降、电流并考虑导线的机械强度诸因素，做到安全用电。

11）做好防火工作。对施工人员进行防火教育，贯彻《消防安全管理制度》《动火操作许可制度》。对每个库房内设置的灭火器定期检查。库房的油类必须单独安放，距离其他物品应保持一定的距离。工作场所严禁吸烟，施工中如需动火，必须提前办理工地动火操作许可证并做好安全防护措施和专人监护。

（3）突发事件的应急措施

1）突发安全事件的应急措施。电梯安装维修具有危险性和特殊性，电梯工地现场可能发生的安全事故有：脚手架塌陷、火灾、高空坠落、物体打击、机械伤害、触电、中毒等，应急救援预案的人力、物资和技术装备主要针对这几类事故。应急救援预案应立足于安全事故的救援，立足于工程项目自援自救，立足于工程所在地政府和当地社会资源的救助。

项目经理部应成立应对突发安全事件的应急领导小组，项目经理为该小组组长，项目监督（或质量工程师）为副组长；成立现场抢救组，项目副经理为现场抢救组组长，项目经理部全体管理人员及各班组长为现场抢救组成员。

①人员职责

应急领导小组的职责：工地现场发生事故时，负责工地指挥抢救工作，下达抢救指令任务，协调各组成员之间的抢救工作。随时掌握现场最新动态，并做出最新决策，第一时间向"110""119""120"，以及企业或当地特种设备安全监督管理部门求援或报告事故情况。

现场抢救组职责：对抢救出的伤员，根据情况采取正确的急救处置措施并尽快送医院抢救。现场抢救组的人员分工及人数应根据现场需要由应急领导小组灵活安排。

安全员职责：负责工地的安全保卫，支援现场抢救组的工作，保护现场。

②救援器材。施工现场应配备下列救援器材。

医疗器材：塑料袋、医药箱。

抢救工具：一般工地常备工具即可满足基本使用需求。

照明器材：手电筒、应急灯、灯具。

通信器材：固定电话、手机。

交通工具：临时调配一切可用运输车辆和工具。

灭火器材：灭火器日常按要求就位，紧急情况下集中使用。

工地项目经理、安全员、班组长、施工人员必须熟悉工地情况、所处位置、到附近医院的交通路线。项目经理部应用图示的形式将相关信息标在告示牌上。

现场抢救组成员在安全教育培训时必须同时接受紧急救援培训。培训内容包括伤员急救常识、灭火器使用常识、各类重大事故抢救常识等，使现场抢救组成员在发生重大事故时能较熟练地履行抢救职责。

项目经理部必须将应急电话号码、项目经理部应急领导小组成员的手机号码、企业应急领导小组成员手机号码、当地安全监督管理部门电话号码明示于工地显要位置。工地抢救指挥人员应熟知这些号码。

2）突发质量事件的应急措施。电梯施工过程中出现突发质量事件时应立即通知项目经理部，项目经理、质量工程师必须及时到达现场处理，并通知公司有关部门。如有需要可要求公司质量、技术部门组织专家分析解决，项目经理部做好有关记录。

（4）对违规事件的报告和处理

1）对分包商在施工过程中违规的报告和处理按照分包商管理考核政策执行，对违规的班组视情况给予发告知书、发处罚单、培训、取消施工资格等处理。

2）由于违规而造成的质量问题，如终检时不合格项多，必须进行整改，检验员负责对整改结果进行跟踪。如该违规班组达不到整改要求，项目经理部可派其他班组帮助整改，整改费用由违规班组承担。

（5）其他质量要求。主要是对特种设备性能有重大影响的关键和重要过程（环节）的质量控制。

由于电梯属于特种设备范畴，国家对特种设备施工有专门的质量控制要求，主要是指在特种设备施工过程中一些不易测量或不能经济地测量其特征或随后的监视和测量不能充分验证其结果的工序，如焊接、隐蔽工序（如机房的承重钢梁）等工序。

1）对焊接的控制。对电梯施工过程中的焊接控制主要有：焊接作业人员的上岗要求、焊接场地要求、焊接防护要求、焊接材料要求、焊接操作要求、焊接检查要求。

2）对隐蔽工序的控制。对于隐蔽工程，施工班组在自检后必须告知项目经理部，由项目经理部派人检验签名后才能进入下一道施工工序。

9. 信息的收集与传递

在整个项目过程中，需对相关信息进行收集、储存、传递、处理和利用。收集的信息主要有项目的质量信息、安全信息、施工信息、改进信息等。

质量工程师应负责将项目的有关技术要求，工艺要求，项目施工特点（包括新技术、新工艺、新设备、新材料）的信息，从公司技术研发部门、品管部门及时传递到施工班组。此类信息也可在安全技术交底时进行。

质量工程师应将在施工过程中收集到的施工质量问题及克服的方法传达到每一位班组长，由各班组长贯彻下去。

对施工中发现的或者是施工人员反映的施工中的质量问题信息，由质量工程师收集后书面上报至公司品管部门，并将整改信息传达到施工班组，作为整改的依据。

项目监督及安全员负责工地安全信息的收集。安全员在工地管理中如发现有不安全的苗头，包括险兆事故的信息，应及时收集上报至项目经理部，项目经理部应将安全信息整理后上报至公司安全部门。

项目以外的安全信息，如公司的和社会上的安全案例等，项目经理部应组织全体人员进行学习。

施工进度、土建修改、与建设单位和监理单位的沟通往来函等资料，项目经理部应收集整理保存，待项目竣工后，部分资料将移交公司工程文员放入电梯档案保存。

项目经理部应定期在项目会议上对信息进行收集，此项工作由质量工程师负责。

培训单元 2　曳引驱动乘客电梯重大修理施工方案编制

培训重点

能够进行电梯重大修理施工方案的编制

机械部件大修安全施工方案编制

一、设备基本状况描述

描述设备大修前后的基本状况和信息，见表 2-28。

表 2-28　基本信息表

使用单位				
联系地址		邮政编码		
联系人		联系电话		
电梯型号		电梯种类		
制造单位		出厂日期		
设备信息	大修前		大修后	
额定载重量				
额定速度				
控制方式				
驱动方式				
调速方式				
开门方式				
轿厢面积				
开门宽度				
轿厢质量				
层站数				
产品出产编号				
提升高度				
主机型号／编号				
防爆介质				
防爆等级				

二、设备运行状况描述

描述电梯运行状况以及大修前后的安全状况，见表 2-29。

表 2-29　安全状态描述

安全与运行 状况描述	使用情况： 运行情况： 安全状况：
大修效果及 安全状况描述	大修效果： 安全状况： （应提供相关证明资料）

三、部件情况说明

对需要大修的部件进行情况说明（参数描述），见表 2-30。

表 2-30　部件参数描述

部件名	大修前			大修后		
	规格型号	参数	编号	规格型号	参数	编号
制动块						
制动器线圈						
制动器监测开关						
制动器电源盒						
制动器接线端子						
线束						
制动器固定螺栓						
制动器固定销座						
定位销						
……						

四、施工组织

1. 制定组织架构（见图2-119）

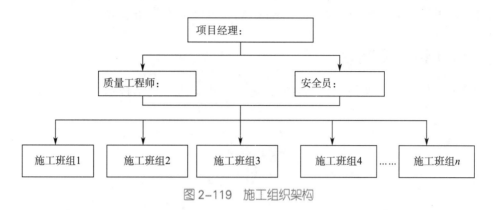

图2-119　施工组织架构

2. 确定岗位责任（见表2-31）

表2-31　岗位责任

姓名	岗位	联系电话	备注
	项目经理		
	质量工程师		
	安全员		
	班组长		

3. 组织施工人员（见表2-32）

表2-32　施工人员名单

姓名	岗位	起重	电工	钳工	焊工
	施工组员				
	施工组员				
	施工组员				

4. 确定工程目标

（1）质量目标。按照《电梯安装验收规范》内容与要求对改造项目进行自检，一次性合格。改造电梯一次性通过特种设备检验机构检验。

（2）工期目标。计划总工期15天；2021年×月×日开工，2021年×月×日完工。

（3）安全目标。杜绝人身安全事故，杜绝火灾事故，杜绝现场人员食物中毒事故，杜绝严重职业病以及重大传染性疾病，杜绝重大设备事故。

五、施工作业指导

确定工作流程，准备工具和资料，之后和班组进行施工技术交底，如图2-120所示。

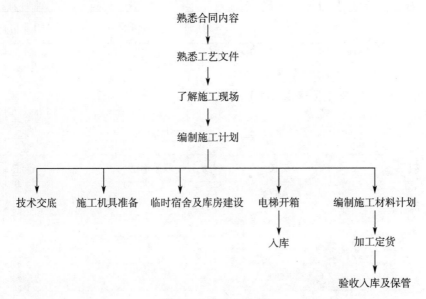

图2-120 施工准备

六、施工进度表（工艺步骤）

确定施工详细工艺步骤，准备工具和材料，如果工期较长则需要编制施工进度表；如果工期较短，编写施工工序，列出工艺要点，并统计工时和人力成本。表2-33以无机房电梯制动器更换为例，列出施工工序、工具和工艺要点。

表2-33 施工工艺步骤

工序	作业内容	工具	工艺要点
1	在项目监督陪同下执行JHA（作业危险分析）	安全防护用品	
2	将物料存放在适当楼层		

工序	作业内容	工具	工艺要点
3	在顶层放置防护栏	防护栏	
4	使用松闸装置，进行单边制动能力测试		
5	在紧急电动操控模式下，将轿厢运行到维修位置上方 150 mm 处（即轿顶高于顶层地坎 0.85 m）；如果轿厢不能运行，则进行工序 12		
6	借助紧急操作操控板，手动远程触动安全钳并驱动轿厢下行至完全闸车为止		安全钳锁紧锁闭
7	在上梁安装围栏和吊链索具		
8	拉紧吊链索具		确保轿厢不会下沉
9	顶稳对重		
10	切断电源		锁闭并加警示
11	进行工序 21		
12	切断电源		锁闭并加警示
13	打开层门		
14	加装工作平台		
15	加装安全绳		
16	安装吊链，需有两个轿厢提升悬挂点		电梯必须提升到顶层
17	将轿厢提升到顶层		
18	在对重下放置垫块		防止轿厢向上移动
19	降下对重		
20	保证两个提升悬挂（吊链）均有曳引张力		防止因轿厢载重超出平衡负载而下行
21	松开曳引机上紧固制动器的 4 个固定螺栓 		

工序	作业内容	工具	工艺要点
22	取下前面板及其螺栓 		
23	取下曳引轴中心孔固定螺栓 		
24	拧紧制动器中心插孔的拉动螺栓，抱闸装置将从轴上弹出 		在制动器脱离轴杆之前不要拆下螺栓
25	拆下制动器外壳与曳引机的固定螺栓、制动器线圈导线及传感器导线		
26	继续拧紧拉动螺栓直到制动器外壳与轴销分开		
27	取下拉动螺栓		
28	重新装好前面板并将拉动螺栓插入中心插孔 		防止中心轴脱离制动器转子

续表

工序	作业内容	工具	工艺要点
29	取下制动器		
30	如果需要,用砂纸轻轻打磨曳引机上制动器安装平面,去处多余油漆、铁锈和其他碎物。清洁此表面和曳引机轴 		
31	转动曳引机轴,将定位销对准新制动器的销座。确保定位销牢固地装于轴上		
32	安装新制动器和接线盒于底座上。清洁中心插孔内部,确保无毛刺、灰尘、铁锈或其他碎物		在安装新制动器前,确认制动器型号规格准确无误
33	轻轻拧紧制动器固定螺栓(两圈)		在拧紧 4 个固定螺栓前,确认已装好垫圈
34	取下拉动螺栓		
35	取下前面板		
36	使用扭矩扳手安装并拧紧抱闸盘与曳引主机轴的连接螺栓。螺栓扭矩为($80\pm10\%$)N·m 		
37	拧紧制动器的固定螺栓[螺栓扭矩为($55\pm10\%$)N·m],并连接制动器线圈和传感器导线		

工序	作业内容	工具	工艺要点
38	检查制动器：打开制动器，检查曳引轴能否灵活转动		
39	重新装好前面板及其螺栓 		
40	取下对重垫块		
41	拆下吊链索具		
42	松脱悬挂张力（吊链）		
43	通电		
44	卸除安全保护装置并重新设置限速器和安全钳		安全钳解锁
45	以紧急电动状态操纵轿厢下行约 100 mm		
46	打开层门，确认轿厢没有上滑		
47	将电梯正常运行，检查有无噪声		
48	若没有噪声，则让电梯运行 0.5 h		
49	进行125%的负载制动测试		
50	若没有问题，则恢复电梯正常服务运行		

注：更换井道中的制动器共需 3 个维修人员，共施工 2 天。

七、施工质量控制

按照国家技术标准及公司验收标准，落实施工、班组自检和公司专检，严格执行相关的工艺文件，确保工程质量。

认真履行合同中约定的所有施工项目。施工班组长负有现场质量监督的责任；检验员应做好施工过程的质量抽查和施工后的验收工作，最终应做整机检验并做好详细记录。

施工中若遇到难以把握的技术问题，应逐级向上汇报，以便及时得到必要的技术支持，严禁发生降低标准的施工行为。

八、安全管理

1. 建立安全管理组织架构

如图 2-121 所示，建立以项目经理为核心的安全管理组织架构，明确项目经理和安全员的职责。

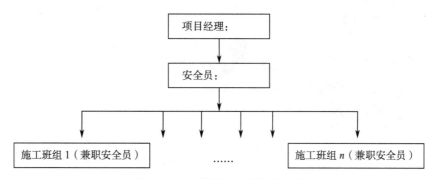

图 2-121　项目安全管理框架图

2. 确定安全保障措施

确定施工现场的安全管理措施、消防安全措施、临时用电管理措施、施工工具管理措施、文明施工的管理措施、环境保护措施等。

3. 遵守规章制度与安全操作规程

宣贯企业的各项规章制度以及工地安全标准，确保工程安全、有序地开展。使用合理、合格的仪器设备，确保工程施工人员的作业安全。

电气部件大修安全施工方案编制

电气部件大修安全施工方案编制与之前机械部件大修基本一致。电气部件的大修主要体现在核心部件的更换及调试，为避免与前述重复，除"施工进度表"以外，其他内容参看前述机械部件大修安全施工方案编制，此处不做复述。以下以电梯逻辑板更换为例，列出施工工序、工具和工艺要点，见表 2-34。

表 2-34　施工工艺步骤

工序	作业内容	工具	工艺要点
1	在项目监督陪同下执行 JHA（作业危险分析）	安全防护用品	
2	将物料存放在适当纸箱		避免主板器件受撞击脱落而损坏

工序	作业内容	工具	工艺要点
3	放置防护栏	防护栏	
4	在紧急电动操控模式下，拍下急停，并再次确认轿厢无人		控制电梯
5	连接服务器，记录参数 	1. 手持操作器 2. 记录参数，为主板更换后调试做准备	
6	断电，并锁闭 	锁具	按断电锁闭安全作业程序操作
7	拆卸插件 		
8	拆卸主板 		
9	主板开箱 	壁纸刀	切勿用手或工具触碰主板

续表

工序	作业内容	工具	工艺要点
10	确认配件		保存熔丝及螺栓
11	安装主板并安装插件	套筒扳手	切勿用手或工具触碰主板
12	确认接地线有效		接地保护
13	安装熔丝		确认熔丝规格
14	送电		接触锁闭程序
15	确认主板状态并调试		

续表

工序	作业内容	工具	工艺要点
16	以紧急电动状态运行电梯至两个端站		检修运行无异常
17	取消开门和外呼测试，运行0.5 h 		正常运行无异常
18	若没有问题，则恢复电梯正常服务运行		

注：更换控制柜的主板，需一个维修人员，共施工4 h。

培训单元 3　自动扶梯重大修理施工方案编制

培训重点

能够进行自动扶梯重大修理施工方案的编制

技能要求

更换梯级及梯级链施工方案编制案例

一、前言

杭州市某公司要求对12台公共交通型扶梯进行集中大修，涉及某人行天桥8台，教工路天桥4台。为了能让以上扶梯能继续正常运行，降低安全隐患，降低扶梯故障率，特制订本扶梯大修施工组织设计方案。

本方案的编制依据：

1. 电（扶）梯项目合作协议。

2. 国家现行的规范、技术质量标准。包括：

（1）《自动扶梯和自动人行道的制造与安装安全规范》（GB 16899—2011）。

（2）《电梯技术条件》（GB/T 10058—2009）。

（3）《建筑施工安全检查标准》（JGJ 59—2011）。

（4）《施工现场临时用电安全技术规范》（JGJ 46—2005）。

（5）《全球工地安全标准》（奥的斯标准，2005 年 5 月版）。

二、工程概况

1. 工程项目名称
杭州市地道、天桥自动扶梯设施维修施工。

2. 工程项目地址
杭州市区范围内。

3. 用户单位
杭州市某公司。

4. 用户单位地址 / 电话 / 联系人
（略。）

5. 本工程项目的特点
（包括施工条件、工期、建设单位配合情况、特殊要求和采用新技术、新工艺、新设备、新材料的质量安全保证措施等。）

三、工程相关组织及资质

1. 扶梯设备制造单位资质
特种设备制造许可证 A 级。

特种设备安装改造维修许可证 A 级。

建筑施工企业电梯安装工程专业承包资质。

安全生产许可证。

2. 电梯安装单位
×× 电梯公司。

根据电梯安装工程的特点，我公司选派一批专业的、有丰富工程管理经验的人员组成项目经理部，见表 2-35。

项目经理部组建后，在建设单位、监理单位、建筑总承包单位的指导和配合下，对施工项目实行全过程的管理，对工程工期、质量、安全文明生产实施组织协调、控制和决策，确保完成本项目工程，达到公司要求的管理目标。

表 2-35　项目经理部人员

姓名	职务	职称	持有证件	备注
张三	项目经理	高级经理	项目经理证	方案牵头、商务处理、行政谈判
李四	质量工程师	助理工程师	助理工程师证	技术支持
赵二	检验员	特种设备施工员	特种设备作业人员证	质量、安全管控
马五	安装班组长	特种设备施工员	特种设备作业人员证	工程施工

四、施工准备

1. 技术准备

（1）熟悉设备随机技术文件、井道土建图、机房平面布置图等资料，并与实际对照确认。如有异议应及时与公司安装部和建设单位联系。

（2）由公司安装部组织专业技术人员按工程项目情况编制项目施工组织设计方案，由质量安全工程师审核。对于重大的项目工程，公司将组织专家组对方案进行专项论证审查。

（3）技术交底。开工前项目经理部质量工程师必须将本工程项目施工组织设计方案及时向安装班组交底，使其熟悉各项操作工艺的工期要求、质量要求以及施工过程中应注意的问题。

（4）安全环保交底。结合工程特点和要求，项目经理部检验负责人以书面形式向安装班组交底各项工序应遵守的安全操作规程及现场环保制度。

2. 材料准备

（1）开箱清点。由甲方公司人员、建设单位或委托监理单位人员、项目经理或委托人以三方共同确认的方式开箱清点，将现场设备实物与装箱清单逐一核对。如有破损件、错件、缺件等情况，应填写在开箱记录清单上，并反馈给公司，由相关责任方承担赔偿责任。

（2）施工工具。根据工程项目需要，准备声级计、数字钳形表、数字万用表、接地电阻测试仪、数字温度计、游标卡尺、预置式扭矩扳手、钢直尺、框式水平仪、钢卷尺、水平尺、塞尺、指针式拉压测力计、绝缘电阻表等。

（3）辅助材料。准备工字型钢、槽钢、方管、角铁、螺钉、螺母、电焊条、钢板、膨胀螺栓、配件等辅助材料。

3. 作业条件准备

（1）客观条件。电梯可正常运行，检修起效；机房内建筑垃圾清除完毕。如不符合要求，项目管理部以安装工地勘察表、安装工地备忘录等书面形式通知维保单位予以修正。

（2）安全用品准备。准备好必需的劳动防护用品和安全用品，如安全帽、安全带、安全鞋、安全标志、安全绳、医药箱、防护栏等。

（3）供电。建设单位将三相五线制电源接入电梯机房，电线线径应符合设计要求。若施工照明用电采用临时电源，则该电源设施必须符合作业标准《施工现场临时用电安全技术规范》的要求。

（4）存放仓库。仓库面积要求至少 4 m²，可存放常用工具，并设有常用照明及休息区域。

4. 工程施工许可

根据《特种设备安全监察条例》（国务院 2009 年 549 号令）要求，电梯安装施工前应书面告知设区的市特种设备安全监督管理部门。由项目经理部填写"电梯安装改造维修告知书"并附安装人员的特种设备作业人员证原件送特种设备安全监督管理部门告知，经同意后开始安装施工。

五、施工过程的控制

施工流程图如图 2-122 所示。

1. 进场准备

（1）告知。告知现场中控室人员进场时间，提前设置警示标语，注明施工时间。

（2）维护。提前划分场地区域，用防护栏将工作区域围起来，防护栏与防护栏、防护栏与现场固定物体连接处用铁丝捆绑好，在快口处做好防护，如图 2-123 所示。如需占用街道或其他公用或私用设施，需要提前做出书面申请。

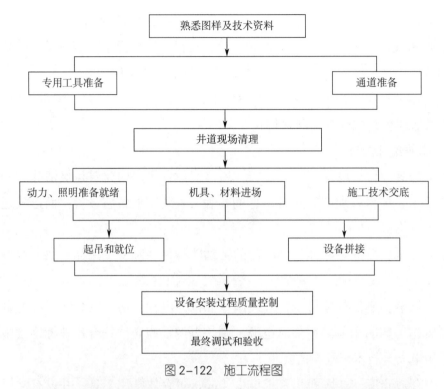

图 2-122　施工流程图

图 2-123　设置防护栏

2. 更换配件要点

更换配件需要提前备货或预留物料。在开工前清点数量，施工完毕后再次清点数量。经监理单位审核、签字后，交用户确认签字。

3. 扶梯的调试

（1）调试前的准备。扶梯调试前应已将机械部分的扶手系统和梯路系统的所有部件安装完毕。调试前物料准备工作应完整，调试仪器、调试工具、调试用辅料等都准备完善后才能进入调试。

（2）电气部分的调试。附加制动器严格按照 1.4 倍超速或逆转运行时动作测试。扶梯整梯的电源应由建筑物配电间送到扶梯的总开关；扶梯的电源须专用，每台都有单独的配电开关，并给予扶梯和开关唯一标志，供电的电压波动不大于7%，且电源要有足够的容量，线路的电压损失满足要求；扶梯应有良好的接地，电缆各接头处的绝缘电阻不应小于下列值。

1）动力电路和电气安全装置为 0.5 MΩ。

2）其他电路如控制、照明、信号等为 0.25 MΩ。

（3）机械部分的调试

1）在扶梯主驱动轴和下部张紧装置打水平前，检查扶梯左右主轮进出切向导轨面是否等高，若不等高，可调节驱动支座下部的支撑螺钉，以使两边主轮等高。通过调节桁架上的调节螺栓调节驱动及张紧的水平，要求水平小于 0.2/1 000。扶梯张紧部分能否自由运动和补给链条能否正常运转，将直接影响到梯路的跑偏和乘用舒适感，在调节过程中应注意：

①交叉导轨处侧板两边间隙应相等。

②张紧弹簧的压紧量两边应调节到一致。

2）在扶梯围裙板调整时，注意围裙板和梯级的间隙，要两边间隙上下一致，大小相等，单边间隙不大于 4 mm，双边间隙之和小于 7 mm，围裙板固定 C 形材与主轮间间隙不小于 2 mm。由于在安装工地现场灰尘较大，在调试好扶梯或人行道后，一定要对扶梯或人行道导轨工作面进行清洁。可采用以下办法。

①先用干毛巾将所有导轨的工作面擦干净。

②用棉毛巾沾油将导轨工作面再擦一遍。

③运转扶梯约 0.5 h。

④将扶梯导轨工作面用毛巾沾油再擦洗一遍即可。

六、施工计划

1. 第一标段工程（教工路天桥 4 台）

估算进度表见表 2-36。

表 2-36　第一标段工程估算进度表

序号	工作名称	时间进度
1	工地确认、前期准备、进场	2013.9.16
2	施工（机械、电气、调试）	2013.9.16—2013.9.18

续表

序号	工作名称	时间进度
3	技术监督局验收	—
4	扶梯移交用户	—

2. 第二标段工程（某人行天桥 8 台）

估算进度表见表 2-37。

表 2-37　第二标段工程估算进度表

序号	工作名称	时间进度
1	工地确认、前期准备、进场	2013.9.18
2	施工（机械、电气、调试）	2013.9.18—2013.9.29
3	技术监督局验收	—
4	扶梯移交用户	—

备注：（1）施工期间如发生不可抗拒力因素则工期顺延。

（2）施工期间各地块使用单位需提供专职人员配合我司人员施工，该专职人员同时协助我司工程管理人员协调、配合现场的监督和需求。

七、现场的保护与通道划分区域

1. 仓库存放位置：每个施工工地需由甲方提供一固定场所空间卸货堆放物料，并且需上锁，防潮、防湿，无明火。

2. 施工现场的保护：每个施工位置在扶梯的上下入口都将设置防护栏及施工安全通知，并且在离扶梯约 1 m 内设置独立防护栏用于堆放临时物料。防护栏设置范围为长 × 宽 =4 m × 2 m。施工时严格控制施工质量和施工方式，注意现场清洁和地面及周边设施的保护。

3. 如在卸货或施工时需要占用其他场地，我司将提前 3 天正式书面提出申请。

八、扶梯的检验

1. 根据电梯检验标准，安装班组在安装过程中，在不同的安装阶段需完成一道工序后自检，符合要求后再完成下一道工序。

2. 公司在接到项目经理部专检申请后指派检验员检验，检验中如有不合格项，安装班组负责整改。

3. 政府验收合格后再办理移交手续。

九、施工安全质量管理

1. 施工安全管理目标

本项目工程安全管理实行标准化管理，争创"安全施工标准化工地"。本项目工程将贯彻"安全第一，预防为主"的思想，坚持"管生产必须管安全"的原则，以实现以上施工安全管理目标。

2. 安全生产质量保证体系

安全生产质量由项目经理总负责，项目副经理负责分管安全措施的制定和落实、安全用品的到位，质量工程师分管技术质量，安全员负责检查各项安全制度的执行情况、安全用品的使用情况，检验员负责检查安全质量，安装班组长负责本班组的安全施工、工作进度和安装质量，并督促检查安装人员按安全操作规程工作。

3. 安全质量管理措施

（1）施工人员持证上岗及安全培训。凡电梯安装维修施工人员必须持有特种设备作业人员证，并经企业考核合格才允许上岗。

（2）进场的安全教育。由项目经理部组织，安全员负责对所有进场的施工人员进行安全教育，重点是安全思想教育、安全生产制度教育、安全技术教育。

（3）做好劳动防护。正确使用"四宝"（安全帽、安全带、安全网、安全绳）。在使用前对劳防用品进行检查，如安全帽是否有缺损、安全带和安全绳是否过检测期和破损、安全网是否破损等。

4. 施工技术及安全技术交底

质量工程师负责向班组长（必要时含施工人员）对项目工程的施工技术及安全技术进行交底，特别是根据项目特点拟订的针对性措施。交底工作须履行签字手续。班组长根据交底内容组织施工人员进行学习落实。

5. 检查制度

实行项目经理部领导安全值班制度，并由项目经理部定期抽查多项安全制度的执行情况。日常的安全检查工作由安全员负责，检查记录必须妥善保存。主要记录有"质量安全检查表""安装工地 5S 检查评估表""工地安全审核表"等。

6. 工地实行 5S 管理

为搞好文明生产，使工地有序、整洁，确保施工质量和安全生产措施的落实，工地实行 5S 管理。安全重点通告牌要有安全标志、安全工作保证书、就近医院路线、急救电话、领导电话号码、安全通道等，并配备医药箱。

7. 做好"四口、五临边"的防护工作

在每台施工扶梯的上下入口必须设置防护栏，其高度 ≥900 mm。

8. 用电安全

由于扶梯施工的临时用电设备除少量的电焊机外，大多为手用电动工具，功率小于 50 kW，故在本方案中不单独编制临时用电施工组织设计方案。但在施工临时用电中，我们将按照《施工现场临时用电安全技术规范》要求，采用 TS−N 供电系统、三级配电结构、两级漏电保护的方法，并规定漏电断路器的动作电流为 ≤10 mA，用电设备的金属外壳必须接地，在设置临时用电线路和装置时必须计算用电容量、线路电压降、电流并考虑导线的机械强度诸因素，做到安全用电。

9. 做好防火工作

对施工人员进行防火教育，贯彻《消防安全管理制度》《动火操作许可制度》。每个库房内设置 2 只灭火器。施工中如需动火，必须提前办理工地动火操作许可证并做好安全防护措施和专人监护。

十、应急预案

1. 突发暴雨天气

提早准备防雨棚，要求规格为 3 m × 3 m，可伸缩式。

2. 消防

提前准备好灭火器。使用磨光机、电钻等进行带火花操作时，注意火星火苗。

3. 人身伤害

提前准备包扎布、止血药、扭伤药膏、碘酒等。

十一、相关记录

1. 安装工地勘察表。

2. 安装工地备忘录。

3. 安全技术环保交底表。

4. 质量安全检查表。

5. 工地动火操作许可证。

6. 安装工地 5S 检查评估表。

7. 工地险兆审查表。

8. 完工确认单。

9. 电（扶）梯修理项目检验移交单。

10. 特种设备安装改造维修告知书。

思考题

1. 试举例阐述时序法在电气故障解决中的应用。

2. 简述直观法在机械故障解决中的应用。

3. 简述重大修理施工组织架构中项目经理的职责。

4. 简述常见的严格根源分析工具。

5. 试举例阐述钢丝绳夹具在大修改造中的应用。

6. 简述风险评价的流程。

7. 简述自动扶梯在故障排查过程中常见的安全风险及规避方法。

8. 简述自动扶梯安全监控板的功能。

9. 简述更换扶梯梯级及梯级链施工方案的组成部分。

10. 简述自动扶梯输入信号控制回路的常见故障类型。

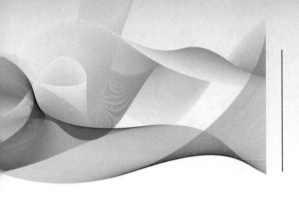

职业模块 ③

改造更新

内容结构图

改造更新

- 施工方案的主要内容
  - 基本要求
  - 编制依据
  - 工程项目概况
  - 施工管理规划
  - 施工准备工作
  - 施工流程和工艺方法
  - 质量控制和检验检测
  - EHS 管理和控制

- 曳引驱动乘客电梯设备改造更新
  - 曳引系统改造施工方案编制
  - 控制系统改造施工方案编制
  - 加层改造施工方案编制
  - 悬挂比改造施工方案编制
  - 整机更新改造设计、计算
  - 部件更新改造设计、计算

- 自动扶梯设备改造更新
  - 加装变频器施工方案编制
  - 控制系统改造施工方案编制
  - 机械系统整体更新改造施工方案编制
  - 拆除并更新改造施工方案编制

培训项目 ① 施工方案的主要内容

培训单元 1　基本要求

掌握施工方案编制的原则、格式、程序要求

一、编制原则

1. 施工方案必须符合国家现行有关法律法规、标准、规范的要求，并结合施工所在区域的地方法规、标准和政策，体现具体施工要求。

2. 施工方案的内容应涵盖施工全过程，应体现科学性、先进性、针对性和可操作性，并能够满足合同中约定的相关要求。

3. 施工方案应体现作业流程安全可靠，保证工程质量，易于作业人员操作，便于施工组织，符合工程进度，在满足质量的前提下做好施工成本控制。

4. 应在施工中积极应用新材料、新技术和新工艺，并体现在施工方案中，不断提升施工工艺水平。

二、文件格式要求

1. 施工方案应装订成册。装订方式无统一要求，采用胶装、打孔、夹条等方式均可。

2. 施工方案的封面上需标明工程名称、工程地点、施工单位、编制单位、编制人、审核人、批准人，以及编制、审核、批准的日期。

3. 施工方案应编制一个总目录，列出施工方案和配套文件的名称。根据配套工艺文件、标准规范的数量和使用单位要求，施工方案和配套文件可合并或分册装订。

三、编制程序

1. 施工方案应由具有 3 年及以上电梯施工经验的专业技术人员编制，编制人员应具有电梯安装维修工二级（技师）职业资格证书（技能等级证书）或助理工程师及以上职称。

2. 施工方案应由具有 5 年以上电梯施工经验的专业技术人员审核，审核人员应具有电梯安装维修工一级（高级技师）职业资格证书（技能等级证书）或工程师及以上职称。

3. 施工方案须经电梯施工单位质量工程师批准后方可实施，质量工程师应复核《特种设备生产和充装单位许可规则》（TSG 07—2019）的相关要求。

4. 施工过程中如发现方案需要进行修改、补充或调整，必须编制相应的说明文件，并经过审核与批准。

四、组成文件和资料

1. 形成的文字资料。

2. 执行的工艺文件。

3. 执行时的各种记录（按照制造商提供的安装工艺编制）。

4. 有关的标准、规范。

5. 其他相关资料。

培训单元2　编制依据

培训重点

了解施工方案编制依据的主要内容

知识要求

一、商务类文件

1. 使用单位发布的含有技术条件要求的招标文件，以及中标单位的投标文件。

2. 使用单位与施工单位签订的销售、改造合同。

二、设计类文件

1. 设计单位提供的与电梯有关的设计总说明、建筑施工图、建筑结构图、建筑装修施工图、设备施工图等。

2. 电梯制造单位或改造单位出具的电梯布置图、电梯井道图、标明电梯层站标高的图样等。

所有的图样均应有其编号、批准日期。

三、技术类文件

1. 施工所涉及的标准、安全技术规范的名称及其编号。

2. 施工所涉及的工艺文件、作业指导书的名称、编号、编制单位和实施日期。一般包括安装工艺作业指导书、调试运行作业指导书、维修保养作业指导书、电梯机房布置图、电梯井道布置图、部件安装图、电气原理图、电气敷线图、安全施工作业指导书、质检作业指导书等。

四、其他文件

1. 施工单位的资质等级、相关业绩以及具有代表性的工程案例。

2. 应用新材料、新技术、新工艺的相关说明文件。

3. 使用单位要求施工单位提供的相关文件。

五、特别说明

改造工程中涉及与原产品参数、配置等发生变更的项目，应与制造单位同类型产品的整机型式试验证书对应部分相符。

培训单元 3　工程项目概况

了解施工方案中工程项目概况的主要内容

掌握施工方案中工程项目概况的编制方法

一、工程基本情况

1. 工程名称

使用单位的施工项目名称，应能体现出施工的类型特点和内容，如××小区电梯技术升级改造。

2. 工程地点

使用单位的施工地点，应列明省、市、区、街道、门牌号，如××省××市××区××街（路）××号。

3. 产权单位名称

电梯使用单位名称。

4. 施工合同编号

按照使用单位或施工单位的要求填写。

5. 电梯数量

实际施工电梯数量。

6. 内部编号

按照使用单位的内部管理编号填写。

7. 注册登记号

当地特种设备安全监督管理部门颁发的特种设备使用登记证编号，改造更新后的电梯编号按照其规定填写。

8. 施工周期

计划开工日期和完工日期，如 × 年 × 月 × 日—× 年 × 月 × 日。

二、设备基本参数

1. 品种

根据《特种设备目录》中的"品种"填写，如曳引驱动乘客电梯、自动扶梯等。在《特种设备目录》中未注明或者需要明确表述的产品，可以按照相关技术标准的产品类型填写，如无机房曳引式钢带驱动家用电梯、斜行电梯等。

2. 型号

根据电梯制造单位的规定填写，如 GPS–Ⅱ、E500–H、GCS8000、XO–MRLⅢ等。

3. 额定速度

根据《电梯主参数及轿厢、井道、机房的型式与尺寸》并结合电梯制造单位的规定填写，如 1.75 m/s。

4. 层站数

根据电梯运营服务的建筑物停靠层站数填写，如 11 层 10 站 10 门。应注意轿厢贯通门和不同层站开门的数量。

5. 额定载重量

根据《电梯主参数及轿厢、井道、机房的型式与尺寸》并结合电梯制造单位的规定填写，如 1 000 kg。

6. 提升高度

根据《电梯、自动扶梯、自动人行道术语》（GB/T 7024—2008）的定义以及现场实际测量数据填写，如 21 600 mm、4 850 mm 等。

7. 倾斜角

根据《电梯、自动扶梯、自动人行道术语》（GB/T 7024—2008）的定义以及现场实际测量数据填写，如 35°。

8. 名义宽度

根据《电梯、自动扶梯、自动人行道术语》（GB/T 7024—2008）的定义以及现场实际测量数据填写，如 800 mm。

三、参数变化

根据《电梯型式试验规则》（TSG T7007—2016）的要求，当整机型式试验证书附件中适用范围的主要参数变化符合下列情况之一时，应当重新进行型式试验，所以改造工程必须符合制造单位现有的型式证书内容要求。

1. 乘客电梯、消防员电梯

（1）额定速度增大。

（2）额定载重量大于 1 000 kg，且增大。

2. 载货电梯

（1）额定载重量增大。

（2）额定速度大于 0.5 m/s，且增大。

3. 自动扶梯和自动人行道

（1）名义速度增大。

（2）倾斜角增大。

（3）自动扶梯提升高度大于 6 m 的，提升高度增大超过 20%。

（4）自动扶梯提升高度小于等于 6 m 的，提升高度增大超过 20% 或者超过 6 m。

（5）自动人行道使用区段长度大于 30 m 的，使用区段长度增大超过 20%。

（6）自动人行道使用区段长度小于等于 30 m 的，使用区段长度增大超过 20% 或者超过 30 m。

4. 杂物电梯

额定载重量增大。

四、配置变化

根据《电梯型式试验规则》（TSG T7007—2016）的要求，当整机型式试验证书附件中适用范围的配置变化符合下列情况之一时，应当重新进行型式试验，所以改造工程必须符合制造单位现有的型式证书内容要求。

1. 乘客电梯、消防员电梯、载货电梯

（1）驱动方式（曳引驱动、强制驱动、液压驱动）改变。

（2）调速方式（交流变极调速、交流调压调速、交流变频调速、直流调速、节流调速、容积调速等）改变。

（3）驱动主机布置方式（井道内上置、井道内下置、上置机房内、侧置机房内等）、液压泵站布置方式（井道内、井道外）改变。

（4）悬挂比（绕绳比）、绕绳方式改变。

（5）轿厢悬吊方式（顶吊式、底托式等）、轿厢数量、多轿厢之间的连接方式（可调节间距、不可调节间距等）改变。

（6）轿厢导轨列数减少。

（7）控制柜布置区域（机房内、井道内、井道外等）改变。

（8）适应工作环境由室内型向室外型改变。

（9）轿厢上行超速保护装置、轿厢意外移动保护装置型式改变。

（10）液压电梯顶升方式（直接式、间接式）改变。

（11）防止液压电梯轿厢坠落、超速下行或者沉降装置型式改变。

（12）控制装置、调速装置、驱动主机、液压泵站的制造单位改变。

（13）用于电气安全装置的可编程电子安全相关系统（PESSRAL）的功能、型号或者制造单位改变。

（14）防爆电梯的防爆型式（外壳和限制表面温度保护型、隔爆型、增安型、本质安全型、浇封型、油浸型、正压外壳型等或者某几种型式的复合）改变。

2. 自动扶梯和自动人行道

（1）驱动主机布置型式和数量、梯路传动方式改变。

（2）工作类型由普通型向公共交通型改变。

（3）工作环境由室内型向室外型改变。

（4）附加制动器型式（棘轮棘爪式、重锤式、制动靴式等）改变。

（5）驱动主机与梯级（踏板、胶带）之间连接方式的改变。

（6）自动人行道踏面类型（踏板、胶带）改变。

3. 杂物电梯

（1）驱动方式（曳引驱动、强制驱动、液压驱动）改变。

（2）控制柜布置区域（井道内、井道外）改变。

五、井道和机房型式与尺寸

更新与改造后的电梯应符合《电梯主参数及轿厢、井道、机房的型式与尺寸》相应规格参数要求。

六、工程特殊情况

在改造工程中，如有其他需要说明的情况，应在工程项目概况中列出。

培训单元 4　施工管理规划

了解施工方案中施工管理规划的主要内容
掌握施工方案中施工管理规划的编制方法

一、组织架构

1. 应明确工程管理的组织架构，将施工单位的业务主管部门、项目具体施工部门、内设组织、相关管理岗位等采用框图形式表示。施工组织架构应根据工程规模、设备台量、施工人员数量、管理层级等内容科学设置，如图 3-1 所示，原则上不宜分层过多，一般不超过三级，且应做到责任明确、利于管理、组织高效、执行有力。

2. 应明确项目施工组织的全体成员的详细信息，可采用清单的形式，见表 3-1。

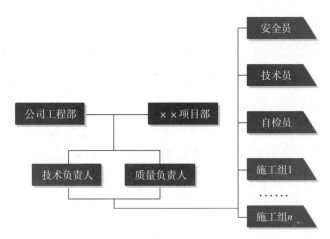

图 3-1　××项目施工组织架构图

表 3-1　××项目施工组织人员明细表

序号	姓名	性别	职务	职称	作业类别	作业证号	有效期
1	×××		项目经理				
2	×××		安全员				
3	×××		技术员				
4	×××		自检员				
5	×××		施工组长				
6	×××		施工员				
…	……		……				
n	×××		施工员				

二、工程目标

工程目标包括安全目标、质量目标、工期目标、文明施工目标等。施工方案中应至少明确下列目标，并将目标量化。

1. 安全目标

安全达标目标管理是施工单位工程施工安全管理的重要举措之一。推行安全达标目标管理能进一步优化企业安全生产责任制，强化安全生产管理，体现"安全生产，人人有责"的原则，使安全生产工作实现全员管理，有利于提高企业全体员工的安全素质。安全达标目标管理的基本内容包括目标体系的确定、目标责任分解及目标成果，具体指标包括：

（1）安全教育目标。建立健全安全生产教育培训制度，加强对员工安全生产的教育培训，新员工必须培训合格后方能上岗，管理人员、技术人员持证上岗率应达到100%。

（2）伤亡控制目标。施工现场不发生重大伤亡事故，保证工程无三级以上安全事故，一般工伤率控制在0.4‰以内，重伤率为0，杜绝人员死亡事故的发生。

（3）机械设备管理目标。施工现场使用的电锤、手动葫芦、电动工具、液压起重设备、卷扬机等机械设备，按照安全技术规范要求经常进行检查，机械设备保持清洁，安全保护装置齐全。各种机械设备要有运行、检查及维修记录，确保其安全运行，杜绝机械伤害事故的发生。

（4）劳动保护管理目标。施工现场必须购置和使用经鉴定合格的安全帽、安全带、安全网。进入施工现场的作业人员应当按要求挂系安全带。作业人员严格按照安全技术操作规程作业，加强自我保护意识。施工单位应为从事本项目全体作业人员办理工伤保险、意外伤害保险等，进入现场的管理人员、作业人员参保率应达到100%。

（5）消防管理目标。落实保卫、消防管理制度。加强员工日常安全消防知识培训教育，提高安全消防意识；定岗、定员进行保卫消防日常检查，做好检查记录；对存在的隐患及时责令有关责任人进行整改。合理配置符合使用要求的消防器材，执行动火审批制度；动火时必须有专人监护，确保施工现场安全，杜绝火灾事故的发生。

2. 质量目标

施工项目质量控制目标是要求施工单位的施工项目质量必须由里及外均符合设计要求和合同约定的质量标准，满足使用单位对该项目的功能和使用价值的期望。具体指标如下。

（1）全部电梯一次性通过检验机构监督检验。

（2）按照《×××电梯质量检验手册》的内容与要求对施工质量进行自检，一次性合格率不小于95%。

（3）符合招标文件及合同中要求的施工质量。

3. 工期目标

工期目标包括总体目标和分段目标。目标应具体分解到每台电梯，可以采用表格、甘特图等形式表示，见表3-2。

表 3-2 ×× 项目工期目标明细表

序号	地点	设备	负责人	开工日期	竣工日期	备注
1						
2						
3						
4						
…						
n						

4. 文明施工目标

文明施工是现场管理工作的一个重要组成部分，是企业安全生产的基本保证，体现着企业的综合管理水平。文明的施工环境是实现员工安全生产的基础，其作用如下。

（1）确保施工安全，减少人员伤亡。电梯安装、改造和更新施工作业危险系数高，事故发生率高，若发生安全生产事故，常伴随有人员伤亡，对个人、对企业、对社会造成巨大的损失。

（2）规范施工程序，保证工程质量。施工项目的工程质量是企业生存的根本，是企业在激烈市场竞争中胜出的保证。文明施工提供了良好的施工环境和施工秩序，规范了施工程序和施工步骤，为工程质量达到优良打下了基础。

（3）增加施工队伍信心，提高工作效率。文明施工为每一个参加工程建设的施工人员提供了保护伞，打消个人安全顾虑，使员工能够安心生产，增加信心，集中精力做好本职工作，提高工作效率。

（4）提升企业形象，提高市场竞争力。文明施工在视觉上反映了企业的精神外貌，在产品上凝聚了企业的文化内涵。文明施工展示了企业的生存能力、生产能力、管理能力，提高了企业的市场竞争能力。

根据施工项目和现场作业条件要求，施工单位应制订符合实际要求的文明施工具体方案并在过程中实现文明施工，如人员工装着装率100%、工牌佩戴率100%、工具正确使用和摆放、零部件正确存放和搬运、施工环境卫生整洁、不发生言语和肢体冲突事件等。

三、施工协调管理

施工方案中应列明相关使用单位、监理单位、土建施工单位、使用管理单位的联系方式和沟通方法，可以采用表格的方式列出，见表 3-3。

表 3-3　项目施工单位通讯录

单位名称	姓名	电话号码	职务	备注
使用单位				
监理单位				
总承包				
勘察院				
设计院				
安全监督管理部门				
检验机构				

四、主要职责

应以岗位说明书或其他书面形式，明确所有参与施工人员的分工及岗位职责，如项目经理、安全员、技术员、自检员、施工组长、施工员等。

培训单元 5　施工准备工作

培训重点

了解施工方案中施工准备工作的主要内容

掌握施工方案中施工准备工作的编制方法

知识要求

一、施工现场检查及复核

施工方案应列明改造工程在施工单位进场前应做好的各项检查和复核工作内容。

1. 按照特种设备安全监督管理部门的要求准备办理电梯改造施工告知手续的相关资料。

2. 与使用单位负责人协调并明确现场施工的时间段、安全防护、施工材料堆放以及其他的特殊要求。

3. 对施工现场的电梯使用人员、周围环境、设施等进行影响评估，并采取有效的预防措施或其他措施。

二、技术准备

技术准备包括但不限于以下内容。

1. 了解、掌握国家法规对工程的有关要求，例如使用单位应采购合格的产品，改造更新施工单位应具有合法资质等。

2. 项目部及施工班组应熟悉图样，按电梯的规格型号准备相应的工艺文件、国家标准、企业标准、质量检验规程、安全技术规范等。

3. 提供作业人员用工手续（包括用工合同、必要的保险等），备齐有效的特种设备作业人员证。

4. 编制安全管理措施。包括组织管理措施、临时用电管理措施、井道门洞防坠落安全措施、现场消防管理措施、施工机具管理措施等。

5. 编制质量管理的措施。包括材料进场管理措施、工程质量管理控制措施、施工操作管理措施、施工技术资料管理措施等。

6. 编制文明施工管理措施。包括环境保护措施、生活卫生管理措施、施工现场卫生管理措施等。

7. 备齐与工程项目及人员配置相适应的劳动防护用品。

8. 向特种设备安全监督管理部门办理安装改造重大维修告知手续。

三、技术交底

施工方案应规定施工单位在施工人员进场前对包括吊装人员在内的所有施工人员进行技术交底，并记录存档。

技术交底内容主要包括工程概况，工程目标，设备类型，施工地点，施工技术、材料、机具、人员及作业条件准备，执行工艺，检验标准，成品保护，安全措施，文明施工措施，本工程具有的特殊工艺或其他施工要求等。

如果采用无脚手架施工工艺，施工方案还应有对参与井道内施工的所有人员进行无脚手架施工工艺技术交底的要求。

四、编制施工进度计划

施工方案应编制施工进度计划，计划中应明确工程各作业人员配置情况、数量及其进场时间，施工所需辅助材料名称、数量及其进场时间，施工主要机具名称、数量及使用时间，可用表格或甘特图等直观的方式表示。

施工进度计划应反映从施工准备开始，直到全部工程向使用单位交接为止的全部施工过程的施工顺序、施工持续时间、工序相互衔接和穿插的情况，包括工程中每一台电梯的施工时间、进度、完工日期及各电梯工程小组之间的衔接、穿插、平行搭接等关系。

施工进度计划应能反映出电梯工程与土建工程进程的配合关系，明确保证施工进度计划实施的技术、劳动力、材料、机具及管理等各项措施。

五、工机具与计量仪器准备

根据施工项目、作业人员数量、施工进度计划等，确定配置的各类工机具。可以按手动工机具、电动工机具、吊装工机具进行分类，标明工机具名称、使用者，并配备工机具使用手册。

计量仪器应标明仪器名称、使用者，配备计量仪器使用手册，并核对确认检定证书或校准证书在有效期内。

培训单元 6　施工流程和工艺方法

了解施工方案中施工流程和工艺方法的主要内容

掌握施工方案中施工流程和工艺方法的编制方法

一、施工流程

根据使用单位与施工单位签订的电梯改造、更新合同约定，施工方案中应明确施工工序，可以采用流程图或其他方式表示。

在同一工程项目中，如果存在多个制造单位、多个品牌的电梯产品，或同一制造单位生产的不同类型的电梯，在施工方案应明确各自对应的施工方法，并有详细的叙述。

二、工艺方法

施工工艺、施工方法在特种设备质量保证体系中一般统称为作业指导书，是制造单位指导施工单位和作业人员进行各种施工作业的基础性技术文件，是为实现安全目标、质量目标、工期目标等指标的保证性指导文件。

1. 改造、更新可直接依据电梯制造单位现行的改造、更新作业指导书执行。

2. 对于制造单位作业指导书中未注明的内容，可依据施工单位现行的改造、更新作业指导书执行。

3. 对于制造单位作业指导书中未注明，且改造单位也无现行改造、更新作业指导书的，应另行编制适应于本工程项目的改造、更新作业指导书。

4. 作业指导书应注明文件名称、编制单位、编制日期、批准人及实施日期等信息。

5. 施工方案应明确电梯改造、更新各个阶段所需具备的作业条件。

培训单元 7　质量控制和检验检测

了解施工方案中质量控制和检验检测的主要内容

掌握施工方案中质量控制和检验检测的编制方法

一、质量控制

1. 电梯改造、更新的质量控制，是依据作业指导书对每个施工环节、每项施工节点的过程及结果进行反馈的，包含过程的检验检测和结果的检验检测。

2. 施工方案应明确质量控制应该涵盖施工过程的各个环节。

二、检验检测

1. 施工方案应明确工程执行的检验检测依据、要求、架构以及组织形式。

2. 施工方案应明确工程中各项检验检测执行的标准、方法以及实施检验检测的单位、部门。

（1）改造、更新可直接依据电梯制造单位与现行的改造、更新内容对应的检验检测作业指导书执行。

（2）对于制造单位作业指导书中未注明的内容，可依据施工单位与现行的改造、更新内容对应的检验检测作业指导书执行。

（3）对于制造单位作业指导书中未注明，且施工单位也无对应的检验检测作业指导书的，应另行编制适应于本工程项目改造、更新内容的检验检测作业指导书。

（4）检验检测作业指导书应注明文件名称、编制单位、编制日期、批准人及实施日期等信息。

培训单元 8　EHS 管理和控制

了解施工方案中 EHS 管理和控制的主要内容

掌握施工方案中 EHS 管理和控制的编制方法

一、EHS 的概念

EHS 是环境（environment）、健康（health）、安全（safety）的缩写。

E——环境，即保证生产现场秩序井然、布局合理，为员工提供良好舒适的工作环境。

H——健康，即考虑员工在生产过程中健康问题，如操作接触有毒有害化学品、施工噪声、工具设备的振动等可能对员工的身体造成一定的健康影响。

S——安全，关注整个生产过程可能导致员工受伤、设备损坏的因素，并通过预防控制的手段阻止事故发生。

E、H、S 并不是各自独立的部分，而是紧密联系在一起的三个环节，因此在管理中也逐步将其进行整合统一。EHS 管理的核心是在预防，无论从工程层面还是管理层面，EHS 的三个方面都是互相制约、互相支持的，比如生产环境存在很大的问题，如现场设备物品乱堆乱放、设备布局空间狭小、光线昏暗、空气污浊等，那么将直接影响员工的心理和生理健康，而员工不良的身体状况（如烦躁不安、疲劳困顿）会增大发生事故的概率，更易导致伤害员工或损坏设备的事故发生。因此，如果不能创造良好的生产现场环境，员工的健康、生产的安全都将难以得到保证。

二、EHS 管理和控制内容

施工方案应明确该工程 EHS 的管理和控制内容，主要包括：

1. EHS 管理组织机构以及管理职责。

2. EHS 管理直接责任人。

3. 采用的各种 EHS 管理和控制措施。

4. 施工人员应遵守的各项 EHS 规章制度。

5. 从事施工活动时应遵守的 EHS 操作规程。

培训项目 ② 曳引驱动乘客电梯设备改造更新

培训单元 1　曳引系统改造施工方案编制

掌握曳引系统改造的主要目的和要求

能够编制曳引系统改造施工方案

在编制曳引系统改造施工方案前，应熟悉现场电梯设备和曳引系统各部件的基本参数，了解目前使用情况，勘测现场环境和实际数据，明确使用单位的具体需求，从而科学合理地编制施工方案和制定相关目标。

一、熟悉电梯基本参数

应熟悉现场电梯设备的基本参数，见表 3-4。

表 3-4　电梯基本参数表

自编号	1#	2#	…
注册代码	×××		
制造商	××电梯有限公司		
厂商型号	×××		

续表

出厂日期	××年××月		
出厂编号	××××××		
额定载荷	××kg		
额定速度	××m/s		
停靠层站	××/××/××		
提升高度	mm		
底坑深度	mm		
顶层高度	mm		
井道形式	全封闭井道		
井道尺寸	mm× mm		
机房形式	上置式机房		
机房尺寸	mm× mm× mm		
控制方式			
驱动方式			
拖动方式			

二、勘测在用设备及现场环境

1. 设备参数

无论改造、更新曳引系统中的何种部件，都应对施工现场与曳引系统相关的所有部件进行认真详细的勘测，记录各部件的名称、型号、规格等技术参数，见表3-5。

表3-5　曳引系统参数表

部件名称	安装位置	型号	规格	数量	备注
曳引机					
电动机					
制动器					
曳引轮					
导向轮					
复绕轮					

部件名称	安装位置	型号	规格	数量	备注
承重梁					
轿厢反绳轮					
对重反绳轮					
绳头组合					
悬挂装置					
……					

2. 土建参数

除表 3-4、表 3-5 中的参数外，还应掌握与曳引系统各部件安装相关的土建参数，如承重梁固定位置、固定方式、埋入墙体尺寸，曳引机与门窗的距离、与机房最低结构梁的距离，维修侧与墙体的最小间距尺寸，钢丝绳在机房楼面的开孔位置、开孔形状、开孔尺寸等。

3. 环境状况

对现有设备的使用场所、机房通道与门窗、机房出入口、起重吊钩、照明设施、消防设施、层站出入口、候梯厅等相关环境及设备设施进行勘察，以确定上述因素是否会对施工部分环节造成影响，并提前采取预防措施或整改工作，避免施工过程的误工、返工。

只有明确了相关设备参数、土建参数、环境状况等细节内容，才能进行改造、更新施工的前后对比，为合理编制施工方案打好基础。

三、明确使用单位要求

1. 了解改造原因

编制改造、更新施工方案前，施工单位的质量保证工程师、设计与工艺控制系统责任人员等应与使用单位的主管人员进行充分沟通，了解使用单位对曳引系统改造的具体原因，以便编制相应的施工方案。

2. 沟通一致

施工单位根据使用单位提出的改造原因，编制相应的施工方案后，双方应持续沟通，就方案是否符合使用单位提出的要求以及实施改造后达到的效果达成一致意见。

3. 制订资金预算

施工单位应根据使用单位提出的改造要求和双方协商的改造内容，制订相应的资金预算，以便在有限的资金范围内最大限度满足使用单位的要求。

4. 确定施工工期

根据施工单位与使用单位确定的改造内容，结合现场土建条件、设备运行环境、乘客使用时间等综合因素，确定合理的施工工期。

将上述内容汇总编制"曳引系统改造原因及对策分析表"，见表3-6。

表3-6　曳引系统改造原因及对策分析表

改造原因	改造项目	改造效果	工期	备注
现有电梯运行速度慢，无法满足高峰期客流要求	1. 曳引机 2. 控制柜 3. 钢丝绳 4. 限速器 5. 安全钳 6. 缓冲器	通过更换曳引机、控制柜等，提高电梯额定速度，满足现有客流高峰要求	××天	应测量井道的底坑深度、顶层高度等土建参数，确定改造内容符合相关标准
钢丝绳磨损严重，更换周期短	1. 曳引轮 2. 钢丝绳	更换后的曳引轮和钢丝绳磨损量及周期符合相关标准要求	××天	检查曳引条件，必要时进行曳引能力验算
曳引机磨损严重且市场已无法采购原型号	1. 曳引机 2. 相关部件	更换后曳引机能够满足现有运行条件	××天	更换同规格的曳引机应注意安装位置和尺寸 更换不同规格的曳引机应注意控制系统和拖动系统的配套性

四、熟悉改造设计方案

1. 改造内容

熟悉曳引系统改造设计方案中的控制方式及各零部件功能和位置。

2. 产品标准

对于原部件属于淘汰产品或无法以原型号替换时，应保证改造或更新后的产品符合国家现行技术标准的要求。

3. 检验规程

更换曳引系统的任何部件，必须符合国家现行安全技术规范和标准的要求，保证改造或更新后曳引系统满足要求，并能通过检验机构的监督检验。

培训单元 2　控制系统改造施工方案编制

掌握控制系统改造的主要目的和要求

能够编制控制系统改造施工方案

在编制控制系统改造施工方案前，应熟悉现场电梯设备和控制系统各部件的基本参数，了解目前使用情况，勘测现场环境和实际数据，明确使用单位的具体需求，从而科学合理地编制施工方案和制定相关目标。

一、熟悉电梯基本参数

应熟悉现场电梯设备的基本参数，见培训单元 1 中的表 3-4。

二、勘测在用设备及现场环境

1. 设备参数

无论改造、更新控制系统中的何种部件，都应对施工现场与控制系统相关的所有部件进行认真详细的勘测，记录各部件的名称、型号、规格等技术参数，见表 3-7。

表 3-7　控制系统参数表

部件名称	安装位置	型号	规格	数量	备注
控制柜					
主控制器					
变频器					
电源装置					

部件名称	安装位置	型号	规格	数量	备注
停电应急装置					
轿顶控制器					轿顶板
操纵箱					轿厢板
召唤盒					层站板
门机控制方式					直流、变频
通信方式					串行、并行
……					

2. 土建参数

除表3-4、表3-7中的参数外，还应掌握与控制系统各部件安装相关的土建参数，如控制柜固定位置、固定方式、与门窗距离、与机房最低结构梁的距离，维修侧空间尺寸，控制柜与墙体最小间距尺寸，操纵箱在轿壁的开孔尺寸，召唤盒在墙体的开孔尺寸等。

3. 环境状况

对现有设备的使用场所、机房通道与门窗、机房出入口、起重吊钩、照明设施、消防设施、层站出入口、候梯厅等相关环境及设备设施进行勘察，以确定上述因素是否会对施工部分环节造成影响，并提前采取预防措施或整改工作，避免施工过程的误工、返工。

三、明确使用单位要求

此部分内容要求与培训单元1中的对应部分相似，控制系统改造原因及对策分析见表3-8。

表3-8 控制系统改造原因及对策分析表

改造原因	改造项目	改造效果	工期	备注
故障率高，维修过于频繁	原继电器控制柜更换为微机或一体机控制柜	故障率可降低70%以上	××天	应更换全部控制系统，含控制柜、操纵箱、召唤盒、显示器等
电梯能耗大，电费支出高	原交流双速、交流调压调速等更换为变频变压调速	较原有系统可节电40%以上	××天	应注意与曳引机等同步更换

续表

改造原因	改造项目	改造效果	工期	备注
操纵箱按钮容易损坏，显示器不美观	更换为液晶显示器和新型按钮	按钮灵活可靠不易损坏，显示器美观大方	××天	应注意原操纵箱开孔尺寸

四、熟悉改造设计方案

1. 改造内容

熟悉控制系统改造设计方案中的控制方式及各零部件功能和位置，如控制器、变频器、各类开关和传感器等，再根据现场施工条件确定具体施工方案。

2. 产品标准

选用的控制系统部件应符合国家现行技术标准的要求，具备相应的产品质量证明文件。

3. 检验规程

改造控制系统必须符合国家现行安全技术规范和标准的要求，保证改造后通过检验机构的监督检验。

培训单元 3　加层改造施工方案编制

掌握加层改造的主要目的和要求
能够编制加层改造施工方案

电梯加层改造不同于其他系统的改造，涉及电梯控制系统、曳引系统、导向系统、门动系统等多个环节的同步设计和施工，相对难度较大，因此对加层改造应精心组织、认真施工。

在编制加层改造施工方案前，应熟悉现场电梯设备各部件的基本参数，了解目前使用情况，勘测现场环境和实际数据，明确使用单位的具体需求，从而科学合理地编制施工方案和制定相关目标。

一、熟悉电梯基本参数

应熟悉现场电梯设备的基本参数，见培训单元1中的表3-4。

二、勘测在用设备及现场环境

1. 设备参数

应对加层施工现场的所有电梯部件进行认真详细的勘测，记录各部件的名称、型号、规格等技术参数。

2. 土建参数

除电梯基本参数外，还应掌握加层施工涉及的各部件安装相关土建参数，如加层机房形式及尺寸、井道宽度、井道深度、开门尺寸、加层的层间距高度、顶层高度、动力电源与控制柜距离等。

3. 环境状况

对现有设备的使用场所、加层机房的通道与门窗、出入口、起重吊钩、照明设施、消防设施、增加层站的出入口、候梯厅等相关环境及设备设施进行勘察，以确定上述因素是否会对施工部分环节造成影响，并提前采取预防措施或整改工作，避免施工过程的误工、返工。

三、明确使用单位要求

此部分内容要求与培训单元1中的对应部分相似，加层改造原因及对策分析见表3-9。

四、熟悉改造设计方案

1. 改造内容

熟悉加层改造设计方案中的控制方式及各零部件功能和位置，如控制柜、随行电缆、钢丝绳等，再根据现场施工条件确定具体施工方案。

2. 产品标准

加层改造选用的部件应保证改造后的产品符合国家现行技术标准的要求。

表 3-9　加层改造原因及对策分析表

改造原因	改造项目	改造效果	工期	备注
既有建筑最高层无法停靠电梯，使用不便利，需要到顶层端站后再步行一层上下楼	1. 控制柜 2. 曳引绳 3. 限速器钢丝绳 4. 随行电缆 5. 轿厢导轨含支架 6. 对重导轨含支架 7. 操纵箱	加层后顶层端站直接停靠建筑物最高层，满足客户增加电梯层站的使用要求	××天	如果不能过多地增加建筑物高度，电梯加层后可采用无机房形式，应注意曳引机布置方式
既有建筑整体加高若干层，电梯需要增加对应楼层的停靠站	8. 召唤盒 9. 底坑深度 10. 顶层高度 11. 提升高度 12. 层门装置	满足客户增加电梯层站的使用要求	××天	加层后电梯采用有机房或无机房形式均可
既有建筑增加地下室，电梯需要增加对应的停靠站	13. 加层的位置装置 14. 曳引机（选配） 15. 补偿装置（选配）		××天	应注意底坑深度、底坑防水等

3. 检验规程

加层改造必须符合国家现行安全技术规范和标准的要求，保证改造后通过检验机构的监督检验。

五、与设计院、土建施工单位、监理单位的协调

1. 与设计院协调

设计院应根据电梯制造单位提供的《电梯机房井道土建布置图》和原建筑的建筑结构图等技术资料，出具电梯井道加层设计图、施工图，并且应符合现行国家建筑规范和标准。

加层的电梯机房形式发生变化时，如有机房改造为无机房时，应注意曳引机的布置位置和受力要求。

2. 与土建施工单位协调

土建施工单位根据施工图进行井道改造施工，电梯施工单位应与其保持经常性联系，定期检查施工进度和施工结果，确定井道圈梁的位置、尺寸及间距，曳引机起重梁的位置、尺寸，机房地面开孔位置、尺寸等。

3. 与监理单位协调

电梯施工单位应与工程监理单位随时协调，把握每个施工环节，尤其是隐蔽工程的过程检查和整改确认，保证施工质量。

培训单元 4　悬挂比改造施工方案编制

培训重点

掌握悬挂比改造的主要目的和要求

能够编制悬挂比改造施工方案

知识要求

在编制悬挂比改造施工方案前，应熟悉现场电梯设备和曳引系统和轿厢系统各部件的基本参数，了解目前使用情况，勘测现场环境和实际数据，明确使用单位的具体需求，从而科学合理地编制施工方案和制定相关目标。

一、熟悉电梯基本参数

应熟悉现场电梯设备的基本参数，见培训单元 1 中的表 3-4。除上述参数外，改造施工单位还应明确所改造电梯的下列情况。

1. 悬挂系统以及端接方式和张力平衡的安装或者设计图。

2. 悬挂绳结构、数量、型号、直径、根数、破断载荷。

3. 悬挂比（绕绳比），如 1 : 1、2 : 1、3 : 1 等。

4. 悬挂系统的布置，如平行布置、直角布置、其他角度布置等。

5. 绕绳方式，如半绕式、全绕式（复绕式）等。

6. 轿厢悬吊方式，包含顶吊式、底托式等。

7. 悬挂装置，如钢丝绳、钢带、链条等。

二、勘测在用设备及现场环境

1. 设备参数

应对施工现场与悬挂装置相关的所有部件进行认真详细的勘测，记录各部件的名称、型号、规格等技术参数，见表 3-10。

表 3-10　曳引系统和轿厢系统参数表

部件名称	安装位置	型号	规格	数量	备注
钢丝绳					
绳头组合					
曳引轮					
反绳轮					
导向轮					
轿厢上梁					
轿厢下梁					
对重上梁					
轿厢反绳轮					
对重反绳轮					
……					

2. 土建参数

除电梯基本参数外，还应掌握与悬挂装置各部件安装相关的土建参数，如井道宽度、井道深度、顶层高度、底坑深度、轿厢高度、对重高度、缓冲器越程距离等。

3. 环境状况

对现有设备的使用场所、起重吊钩、照明设施、消防设施、层站出入口、候梯厅、底坑端站、顶层端站等相关环境及设备设施进行勘察，以确定上述因素是否会对施工部分环节造成影响，并提前采取预防措施或整改工作，避免施工过程的误工、返工。

三、明确使用单位要求

此部分内容要求与培训单元 1 中的对应部分相似，悬挂比改造原因及对策分析见表 3-11。

表 3-11　悬挂比改造原因及对策分析表

改造原因	改造项目	改造效果	工期	备注
原设备的额定速度无法满足现场的实际使用要求，例如每次运行往返时间长，导致候梯乘客产生焦躁情绪	1. 轿厢反绳轮 2. 对重反绳轮	改造后的速度、载荷、悬挂方式满足使用单位的要求	××天	
原设备的额定载荷无法满足现场的实际使用要求，例如每次运送乘客人数较少，导致乘客候梯时间过长			××天	
原设备的轿厢及对重由于悬挂比的改变，需要对轿厢或对重悬挂装置进行改造			××天	

四、熟悉改造设计方案

1. 改造内容

熟悉悬挂比改造设计方案中的曳引系统和轿厢系统及各零部件功能和位置，如钢丝绳、绳头组合、反绳轮等，再根据现场施工条件确定具体施工方案。

2. 产品标准

选用的悬挂系统部件应符合国家现行技术标准的要求，具备相应的产品质量证明文件。

3. 检验规程

改造悬挂系统必须符合国家现行安全技术规范和标准的要求，保证改造后通过检验机构的监督检验。

培训单元 5　整机更新改造设计、计算

培训重点

掌握整机更新改造的设计依据

掌握整机更新改造的计算内容

对于整机更新改造项目，其更新改造方案设计的重点不是产品设计，而是产品性能与现场条件的深度融合。应当根据使用单位提出的具体要求，结合施工现场的实际条件以及制造企业产品参数和性能，设计适应现有条件、更加合理有效的更新改造方案。

一、掌握在用设备现状

1. 设备运行状况

应详细掌握需要更新改造的设备运行细节状况，例如电梯数量、控制方式、拖动方式、额定速度、额定载荷、停靠层站、运行频率、故障率、零部件老化程度、各系统配置、使用过程经常出现的问题、前期重大修理和改造的周期及内容、是否发生过设备事故等。

上述内容是拟订更新改造方案中设备配置和选型的基本依据。

2. 使用环境现状

应仔细观察使用环境，例如安装场所、最大客流量、客流高峰期、各个层站的不同使用情境、建筑物周边场所及环境等。

上述内容是拟订更新改造方案中使用功能和特定环境下要求的基本依据。

3. 建筑结构和尺寸

应认真勘查现场并记录各项数据，如电梯井道宽度和深度方向的垂直度、垂直投影偏差方向、各停靠站的层间距、底坑深度、顶层高度、电梯井道土建结构、机房结构和尺寸、层站出入口的宽度及高度、开门侧的墙体厚度、左侧和右侧墙体宽度、贯通门的地面面层（完成面）水平高度差等。

上述内容是拟订更新改造方案中设备尺寸非标设计、特殊性能的基本依据。

二、了解使用单位需求

1. 更新改造的原因

向使用单位了解更新改造的主要原因，例如现有电梯故障率高导致经常发生困人事件、运行正常但是零部件采购困难、电能消耗过大、运行速度较慢、轿厢载荷较小无法满足高峰期使用要求、装饰装潢落后、运行噪声过大、运行中舒适感差等，只有深入了解使用单位更新改造的主要原因，才能在更新改造中更加合理地选择和配置新设备。

2. 更新改造后的效果

向使用单位了解更新改造后期望达到的效果，例如装修风格与现有建筑更加协调、运行舒适感更佳、故障率更低、更加节能、能够接入智能化楼宇控制系统等，这些要求往往是从实际使用者角度出发的，对经常从设计角度考虑问题的电梯行业专业技术人员来说，需要引起重视。也许有些是超出现有标准或安全规范的要求，但是深入了解这些要求，对电梯更新改造的思路还是具有一定启发性。

3. 更新改造的项目预算

使用单位对更新改造的项目预算是编制更新改造设计方案的基本依据之一。应在保证安全性能的前提下，根据现有预算资金额度，尽量向使用单位提供更加经济实惠的施工方案和设备，最大限度节约更新改造资金。

4. 更新改造的工期要求

使用单位对更新改造的工期要求是编制更新改造设计方案中施工时间的具体依据。要根据当地的气候和季节情况确定具体施工周期。例如土建施工应避开冬季采暖期，设备安装应避开台风天气等，避免出现误工、返工的情况。

三、满足现行法规、标准要求

1. 产品标准要求

更新改造后的产品除了必须符合国家现行标准规范外，还要满足地方性的法规和标准的要求。

例如，在深圳市市场监督管理局的指导下，深圳市特种设备安全检验研究院起草了《公共建筑电梯性能和选型配置要求》（DB 4403/T 7—2019）。该标准遵循《中华人民共和国特种设备安全法》《深圳经济特区特种设备安全条例》等法律、法规要求，以相关电梯标准和安全技术规范为基础，借鉴国外先进标准，并汲取了相关电梯企业产品质量实践活动的成功经验，适应全社会对电梯产品质量的更高要求和城市高质量发展需要，为运用公共财政资金选配电梯提供技术依据。因此，在深圳市行政辖区的公共建筑内电梯更新改造，除了必须符合《电梯制造与安装安全规范》（GB 7588—2003，含第 1 号修改单）外，还应符合《公共建筑电梯性能和选型配置要求》。

2. 检验规则要求

更新改造后的设备应符合现行检验规则及其修改单的要求，在特殊场合使用的设备还应满足其专用的检验规则要求，如《电梯监督检验和定期检验规则－曳引与强制驱动电梯》（TSG T7001—2009，含第 1 号修改单、第 2 号修改单和第 3 号修改单）。

四、更新改造设计内容

1. 增加安全性能

（1）安全保护装置配置。更新改造后的设备必须符合现行的国家标准和地方标准，因此应具备轿厢上行超速保护装置、防止轿厢意外移动保护装置以及制造单位特有的保护装置等，不断提高和完善其安全保护性能。

（2）控制系统配置。更新改造的一个重要目的就是提升原有设备的安全性能，因此控制系统的配置应在安全控制环节上特别重视。控制系统应采用先进的控制装置，安全保护功能应符合现行国家标准要求，并能尽量满足使用单位提出的要求。

2. 提高运行效率

（1）控制方式配置。更新改造后的设备控制方式应根据使用单位要求进行相应调整，使其更加符合使用要求。如将按钮控制改为集选控制，单台集选控制改为并联控制等，以提高运行效率。

（2）提高运行速度。更新改造后的设备如需要提高运行速度，应注意认真勘测现有建筑物电梯井道的底坑深度和顶层高度，并结合制造单位提供的产品选型手册，选择合适的型号规格。如遇无法改变电梯井道土建尺寸时，应提前与电梯制造单位协商，由技术人员给出轿厢结构、轿厢高度、轿厢吊顶等的非标准设计方案，满足提高运行速度的要求。

（3）增加额定载荷。更新改造后的设备如需要增加额定载荷，应根据现场勘测的井道尺寸，提前与电梯制造单位协商，由技术人员给出轿厢结构、轿厢宽度、轿厢深度、对重布置方式等的非标准设计方案，满足提高额定载荷的要求。

3. 降低能源消耗

（1）调速方式配置。由于目前在用电梯均采用变频变压调速方式，更新改造后的电梯可以通过预先在控制系统中配置能量回馈装置的方式减少综合能耗。

（2）运行管理方式调整。更新改造后的电梯可以采用授权乘客刷 IC 卡直接登记目的楼层指令的运行管理方式，以减少电梯的无效运行或错误指令停靠，减少运行次数和停靠时间，提高运行效率。

4. 减少运行故障

（1）电气装置配置。可采用更先进和可靠的控制装置和拖动装置，如带有冗余保护的控制系统，以减少简单故障造成的停机次数。

（2）机械装置配置。可选用更为可靠的机械部件，如使用蜗轮副曳引机时，蜗轮蜗杆减速器的蜗轮不宜采用高铝锌基合金材料，宜采用铜制材料。

（3）保证维护保养质量。应选用维护保养质量高的单位提供后期服务，在维保过程中严格遵守国家标准与法规，并按照制造单位提供的维护保养作业指导书要求进行。

5. 提升乘坐舒适感

（1）拖动及减振配置。对于原来采用交流变级调速、交流变压调速拖动的电梯，更新改造时应选用交流变频变压调速方式，以提升乘坐舒适感。

对原有直接减振或无减振方式的电梯，更新改造后应根据其原有井道和机房承重构件位置和结构类型，合理配置减振元件，如曳引机减振垫、承重钢梁减振垫、轿厢减振装置、反绳轮减振垫、绳头组合减振装置等，用来吸收和减少运行中的振动。

（2）安装改进及管控。在更新改造的过程中，可采用新技术、新材料、新工艺等，改进传统施工工艺，强化安装过程管控，提升安装质量水平。如使用激光垂准仪放安装样板架线，使用激光水平仪矫正两根导轨的共面性等。

6. 改变使用功能

（1）适应使用场所变化。当使用场所发生变化时，应根据当前使用场所的特点，设计更新改造方案。如原整栋建筑为工厂生产车间，现通过整体隔断等建筑改造方式变更为酒店或餐饮场所，原有载货电梯大尺寸井道需要改造为客梯井道时，应与使用单位协商进行井道土建改造或配置非标准设计电梯，以便优化更新改造方案。

（2）适应服务对象变化。原有建筑的使用对象发生变化后，可能导致电梯客流量增加、原有的固定使用人员变为流动人员、人为破坏的潜在风险加大等情况。应与制造单位和使用单位协商，在更新改造设计方案中选用结实耐用的零部件，操纵箱、召唤盒、按钮和显示器等易损件应选用采购成本低且便于更换的型号。

7. 提升美观程度

对于有改善电梯外部美观度要求的使用单位，应提供电梯相关的装饰装潢样册供其参考选择，如电梯井道外部装饰风格、层站和门套以及门扇的装饰材料、轿厢内部装潢等。

8. 智能化升级

（1）增加远程监控功能。更新改造后的电梯应具备远程监控功能，能够对电梯运行状态进行实时监测，发生故障或其他紧急情况时可以自动向值班人员发出报警信息，使作业人员尽快到达现场实施应急救援操作。

（2）增加物联网功能。更新改造后的电梯不仅具有远程监控功能，还能够通过电梯各零部件上安装的传感器装置实时反馈电梯运行状况，并通过后台软件对电梯的使用地点、故障原因、发生时间、维保质量、运行状态等进行综合统计和大数据分析，为按需保养和预防性保养提供参考信息。

（3）构建楼宇自动化系统。电梯作为建筑物内不可缺少的重要交通设备，已经成为智能化建筑的标志性管理内容。

智能化建筑将空调与通风监控系统、给排水监控系统、照明监控系统、电力供应监控系统、电梯运行监控系统、综合保安系统、消防监控系统和结构化综合布线系统等统一管理，形成楼宇自动化系统，集结构、系统、服务、管理及其优化组合为一体，向人们提供安全、高效、便捷、节能、环保、健康的建筑环境。

因此，更新改造后的电梯应与智能化建筑服务商、系统集成商、电梯制造单位等进行技术交底和协调，提供统一的通信接口、通信协议、信息格式等。

9. 其他相关内容

电梯制造单位应与供应商和服务商共同制订科学合理的更新改造方案，以尽量满足使用单位的要求，最大限度发挥电梯在建筑物中的功能和作用。

五、更新改造计算

1. 电梯选型的传统计算

电梯运行级别通常以单台轿厢在客流上行高峰期相邻两次离开基站的时间间隔的平均值（INT），5 min 客流输送能力（HC，即在给定的时间周期内，单梯或群梯能够运送的乘客数占服务区域总人数的百分比），以及电梯数量来衡量，其值可由使用单位提出，但至少应满足表 3-12 的相应要求，建议优先选用"优秀"级别。

表 3-12　电梯运行级别

建筑类型	INT（s）		HC		电梯数量	
	优秀	良好	优秀	良好	优秀	良好
住宅	≤70	≤90	≥10%	≥7.5%	≤60 户／台	≤90 户／台
宾馆	≤40	≤50	≥15%	≥10%	—	—
公寓	≤70	≤90	≥10%	≥7.5%	—	—
医院	≤40	≤50	≥10%	≥8%	—	—
学校	≤40	≤50	≥20%	≥15%	—	—
办公楼	≤30	≤35	≥15%	≥12%	≤3 层／台	≤4 层／台

　　要准确地确定建筑物内电梯的数量和规格，宜采用基于客流高峰期的电梯客流分析模型，根据不同的运行级别要求用传统计算方法确定。相关计算公式见式（3-1）～式（3-4）。

　　5 min 客流高峰期一般应采用一天内最繁忙 5 min 上行高峰期，也可按照实际情况，采用一天内最繁忙 5 min 下行高峰期或其他有代表性的客流高峰期。

$$HC = \frac{\dfrac{300 \cdot P}{INT}}{N_p} \times 100\% \qquad (3\text{-}1)$$

$$INT = \frac{RTT}{N_1} \qquad (3\text{-}2)$$

$$RTT = 2Ht_v + (S+1)(T-t_v) + 2Pt_p \qquad (3\text{-}3)$$

$$t_v = \frac{d_f}{v} \qquad (3\text{-}4)$$

式中　P——客流高峰期电梯平均乘客人数，取由轿厢面积确定额定乘客人数的 80%；

　　　N_1——电梯总数；

　　　N_p——电梯设计服务总人数；

　　　RTT——电梯往返一次运行时间，s，电梯伸至地下室时，可根据电梯运行级别，每一层地下室增加 15～30 s，式（3-3）给出的是上行高峰期的 RTT 计算公式，对于下行高峰期及其他设计工况应根据具体情况进行 RTT 计算；

H——电梯平均最高返回层；

S——平均停站数；

T——从电梯门开始关闭到下一停层电梯门打开到 800 mm 的时间，s，T 是一个代表电梯自身性能的时间参数，由电梯供应商提供，初步设计阶段也可根据电梯运行级别按 8 ~ 12 s 取值；

t_v——理论层间运行时间，s；

t_p——每个乘客进（出）轿厢的平均时间，s，一般可取 2.0 s 或 1.2 s，对于非常繁忙的办公楼可取 0.8 s；

d_f——主楼层到最高层的平均层高，m；

v——电梯额定速度，m/s。

H 和 S 可分别按式（3-5）和式（3-6）计算得到。

$$H=N_f-\sum_{i=1}^{N_f-1}\left(\frac{i}{N_f}\right)^P \qquad (3-5)$$

$$S=N_f\left[1-\left(1-\frac{1}{N_f}\right)^P\right] \qquad (3-6)$$

式中　N_f——主楼层以上电梯服务总层数。

部分额定乘客人数和 N_f 对应的 H 和 S 值可查表 3-13。

表 3-13　H 和 S 取值（CC 为电梯的额定乘客人数）

N_f	CC=10		CC=13		CC=16		CC=21		CC=26	
	H	S	H	S	H	S	H	S	H	S
7	6.6	5.0	6.8	5.6	6.8	6.0	6.9	6.5	7.0	6.7
8	7.5	5.3	7.7	6.0	7.8	6.6	7.9	7.2	7.9	7.5
9	8.4	5.5	8.6	6.4	8.0	7.0	8.8	7.8	8.9	8.2
10	9.3	5.7	9.5	6.7	9.7	7.4	9.8	8.3	9.9	8.9

2. 电梯设计服务总人数的确定

电梯设计服务总人数应根据建筑总层数和每层人数确定。

使用单位应给出需要服务的公共建筑人口数据，以及未来可能发生的人口增长。如果无法获得确定的人口，可根据表 3-14 给出的不同建筑中人口密度进行测算。

表 3-14　公共建筑人口的密度预测

建筑类型	人口密度预测
住宅	3.2 人 / 户
宾馆	1.5 ~ 1.9 人 / 房间
公寓	1.5 ~ 1.9 人 / 卧室
医院	3.0 人 / 床位
学校	0.83 ~ 1.25 人 / m^2（可用面积）
办公楼	0.083 ~ 0.1 人 / m^2（可用面积）

表 3-14 中可用面积不包括建筑交通空间（如电梯井道、楼梯、走廊、等候区、逃生路线等），结构性占据面积（如钢结构、空间加热、建筑特征、管道系统等）以及设施（如吸烟室、厨房、厕所和清洁工区等）。如果无法确定可能的人口密度，可假设一般办公建筑中，可用面积为总建筑面积的 60% ~ 70%。

在很多办公建筑中，所有可能的人口每天同时出现在建筑内的情形极少发生，整个建筑人口应减去 10% ~ 20% 来抵消以下情况造成的电梯服务人数减少（即相应的出勤率为 80% ~ 90%）。

（1）在家工作的人。

（2）正在度假的人。

（3）请病假的人。

（4）因公司业务外出的人。

（5）职位空缺。

（6）机动办公人员。

3. 电梯数量的选择

选择电梯数量应考虑电梯分组分层或建筑服务分区。

高层建筑每单元设置电梯不应少于两台，其中应设置一台可容纳担架电梯。当住宅类公共建筑每层居住人数超过 24 人，层数为 24 层及以上时，电梯数量不应小于 3 台；当每层居住人数超过 24 人，层数为 35 层及以上时，电梯数量不应小于 4 台。

4. 额定速度的选择

高层建筑应进行专项电梯客流分析设计，且乘客电梯的额定速度不应小于 1.5 m/s。

基于行程和不同建筑的电梯额定速度配置选择见表 3-15 和表 3-16。

表 3-15　电梯额定速度和行程配置选择

额定速度（m/s）	最大运行时间 20 s 的行程（m）	最大运行时间 30 s 的行程（m）	最大运行时间 35 s 的行程（m）	最大运行时间 40 s 的行程（m）	最大运行时间 60 s 的行程（m）
≥1.00	≤20	—	—	—	—
≥1.50	≤30	≤45	≤52.5	≤60	≤90
≥1.75	≤35	≤52.5	≤61.25	≤70	≤105
≥2.0	≤40	≤60	≤70	≤80	≤120
≥2.50	≤50	≤75	≤87.5	≤100	≤150
≥3.00	≤63	≤90	≤105	≤120	≤180
≥3.50	≤70	≤105	≤122.5	≤140	≤210
≥4.00	≤80	≤120	≤140	≤160	≤240
≥5.00	≤100	≤150	≤175	≤200	≤300
≥6.00	≤120	≤180	≤210	≤240	≤360

表 3-16　不同建筑中电梯最大运行时间

建筑类型	最大运行时间（s）	
	优秀	良好
办公楼	20	30
宾馆	30	35
学校、医院、疗养院/养老院等	30	40
住宅、公寓	30	40
工厂、仓库、店铺等	40	60

5. 轿厢面积与额定载荷的设计

对于住宅电梯、一般用途电梯、频繁使用的电梯、医用电梯的轿厢面积，应根据现有建筑物的电梯井道尺寸，参考《电梯主参数及轿厢、井道、机房的型式与尺寸　第 1 部分：Ⅰ、Ⅱ、Ⅲ、Ⅵ类电梯》（GB/T 7025.1—2008）选型设计。

对于载货电梯的轿厢面积，应根据现有建筑物的电梯井道尺寸，参考《电梯主参数及轿厢、井道、机房的型式与尺寸　第 2 部分：Ⅳ类电梯》（GB/T 7025.2—2008）选型设计。

电梯轿厢面积与额定载荷的选择，还应当考虑电梯分组分层或建筑服务分区。

6. 顶层高度的计算

根据 GB 7588—2003 第 5.7.1.1 条规定，当对重完全压在曳引驱动电梯的缓冲器上时，电梯的顶部间距应同时满足下面四个条件。

（1）轿厢导轨长度应能提供不少于 $0.1+0.035v^2$（m）的进一步制导行程，如图 3-2 所示，其中 H_1 为对重缓冲器越程距离，H_2 为缓冲器压缩行程，H_3 为轿门地坎至轿厢上导靴顶端的距离。

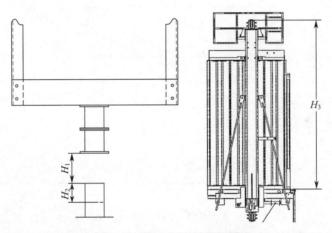

图 3-2　条件（1）的示意图

因此顶层高度应满足：$H_d \geq H_1+H_2+H_3+$（$0.1+0.035v^2$）m。

（2）轿顶应有一块不小于 0.12 m² 站人用的净面积，其短边不应小于 0.25 m。此平面与位于轿厢投影部分井道顶最低部件的水平面之间的自由垂直距离不应小于 $1.0+0.035v^2$（m），如图 3-3 所示，其中 H_4 为轿门地坎至轿顶站人平面距离。

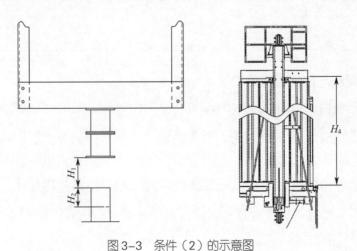

图 3-3　条件（2）的示意图

因此顶层高度应满足：$H_d \geqslant H_1 + H_2 + H_4 + (1.0 + 0.035v^2)$ m。

（3）固定在轿顶上的设备的最高部件之间的自由垂直距离不应小于 0.3+ $0.035v^2$（m），如图 3-4 所示，其中 H_5 为轿门地坎至轿顶最高部件的距离（即因结构设计可能会是轿顶护栏，可能会是轿顶轮）。

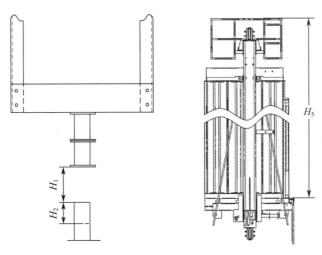

图 3-4　条件（3）的示意图

因此，顶层高度应满足 $H_d \geqslant H_1 + H_2 + H_5 + (0.3 + 0.035v^2)$ m。

（4）轿厢上方应有足够的空间，该空间的大小以能容纳一个不小于 0.5 m× 0.6 m×0.8 m 的长方体为准，任一平面朝下放置即可。

当顶层高度满足条件（2）的要求时，需轿顶上方存在 0.5 m×0.6 m 的空间。

7. 底坑深度的计算

根据 GB 7588—2003 第 5.7.3.3 条规定，当轿厢完全压在缓冲器上时，曳引驱动电梯的底坑间距应同时满足下面三个条件。

（1）底坑中应有足够的空间，该空间的大小以能容纳一个不小于 0.5 m× 0.6 m×1.0 m 的长方体为准，任一平面朝下放置即可。

首先需要判断长方体的高度是否大于压缩后的缓冲器高度。

查阅某型号的缓冲器型式试验报告，缓冲器高 652 mm，缓冲行程 219 mm，压缩后的缓冲器高为 433 mm，长方体的高度大于压缩后的缓冲器高，应以长方体为参考来计算底坑深度。

按照上述条件，最小底坑深度 H_1= 轿底平台 + 轿厢减振块 + 托架 + 轿底撞板 + 轿厢缓冲间隙 + 轿厢缓冲器压缩行程 +500 mm。

（2）底坑底和轿厢最低部件之间的自由垂直距离不小于 0.5 m，下述之间的水平距离在 0.15 m 之内时，这个距离可以减少到 0.1 m。

1）垂直滑动门的部件、护脚板和相邻的井道壁。

2）轿厢最低部件和导轨。

首先要判断哪个部件是轿厢的最低部件，轿厢护脚板或者导靴。

导靴距地坎高 = 轿底平台 + 轿厢减振块 + 托架 + 安全钳 + 导靴。

护脚板底端距地坎高 = 护脚板高 + 轿厢地坎高。

根据电梯制造商提供的参数，选择上述高度的较大者。

最小底坑深度 H_2 = 轿厢护脚板 + 轿厢缓冲间隙 + 轿厢缓冲器压缩行程 + 100 mm。

底坑中固定的最高部件，如补偿绳张紧装置位于最上位置时，其和轿厢的最低部件之间的自由垂直距离不应小于 0.3 m，上述（2）的 1）和 2）除外。如果无补偿绳装置，则该条不计算。

根据上述 H_1 和 H_2 的数值，最小底坑深度为其中较大者。

8. 对重行程的计算

根据 GB 7588—2003 第 5.7.1.2 条规定，当轿厢完全压在它的缓冲器上时，对重导轨长度应能提供不小于 $0.1+0.035v^2$（m）的进一步制导行程。

对重在井道内最底端到最顶端走过的行程 = 对重缓冲器底座高 + 对重缓冲器高 + 对重缓冲越程距离 + 对重架高 + 提升高度 + 轿厢缓冲间隙 + 轿厢缓冲行程 + 制导行程。

其中，井道净高 = 顶层高度 + 提升高度 + 底坑深度。

由于井道净高必须不小于对重行程，因此：

$$顶层高度 + 底坑深度 \geqslant 对重行程$$

参考电梯制造单位提供的上述部件数据，更新改造后的电梯应符合上述计算结果。

技能要求

办公楼电梯选型配置计算示例

办公楼电梯选型配置计算，是对于一组特定数据的一个计算方案，并不是唯一的方案。

某 9 层办公楼，一楼为主楼层（无地下室），楼层间距均为 3.3 m，每层建筑面积为 1 526 m²，使用单位未给出有关需要服务的人口数据。期望的电梯运行级别为优秀，应如何选型配置？

计算步骤

步骤 1　生成已知数据和假设数据

根据给定内容生成已知数据和假设数据，见表 3–17。

表 3–17　办公楼电梯选型配置计算示例

已知数据		假设数据	
主楼层以上电梯服务总层数 N_f	8 层	办公室的人口密度（见表 3–14）	0.083 人 /m²（可用面积）
每层建筑面积	1 526 m²	可用面积比例（见"电梯设计服务总人数的确定"）	70%
主楼层到最高层的平均层高 d_f	3.3 m	出勤率（见"电梯设计服务总人数的确定"）	90%
电梯运行级别	优秀	操作时间 T［见式（3–3）的说明］	8 s
INT 的最低要求（见表 3–12）	30 s	平均乘客进出转换时间 t_p［见式（3–3）的说明］	1.2 s
HC 的最低要求（见表 3–12）	15%	电梯数量最低要求（见表 3–12）	3

步骤 2　选择电梯额定速度

由表 3–17，电梯行程 =8 × 3.3 m=26.4 m。

查表 3–15 和表 3–16 可知，电梯的额定速度 v 应至少选择 1.5 m/s。

由式（3–4）计算，理论层间运行时间 t_v=3.3 m ÷ 1.5 m/s=2.2 s。

步骤 3　计算电梯设计服务总人数

由表 3–17 计算，每层楼可用面积 =1 526 m² × 70%=1 068.2 m²。

该办公楼可能的总人数 =1 068.2 m² × 0.08 人 /m² × 8=709 人。

电梯设计服务总人数 N_p=709 人 × 90%=638 人。

步骤 4　选择电梯额定轿厢容量 CC

由表 3–17，INT 的最低要求为 30 s，HC 的最低要求为 15%，由式（3–1）计算，客流高峰期电梯平均乘客人数的最小需求 =15% × 638 人 × 30 s ÷ 300 s=9.6 人。

则电梯轿厢容量的最小需求 =9.6 人 ÷ 0.8=12 人［见式（3–1）中的 P 取值］。

因此，向上选择最接近的电梯额定轿厢容量 CC=13 人。

步骤 5　计算往返时间 RTT

由 CC=13 人可知，电梯平均乘客人数 P=13 人×0.8=10.4 人。

查表 3–13 可知，电梯平均最高返回层 H=7.7，平均停站数 S=6.0。

由式（3–3）计算电梯往返时间 RTT=2×7.7×2.2 s+（6.0+1）×（8 s–2.2 s）+ 2×10.4×1.2 s=99.4 s。

步骤 6　计算电梯组中的电梯总数

由式（3–2）计算，电梯总数最小值 N_1=99.4 s÷30 s=3.3，向上取整得 N_1=4 台。

综上，选择 4 台额定速度为 1.5 m/s，额定轿厢容量为 13 人的电梯时，相应的平均间隔时间 INT=99.4 s÷4=25 s<30 s。

由式（3–1）计算相应的 5 min 上行高峰期客流输送能力：

HC=300 s×10.4 人 ×4÷99.4 s÷638 人 ×100%=19.7%>15%。

因此，该选型配置满足表 3–12 中运行级别为优秀的要求。

培训单元 6　部件更新改造设计、计算

培训重点

掌握安全装置和主要部件更新改造的设计原则

掌握安全装置更新改造的计算公式

知识要求

一、部件更新改造的设计原则

《电梯型式试验规则》（TSG T7007—2016，含第 1 号修改单）附件 A《电梯型式试验产品目录》列出的电梯安全保护装置和电梯主要部件（见表 3–18），应遵循同规格、同型号更新改造的设计原则。

表 3-18　电梯型式试验产品目录（部分）

电梯安全保护装置	限速器	电梯主要部件	绳头组合
	安全钳		控制柜
	缓冲器		层门
	门锁装置		玻璃轿门和前置轿门
	轿厢上行超速保护装置（制动减速装置）		玻璃轿壁
	含有电子元件的安全电路和可编程电子安全相关系统		液压泵站
			驱动主机
			梯级、踏板等承载面板
	限速切断阀		滚轮
	轿厢意外移动保护装置		梯级（踏板）链

对于无法选用上述同型号部件的以及不在目录中的其他部件，一般采取功能相同、规格相同、参数相同的更新改造原则。

二、限速器的更新改造

1. 设计

限速器的更新改造选型设计应符合《电梯制造与安装安全规范》（GB 7588—2003，含第 1 号修改单）9.9 以及《电梯型式试验规则》（TSG T7007—2016，含第 1 号修改单）附件 L 的要求。

在更新改造时，应查阅更新改造用限速器的型式试验报告，对照其适用的参数范围和配置，保证与在用电梯的原部件参数范围和配置保持一致，见表 3-19。

表 3-19　限速器适用参数范围和配置表

额定速度		m/s	结构型式	
产生提拉力的结构型式			绳轮节圆直径	mm
钢丝绳直径		mm	绳轮绳槽类型	
限速器绳张紧力		N	提拉力范围	N
机械触发装置	触发轿厢或者对重（平衡重）下行动作的安全钳			
	触发钢丝绳制动器			
	触发上行动作的安全钳			
	触发轿厢上行超速保护装置其他型式的制动部件			

续表

电气安全装置或电气触发装置	超速检查电气安全装置		
	复位检查电气安全装置		
	触发轿厢上行超速保护装置	触发驱动主机制动器	
		触发钢丝绳制动器或曳引轮上制动部件	
		触发其他型式的制动部件	
远程控制方式		工作环境	
防爆型式			

2. 计算

（1）限速器绳提拉力能够可靠提拉安全钳系统。对于夹持式限速器，限速器动作时夹绳钳块将限速器钢丝绳与限速器绳轮夹紧，一般设计时提拉力均不小于300 N。

对于摩擦型限速器，动作后依靠限速器钢丝绳与限速器绳轮之间的摩擦力提拉安全钳装置，所以限速器钢丝绳必须有一定的张力，才能保证安全钳系统被可靠提拉。限速器钢丝绳张力的大小取决于绳槽当量摩擦系数、张紧装置质量和电梯的提升高度。

当轿厢紧急制停时，要求限速器绳不能打滑，限速器绳两边拉力应满足欧拉公式 $\dfrac{T_1}{T_z} \leqslant e^{f\alpha}$，由此得到限速器绳的提拉力：

$$T_1 \leqslant T_z e^{f\alpha}$$

式中　T_z——张紧装置的张紧力与限速器绳的重力之和，N；

T_1——安全钳系统所需的提拉力，N；

e——自然常数；

f——当量摩擦系数；

α——钢丝绳在绳轮上的包角。

对于经硬化处理的限速器绳轮 V 形槽，当量摩擦系数 f 可参照《电梯制造与安装安全规范》（GB 7588—2003）中附录 M 中的公式计算：

$$f = \mu \frac{1}{\sin \dfrac{\gamma}{2}}$$

式中　μ——摩擦系数；

　　　γ——槽的角度值。

μ 按紧急制动工况的摩擦系数公式进行计算：

$$\mu=\frac{0.1}{1+\dfrac{v}{10}}$$

式中　v——轿厢额定速度下对应的绳速，m/s。

（2）限速器绳强度验算。当限速器动作时，限速器绳提拉安全钳后在轿厢制动的过程中，由于绳轮已经停止转动，限速器绳在绳轮上滑动，此时满足欧拉公式 $\dfrac{T_1}{T_z}\geqslant e^{f\alpha}$。由此得到限速器打滑时的提拉力：

$$T_1\geqslant T_z e^{f\alpha}$$

按照《电梯制造与安装安全规范》（GB 7588—2003，含第 1 号修改单）中 9.9.6.2 的要求，取摩擦系数 $\mu=0.2$，此时当量摩擦系数：

$$f=\frac{0.2}{\sin\dfrac{\gamma}{2}}$$

求得 T_1 后，查相应限速器钢丝绳的最小破断力 σ_b，再按下式验算限速器钢丝绳的安全系数：

$$n_s=\frac{\sigma_b}{T_1}\geqslant 8$$

三、安全钳的更新改造

1. 设计

安全钳的更新改造选型设计应符合《电梯制造与安装安全规范》（GB 7588—2003，含第 1 号修改单）9.8 以及《电梯型式试验规则》（TSG T7007—2016，含第 1 号修改单）附件 M 的要求。

在更新改造时，应查阅更新改造用安全钳的型式试验报告，对照其适用的参数范围和配置，保证与在用电梯的原部件参数范围和配置保持一致，见表 3-20。

表 3-20　安全钳适用参数范围和配置表

安全钳型式		防爆型式	
允许质量	kg	额定速度	m/s
限速器最大动作速度/限速器动作速度范围	/ 　　m/s	瞬时式安全钳几何尺寸	（可以附图说明）
提拉方式		弹性元件型式	
夹紧（制动）元件型式		夹紧（制动）元件材质	
夹紧（制动）元件数量		夹紧（制动）元件摩擦面尺寸	mm
适用导轨导向面硬度	HBW	适用导轨导向面宽度	mm
适用导轨导向面加工方式	（适用于渐进式安全钳）	适用导轨导向面润滑状况	
适用导轨材料牌号		工作环境	

2. 计算

（1）瞬时式安全钳的选型设计。根据安全部件制造企业提供的产品样本，额定速度、总允许质量（$P+Q$）和导轨宽度这几个参数是验算的关键数据。根据在用电梯现有的导轨宽度选择更新改造的安全钳配套导轨宽度，计算出安全钳动作时的总质量，即可正确地选用相应的部件。

总质量应考虑随行附加部件的质量，即：

$$P+Q=G_0+Q_0+n_s g_s H_t+\frac{G_c}{2r}$$

式中　G_0——实际运行状态下轿厢的总质量，kg；

　　　Q_0——轿厢额定载荷，kg；

　　　n_s——曳引绳的根数；

　　　g_s——曳引绳每米线质量，kg/m；

　　　H_t——提升高度，m；

　　　G_c——对重装置质量（不含补偿装置质量），kg；

　　　r——曳引比。

根据《电梯制造与安装安全规范》（GB 7588—2003，含第 1 号修改单）附录 G2.3 的规定，计算瞬时式安全钳对导轨的作用力：

$$F_k=\frac{k_1 g_n (P+Q)}{n}=\frac{k_1 g_n \left(G_0+Q_0+n_s g_s H_t+\frac{G_c}{2r}\right)}{n}$$

式中　k_1——安全钳对导轨的冲击系数，从 GB 7588—2003（含第 1 号修改单）附录 G4 的表 G2 选取；

　　　g_n——标准重力加速度，9.81 m/s^2；

　　　n——导轨的数量。

（2）渐进式安全钳的选型设计。渐进式安全钳参考瞬时式安全钳的计算公式，首先计算出总质量（$P+Q$）和对导轨的作用力 F_k，然后根据更新改造电梯的额定速度 v_0 和导轨宽度选择符合参数要求的安全钳产品，再对制动距离和制动减速度进行验算。

一套安全钳允许质量的大小取决于安全钳吸收能量的能力。一套安全钳需要吸收的能量为：

$$（P+Q）_1=\frac{2K}{\xi \times g_n \times h}$$

式中　ξ——安全系数；

　　　K——一只安全钳体吸收的能量，J；

　　　g_n——标准重力加速度，9.81 m/s^2；

　　　h——自由落体距离，m。

自由落体距离应按照《电梯制造与安装安全规范》（GB 7588—2003，含第 1 号修改单）9.9.1 规定的最大动作速度进行计算。

$$h=\frac{v_1^2}{2g_n}+0.10+0.03$$

式中　v_1——限速器动作速度，m/s；

　　　0.10——相当于响应时间内的运行距离，m；

　　　0.03——相当于夹紧的制动元件与导轨接触期间的运行距离，m。

由此计算渐进式安全钳制动时的平均减速度：

$$a_{pc}=\frac{v_1^2}{2h}=\frac{（1.15v_0）^2}{2h}$$

然后按下式判定：

$$0.2g_n \geqslant a_{pc} \geqslant 1.0g_n$$

四、缓冲器的更新改造

1. 设计

缓冲器的更新改造选型设计应符合《电梯制造与安装安全规范》（GB 7588—

2003，含第 1 号修改单）10.3 以及《电梯型式试验规则》（TSG T7007—2016，含第 1 号修改单）附件 N 的要求。

在更新改造时，应查阅更新改造用缓冲器的型式试验报告，对照其适用的参数范围和配置，保证与在用电梯的原部件参数范围和配置保持一致。线性蓄能型缓冲器、耗能型缓冲器和非线性蓄能型缓冲器适用的参数范围和配置见表 3-21 ~ 表 3-23。

表 3-21 线性蓄能型缓冲器适用参数范围和配置表

额定速度	m/s	最大缓冲行程	mm
最小允许质量	kg	最大允许质量	kg
弹簧的自由高度	mm	弹簧中径	mm
弹簧钢丝直径	mm	弹簧有效圈数	
结构型式		工作环境	

表 3-22 耗能型缓冲器适用参数范围和配置表

额定速度	m/s	最大撞击速度	m/s
最小允许质量	kg	最大允许质量	kg
最大缓冲行程	mm	液体规格和容量	L
节流方式		复位方式	
工作环境			

表 3-23 非线性蓄能型缓冲器适用参数范围和配置表

额定速度	m/s	最大撞击速度	m/s
最小允许质量	kg	最大允许质量	kg
自由高度	mm	外径	mm
表面硬度范围	HA	结构型式	
材质		固定方式	
工作环境		设计使用年限	年

2. 计算

（1）缓冲器更新改造的选型设计应明确的重要参数

1）缓冲器缓冲行程 H，单位：m。

2）自由高度 H_1，单位：m；

3）额定速度 v，单位：m/s；

4）总允许质量 $(P+Q)_1$，单位：kg。

（2）蓄能型缓冲器的选型设计

首先计算更新改造电梯的 $(P+Q)_1$ 值，判断计算值是否在缓冲器的最大和最小允许质量之间，即：

$$(P+Q)_{1min} \leqslant (P+Q)_1 \leqslant (P+Q)_{1max}$$

其次将计算出的值乘以 $4g_n$，求出底坑地面承受的最大冲击力 F_{max}，用于底坑验算。

$$F_{max}=4g_n(P+Q)_1$$

然后根据蓄能型缓冲器提供的尺寸，计算缓冲器弹簧的刚度系数 K。

$$K=\frac{4C-1}{4C-4}+\frac{0.615}{C}$$

$$C=\frac{D}{d}$$

式中　D——弹簧中心距直径；

　　　d——弹簧丝直径。

接着计算最大撞击力作用时产生的位移 X_{max}。

$$X_{max}=\frac{F_{max}}{K}$$

最后判断最大撞击力作用时产生的位移是否小于标准要求的 $0.135v^2$，即：

$$X_{max} \leqslant 0.135v^2$$

缓冲器的自由高度 H_1 用于验算更新改造后的底坑深度是否符合（TSG T7001—2009，含第 1、2、3 号修改单）附件 A3.13 的要求。

（3）耗能型缓冲器的选型设计。参考蓄能型缓冲器的选型设计，首先计算出更新改造电梯的 $(P+Q)_1$ 值，判断计算值是否在缓冲器的最大和最小允许质量之间，即：

$$(P+Q)_{1min} \leqslant (P+Q)_1 \leqslant (P+Q)_{1max}$$

其次将计算出的值乘以 $4g_n$，求出底坑地面承受的最大冲击力 F_{max}，用于底坑验算。

$$F_{max}=4g_n(P+Q)_1$$

然后根据额定速度要求，计算缓冲器缓冲行程是否满足标准要求。

$$0.067v^2 \leq H \text{（耗能型缓冲器缓冲行程）}$$

接着计算平均减速度并判断是否在标准要求之内，即：

$$0.2g_n \leq \frac{(1.15v)^2}{2H} \leq 1.0g_n$$

最后如果计算结果不符合上述要求，应重新选择缓冲器型号再次验算。

五、门锁装置的更新改造

门锁装置的更新改造选型设计应符合《电梯制造与安装安全规范》（GB 7588—2003，含第 1 号修改单）7.7 以及《电梯型式试验规则》（TSG T7007—2016，含第 1 号修改单）附件 P 的要求。

在更新改造时，应查阅更新改造用门锁装置的型式试验报告，对照其适用的参数范围和配置，保证与在用电梯的原部件参数范围和配置保持一致，见表 3-24。

表 3-24 门锁适用参数范围和配置表

额定电压		V	额定电流		A
结构型式			锁紧方式		
电路类型			外壳防护等级		
防爆型式			工作环境		

六、上行超速保护装置的更新改造

上行超速保护装置的更新改造选型设计应符合《电梯制造与安装安全规范》（GB 7588—2003，含第 1 号修改单）9.10 以及《电梯型式试验规则》（TSG T7007—2016，含第 1 号修改单）附件 Q 的要求。

加装上行超速保护装置时，应结合在用电梯的曳引系统、导向系统和现有安全保护装置的结构，确定能够与其配套安装的对应产品型式。

在更新改造时，应查阅更新改造用上行超速保护装置的型式试验报告，对照其适用的参数范围和配置，保证与在用电梯的原部件参数范围和配置保持一致。

不同上行超速保护装置的适用参数范围和配置表与更新改造方案见表 3-25 ~ 表 3-30。

表 3-25　作用于电梯导轨的制动减速装置适用参数范围和配置表

系统质量范围		kg	额定载重量范围		kg
额定速度范围		m/s	制动减速装置型式		
提拉方式			弹性元件型式		
夹紧（制动）元件型式			夹紧（制动）元件材质		
夹紧（制动）元件数量			夹紧（制动）元件摩擦面尺寸		mm
适用导轨导向面硬度		HBW	适用导轨导向面宽度		mm
适用导轨导向面加工方式			适用导轨导向面润滑状况		
适用导轨材料牌号			工作环境		
防爆型式					

表 3-26　作用于电梯导轨的制动减速装置的更新改造方案

作用位置	1）轿厢：轿厢导轨 2）对重：对重导轨
典型产品	1）轿厢上行安全钳 2）轿厢双向安全钳 3）对重下行安全钳
更新改造方案	1）增加轿厢上行安全钳、更换轿厢双向限速器 2）更换轿厢双向安全钳、更换轿厢双向限速器 3）增加对重下行安全钳及对重下行限速器（对重导轨必须采用 T 型导轨）
更新改造示例	

轿厢上行安全钳和轿厢下行安全钳　　　　　　对重下行安全钳

表 3-27　钢丝绳制动器适用参数范围和配置表

系统质量范围		kg	额定载重量范围		kg
额定速度范围		m/s	工作环境		
作用部位			弹性元件型式		

动作触发方式		复位方式	
摩擦元件型式		摩擦元件材料	
防爆型式			

表 3-28　钢丝绳制动器更新改造方案

作用位置	1）曳引绳 2）补偿钢丝绳
典型产品	钢丝绳夹绳器
更新改造 方案	1）更换轿厢侧双向限速器 2）根据曳引比和曳引机承重梁布置型式，在合适的位置增加钢丝绳夹绳器
更新改造 示例	 钢丝绳夹绳器

表 3-29　曳引机制动器适用参数范围和配置表

系统质量范围	kg	额定载重量范围	kg
结构型式		额定速度范围	m/s
数量		工作环境	
防爆型式		作用部位	
动作触发方式		弹性元件型式	
摩擦元件材料			

表 3-30　曳引机制动器更新改造方案

作用位置	曳引轮（例如直接作用在曳引轮，或作用于最靠近曳引轮的曳引轮轴上）
典型产品	1）永磁同步驱动主机 2）曳引轮夹轮器
更新改造 方案	1）更换永磁同步驱动主机 2）增加曳引轮夹轮器

续表

更新改造示例		
	永磁同步驱动主机	曳引轮夹轮器

七、轿厢意外移动保护装置的更新改造

轿厢意外移动保护装置的更新改造应符合《电梯制造与安装安全规范》（GB 7588—2003）第1号修改单中9.11以及《电梯型式试验规则》（TSG T7007—2016，含第1号修改单）附件T的要求。

加装轿厢意外移动保护装置的更新改造设计时，应结合在用电梯的曳引系统、导向系统和现有安全保护装置的结构，确定能够与其配套安装的对应产品型式。

在更新改造时，应查阅更新改造用轿厢意外移动保护装置的型式试验报告，对照其适用的参数范围和配置，保证与在用电梯的原部件参数范围和配置保持一致。不同型式的制停部件适用的参数范围和配置见表3-31～表3-33，制停子系统产品参数范围和配置的其他内容见表3-34，检测子系统参数范围和配置见表3-35，自监测子系统参数范围和配置见表3-36。

表3-31　作用于轿厢或者对重上的制停部件适用参数范围和配置表

提拉方式		弹性元件型式	
夹紧（制动）元件型式		夹紧（制动）元件材质	
夹紧（制动）元件数量		夹紧（制动）元件摩擦面尺寸	mm
适用导轨导向面硬度	HBW	适用导轨导向面宽度	mm
适用导轨导向面加工方式		适用导轨导向面润滑状况	
适用导轨材料牌号			

表 3-32　作用于悬挂绳或者补偿绳系统上的制停部件适用参数范围和配置表

复位方式		弹性元件型式	
摩擦元件型式		摩擦元件材料	

表 3-33　作用于曳引轮或者只有两个支撑的曳引轮轴上的制停部件
适用参数范围和配置表

结构型式		数量	
摩擦元件材料		弹性元件型式	

表 3-34　制停子系统适用参数范围和配置表

系统质量范围	kg	额定载重量范围	kg
制停部件型式		适用电梯驱动方式	
作用部位		动作触发方式	
所预期的轿厢减速前最高速度	m/s	响应时间	ms
用于最终检验的试验速度	m/s	对应试验速度的允许移动距离	m
工作环境		触发装置硬件组成	

表 3-35　检测子系统适用参数范围和配置表

硬件版本		软件版本	（适用于 PESSRAL）
硬件组成			
检测元件安装位置		检测到意外移动时轿厢离开层站的距离	mm
制停子系统型式		响应时间	ms
工作环境			

表 3-36　自监测子系统适用参数范围和配置表

自监测方式		硬件组成	
自监测元件型号		自监测元件安装位置	
工作环境			

轿厢意外移动保护装置更新改造方案见表 3-37。

表 3-37　轿厢意外移动保护装置更新改造方案

制停部件 作用位置	轿厢	对重	钢丝绳系统 （悬挂绳或补偿绳）	曳引轮	只有两个支撑的 曳引轮轴
典型产品	轿厢双向安全钳 对重下行安全钳 导轨夹轨器		钢丝绳夹绳器	直接作用于曳引轮的制动器 作用在有两个支撑的曳引轮轴 上的制动器	
更新改造 方案	轿厢意外移动保护装置的制停部件或保持轿厢停止的装置可与用于下行超速保护和上行超速保护功能的装置共用，该装置用于上行和下行方向的制停部件可以不同。				
更新改造 示例	 轿厢双向安全钳 对重下行安全钳 导轨夹轨器		 钢丝绳夹绳器 钢丝绳夹绳器 钢丝绳夹绳器	 曳引轮制动器 曳引轮制动器 曳引轮制动器	

八、其他主要部件的更新改造

其他主要部件更新改造的依据标准、规范、选型设计关键要点见表 3-38。

表 3-38 其他主要部件的更新改造选型设计

部件名称	依据标准、规范	更新改造选型设计关键要点
驱动主机	1）（TSG T7001—2009）附件 A1.3 2）（TSG T7007—2016）附件 Y	1）额定速度，与轿厢运行速度、安全部件配套 2）额定载重量，与轿厢自重和额定载荷配套 3）曳引比的改变 4）悬挂装置型式（钢丝绳、钢带），规格（直径、强度等），数量，绳槽型式 5）电动机供电方式、额定功率、工作电压、工作频率 6）曳引轮布置方式 7）机房高度，驱动主机最高点与驱动主机上方的机房最低点间距 8）驱动主机的承重梁布置方式 9）手动应急救援装置的操作位置和空间 10）驱动主机的安全空间和维修空间
控制柜	1）（TSG T7001—2009）附件 A1.3 2）（TSG T7007—2016）附件 V	1）供电方式 2）驱动主机电源类型 3）驱动主机调速方式 4）驱动主机额定功率与调速器输出功率 5）控制系统与控制功能 6）与操纵箱和召唤盒配套 7）与轿厢在井道内位置信息系统配套 8）安全空间和维修空间，外形占地尺寸与维修侧面积 9）打开控制柜柜门后，维修人员是否有利于观察驱动主机的运行状态
层门 玻璃轿门 玻璃轿壁	1）（TSG T7001—2009）附件 A1.3 2）（TSG T7007—2016）附件 W	1）开门型式（中分、双折） 2）开门尺寸 3）开门方向（左开、右开） 4）层门装置在井道内的固定方式 5）门扇的材质、厚度、高度 6）门扇与门挂板的接口型式（水平、垂直）和尺寸 7）层门地坎的固定方式 8）层门地坎的宽度、滑槽宽度 9）门套的型式和尺寸 10）层门的防火性能要求 11）门锁装置与门机门刀装置配合 12）门锁滚轮与轿厢地坎的间距

部件名称	依据标准、规范	更新改造选型设计关键要点
层门 玻璃轿门 玻璃轿壁	1)（TSG T7001—2009）附件 A1.3 2)（TSG T7007—2016）附件 W	13）门锁滚轮在门刀内的啮合深度 14）门刀与层门地坎的间距 15）宽度大于 150 mm 的层门侧门框 16）各单层玻璃厚度及夹胶层厚度的尺寸，如（6+0.76+4）mm 17）玻璃轿壁的固定方式和固定位置
绳头组合	1)（TSG T7001—2009）附件 A1.3 2)（TSG T7007—2016）附件 U	1）结构型式（填充绳套、自锁紧楔形绳套、鸡心环套、手工捻接绳环、压紧式绳环等） 2）与钢丝绳直径或者钢带、链条等悬挂装置配套，适用悬挂装置的型式、结构和直径 3）钢丝绳（钢带、链条等）最小破断负荷 4）所用材质牌号和结构型式 5）楔块楔形角度 6）拉杆直径

培训项目 **3**

自动扶梯设备改造更新

培训单元1　加装变频器施工方案编制

培训重点

掌握加装变频器的主要目的和要求
能够编制加装变频器的施工方案

知识要求

一、熟悉自动扶梯基本参数

应熟悉现场自动扶梯设备的基本参数，见表3-39。

表3-39　自动扶梯参数表

自编号	1#	2#	…
注册代码			
制造商			
厂商型号			
出厂日期			
出厂编号			
工作类型			

工作环境			
主机布置形式			
梯路传动方式			
启动方式			
名义速度			
倾斜角度			
梯级宽度			
提升高度			
控制方式			
驱动方式			

二、勘测在用设备及现场环境

1. 设备参数

应对施工现场与自动扶梯控制系统和拖动系统相关的所有部件进行认真详细的勘测，记录各部件的名称、型号、规格等技术参数，见表 3-40。

表 3-40　控制系统和拖动系统参数表

部件名称	安装位置	型号	规格	数量	备注
控制柜					
控制器					
电动机					
制动器					
启动开关					
……					

2. 土建参数

除表 3-39 和表 3-40 中的参数外，还应掌握与自动扶梯控制系统和拖动系统各部件安装相关的土建参数，如控制柜固定位置与方式、梯级护板位置、曳引机位置与尺寸、加装变频器装置的位置和尺寸等。

3. 环境状况

对现有设备的使用场所、自动扶梯上下机房周围空间尺寸等相关环境及设备设施进行勘察，以确定上述因素是否会对施工部分环节造成影响，并提前采取预防措施或整改工作，避免施工过程的误工、返工。

只有明确了相关设备参数、土建参数、环境状况等细节内容，才能进行改造、更新施工的前后对比，为合理编制施工方案打好基础。

三、明确使用单位要求

此部分内容要求与培训项目 2 培训单元 1 中的对应部分相似，加装变频器改造原因及对策分析见表 3-41。

表 3-41　加装变频器改造原因及对策分析表

改造原因	改造项目	改造效果	工期	备注
运行能耗大，使用单位支付电费多	1. 加装变频器 2. 加装乘客感应装置	通过变频节能改造降低运行能耗	×× 天	
空载运行时间长，载客效率低		通过乘客感应装置自动控制扶梯启动和停止	×× 天	
零部件磨损较快，更换周期短		减少零部件磨损	×× 天	

四、熟悉改造设计方案

1. 改造内容

熟悉自动扶梯加装变频器改造设计方案中的控制方式及各零部件功能和位置，如乘客感应开关的产品型式、安装位置等，再根据现场施工条件确定具体施工方案。

2. 产品标准

选用的变频器及控制系统部件应符合国家现行技术标准的要求，具备相应的产品质量证明文件。

3. 检验规程

改造变频器及控制系统必须符合国家现行安全技术规范和标准的要求，保证改造后通过检验机构的监督检验。

培训单元 2　控制系统改造施工方案编制

掌握控制系统改造的主要目的和要求

能够编制控制系统改造施工方案

　　在编制控制系统改造施工方案前，应熟悉现场自动扶梯设备和控制系统各部件的基本参数，了解目前使用情况，勘测现场环境和实际数据，明确使用单位的具体需求，从而科学合理地编制施工方案和制定相关目标。

一、熟悉自动扶梯基本参数

应熟悉现场自动扶梯设备的基本参数，见培训单元 1 中的表 3-39。

二、勘测在用设备及现场环境

1. 设备参数

　　无论改造、更新控制系统中的何种部件，都应对施工现场与控制系统相关的所有部件进行认真详细的勘测，记录各部件的名称、型号、规格等技术参数，见表 3-42。

表 3-42　控制系统参数表

部件名称	安装位置	型号	规格	数量	备注
控制柜					
安全保护开关					
启动开关					
驱动主机					

部件名称	安装位置	型号	规格	数量	备注
制动器					
……					

2. 土建参数

除表 3-39 和表 3-42 中的参数外，还应掌握与控制系统各部件安装相关的土建参数。

3. 环境状况

对现有设备的使用场所、安全防护措施等相关环境及设备设施进行勘察，以确定上述因素是否会对施工部分环节造成影响，并提前采取预防措施或整改工作，避免施工过程的误工、返工。

三、明确使用单位要求

此部分内容要求与培训项目 2 培训单元 1 中的对应部分相似，控制系统改造原因及对策分析见表 3-43。

表 3-43　控制系统改造原因及对策分析表

改造原因	改造项目	改造效果	工期	备注
原有控制系统故障率高			××天	
需要连接智能化楼宇控制系统	1. 控制柜 2. 安全保护开关 3. 楼宇通信接口	提升扶梯运行效率，有效降低故障率，实现智能化控制	××天	
原有控制系统零部件较难采购			××天	

四、熟悉改造设计方案

1. 改造内容

熟悉自动扶梯控制系统改造设计方案中的控制方式及各零部件功能和位置，再根据现场施工条件确定具体施工方案。

2. 产品标准

选用的控制系统部件应符合国家现行技术标准的要求，具备相应的产品质量证明文件。

3. 检验规程

改造自动扶梯控制系统必须符合国家现行安全技术规范和标准的要求，保证改造后通过检验机构的监督检验。

培训单元 3　机械系统整体更新改造施工方案编制

能够编制机械系统整体更新改造施工方案

编制自动扶梯机械系统整体更新改造施工方案前，应熟悉在用自动扶梯机械系统各部件的基本参数，勘测现场施工环境和部件实际数据，向使用单位安全管理人员详细询问运行管理的实际情况，充分掌握使用单位的具体需求，从而科学合理地编制施工方案和制定相关目标。

一、主要施工内容

应熟悉现场自动扶梯设备的基本参数。由于保留自动扶梯的桁架和电气系统，所以更新改造的施工内容应符合"电梯施工类别划分表"（2019 版）的要求，见表 3-44。

自动扶梯机械系统更新改造的适用参数范围和配置应符合《电梯型式试验规则》（TSG T7007—2016）附录 J 的要求，见表 3-45。

表3-44　电梯施工类别划分表（部分）

施工类别	施工内容
改造	改变电梯的额定（名义）速度、提升高度、驱动方式、调速方式或控制方式（注1）
修理	加装或更换不同规格的驱动主机或其主要部件、控制柜或其控制主板或调速装置、含有电子元件的安全电路、可编程电子安全相关系统、夹紧装置、棘爪装置、梯级、踏板、扶手带、附加制动器（注2） 修理或更换同规格的驱动主机或其主要部件、含有电子元件的安全电路、可编程电子安全相关系统、夹紧装置、附加制动器等

注1：改变电梯的调速方式是指如改变自动扶梯与自动人行道的调速系统，使其由连续运行型改变为间歇运行型等。控制方式是指为响应来自操作装置的信号而对电梯的启动、停止和运行方向进行控制的方式

注2：规格是指制造单位对产品不同技术参数、性能的标注，如工作原理、机械性能、结构、部件尺寸、安装位置等。驱动主机的主要部件是指电动机、制动器、减速器、曳引轮

表3-45　自动扶梯和自动人行道适用参数范围和配置表

名义速度		m/s	倾斜角		（°）
提升高度	（适用于自动扶梯） m		使用区段长度	（适用于自动人行道） m	
驱动主机型式和数量			梯路传动方式		
工作类型			工作环境		（注）
附加制动器型式			驱动主机与梯级（踏板、胶带）之间连接方式		
踏面类型					

注：对于局部部位采用室外型设计的自动扶梯和自动人行道，应当在产品配置表中明确室外型设计的部位

二、勘测在用部件

应对施工现场的原有部件进行认真详细勘测和对比，并记录各部件的名称、型号、规格、详细技术参数，见表3-46。

表3-46　机械系统部件参数表

机械系统	部件名称	型号	规格	数量	备注
梯级系统	梯级				
	主驱动轴				
	梯级链条				
	梯级链及张紧装置				

续表

机械系统	部件名称	型号	规格	数量	备注
扶手带系统	扶手带				
	扶手带驱动装置				
	扶手带导向系统				
导轨系统	工作导轨				
	梯级返回导轨				
	上、下端部转向导轨和张紧装置				
	导轨支架				
扶手装置	护栏（玻璃、金属）				
	扶手带导轨				
	内、外盖板				
	围裙板				
	外装饰板				
润滑系统	油泵				
	油路和油嘴				
……					

三、更新改造方案

1. 编制依据

（1）《自动扶梯和自动人行道的制造与安装安全规范》（GB 16899—2011）、《电梯型式试验规则》（TSG T7007—2016）等国家标准、安全技术规范。

（2）含有技术条件要求的招标文件及更新改造合同。

（3）与自动扶梯相关的建筑施工图及其编号、批准日期。

（4）其他相关资料。

2. 工程项目概况

包括使用单位、设计单位、监理单位、土建施工单位、项目地点、施工内容、设备参数、施工周期等。

3. 施工管理规划

包括施工组织、人员、工期、管理架构、施工目标、相关协调等。

4. 施工流程和工艺方法

包括工作流程、工作内容、采用的工具设备和工艺方法、技术准备、施工节点、新技术、新材料、新工艺等。

例如，现场系统总装流程如下。

（1）安装桁架 →（2）安装上部导轨部件→（3）安装下部导轨部件→（4）安装中部导轨→（5）安装驱动主机→（6）调整扶手带驱动部件和安装压带部件→（7）安装梳齿板紧固件→（8）安装扶手零部件（固定在桁架上的零部件）→（9）安装梯级链和积油盘→（10）安装梯级→（11）安装玻璃托架、玻璃、扶手带导轨、扶手带及手指和手的保护装置→（12）调试扶手带运行→（13）安装踏板、梳齿→（14）安装围裙板→（15）安装内、外盖板→（16）安装安全部件→（17）安装前沿板→（18）电气安装→（19）调试运行。

5. 质量控制和检验检测

包括质量目标、控制方式、检验依据、检验方式、检验内容、检验方法、检测工具和仪器、自检、互检、专检、监检等。

6. EHS 管理和控制

包括安全目标、环境目标、施工过程中危害辨识及控制措施、管理组织架构和人员、控制节点、成品保护和管理方式等。

培训单元4　拆除并更新改造施工方案编制

能够编制室内自动扶梯拆除并更新的改造施工方案

一、原自动扶梯的拆除施工方案

1. 编制依据

（1）《自动扶梯和自动人行道的制造与安装安全规范》（GB 16899—2011）、《电梯型式试验规则》（TSG T7007—2016）等国家标准、安全技术规范。

（2）含有技术条件要求的招标文件及更新改造合同。

（3）与自动扶梯相关的建筑施工图及其编号、批准日期。

（4）其他相关资料。

2. 工程项目概况

工程项目概况包括使用单位、设计单位、监理单位、土建施工单位、项目地点、施工内容、设备参数、施工周期等。

3. 施工管理规划

施工管理规划包括施工组织、人员、工期、管理架构、施工目标、相关协调等。

应特别注意施工现场环境，自动扶梯的拆除起吊点、运输方式、运输线路，周围建筑物或障碍物的清理，更新改造后的恢复原状施工等。

以某次施工中电梯运输方式为例，因运输的自动扶梯较重，所以在运输过程中成品保护工作非常重要，决定采用滚运法运输。滚运法流程与示意图如图 3-5 和图 3-6 所示。

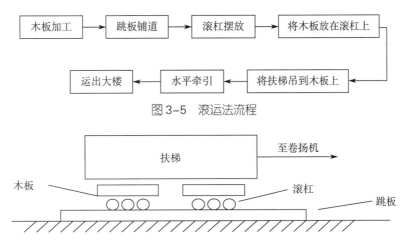

图 3-5　滚运法流程

注：滚杠间距不大于200mm。

图 3-6　滚运法示意图

4. 施工流程和工艺方法

施工流程和工艺方法包括工作流程、工作内容、采用的工具设备和工艺方法、技术准备、施工节点、新技术、新材料、新工艺等。

例如，自动扶梯拆除施工流程如图 3-7 所示。

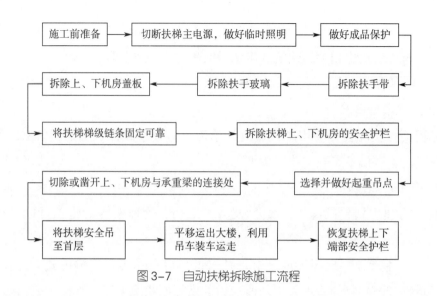

图 3-7 自动扶梯拆除施工流程

5. 质量控制和检验检测

质量控制和检验检测包括质量目标、控制方式、检验依据、检验方式、检验内容、检验方法、检测工具和仪器、自检、互检、专检、监检等。

6. EHS 管理和控制

EHS 管理和控制包括安全目标、环境目标、施工过程中危害辨识及控制措施、管理组织架构和人员、控制节点、成品保护和管理方式等。重点内容如下。

（1）施工人员严格按照自动扶梯拆除安全交底书中所规定的条款执行，现场作业所有人员都要接受安全交底内容。

（2）施工人员必须接受过自动扶梯技术培训，并取得特种设备作业人员证。严禁无证上岗、无证操作。

（3）在每一道工序开始前，对有安全隐患的地方应及时处理并提醒所有施工人员。

（4）坚持每天施工前组织安全教育活动，并做好记录。

（5）施工人员严禁酒后作业。施工现场严禁吸烟。

（6）严格执行现场用火制度。使用电气焊时先办理工地动火操作许可证，设专人监护，配备灭火器材。检查现场周围有无易燃物，有易燃物需清理干净方可施工。

（7）施工中，施工人员必须佩戴各种安全防护用品，不得违章作业。

（8）在施工过程中做好现场安全防护，注意保护楼内各种设施。

（9）施工时间应避开正常营业时间，防止无关人员进入施工现场。

二、更新自动扶梯的安装调试施工方案

可参考职业模块 1 培训项目 2 中培训单元 5 自动扶梯的安装调试方案的相关内容。

思考题

1. 简述电梯改造更新施工方案的主要内容。

2. 简述曳引系统改造施工方案编制时的重点注意事项。

3. 简述控制系统改造施工方案编制时的重点注意事项。

4. 简述加层改造施工方案编制时的重点注意事项。

5. 简述悬挂比改造施工方案编制时的重点注意事项。

6. 简述自动扶梯加装变频器施工方案编制时的重点注意事项。

7. 简述自动扶梯控制系统改造施工方案编制时的重点注意事项。

8. 简述保留自动扶梯桁架进行机械系统整体改造施工方案编制时的重点注意事项。

9. 简述室内自动扶梯拆除并更新改造施工方案编制时的重点注意事项。

10. 简述曳引驱动乘客电梯整机改造更新的设计和计算关键项目。

11. 简述曳引驱动乘客电梯主要部件改造更新的设计和计算关键项目。

职业模块 ④

培训与管理

内容结构图

培训项目　1

培训指导

培训单元 1　理论培训方法与教学大纲编写

能够对技师及以下级别人员进行基础理论知识、专业技术理论知识培训

一、理论培训的方法

1. "项目导向、任务驱动"教学法

"项目导向、任务驱动"教学法要求在教学过程中，教员首先要提出整体性的项目，将项目的总体要求明示于学员，然后精心设计完成此项目的各项子任务。学员接受任务后，先要分析、分解任务，并在完成具体任务的过程中发现问题、提出问题，通过自己的思考，在教员的引导下解决问题。

（1）项目设计。电梯安装维修主要包括安装调试、诊断修理、维护保养三个部分，运用"项目导向、任务驱动"教学法，可将本职业的知识项目化，如项目一——电梯机房设备安装、维修、保养，项目二——井道设备安装、维修、保养，项目三——轿厢及对重设备安装、维修、保养等。知识项目化有利于学员对电梯不同系统的理解与学习。

（2）任务设计。任务是整个教学活动的引子，是顺利开展教学的前提条件。任务的选取要以理论教学进度为依据，切实做到理论与实践的有机结合。教员把成果（成品）展示给学员，并将所要用到的知识巧妙地隐含在任务当中，如在每个任务的学习过程中，将任务涉及的标准、规范的内容融入教学中，使学员在完成任务的同时学习电梯的相关标准和规范，从而达到掌握知识和技能的目的。设计精巧的"任务"能充分调动学员的学习热情和求知欲望，在融洽与和谐的情境中获得良好的教学效果。

（3）任务分析。教员提供计划模板，学员根据任务内容做出小组的任务方案。在此过程中，教员要强调方案的独立性，鼓励学员多讨论、多分析，避免各小组方案雷同。在任务方案的确定过程中，培养学员的想象力、创新能力和团队合作精神。教员要帮助学员学会查找辅助资料，让学员尽量完善任务方案。整个过程中，教员要对学员予以适当指导，适时强化理论知识点，深化重点和难点，并及时解决突出的问题。

（4）任务实施。学员按照自己小组所制订的任务方案开展工作。在任务的实施过程中，要有意识地强化小组是一个团队的概念，要求各小组根据组员特点做出合适的分工。在此过程中，可以让学员体验成就感，进一步激发学习兴趣，提高沟通能力和合作能力，最终完成对电梯不同系统的认识、学习。

（5）总结评价。总结评价是项目、任务完成后必不可少的环节。由每个小组的组长从设计思路、操作步骤、团队成员的工作态度、有无创新等角度进行总结发言，组员可以做补充发言。教员从上述方面来进行评价，使学员全面、清楚地了解自己的工作效果和不足之处。这种学习方式能使学员提高思考能力、自我学习能力、合作沟通能力等各种职业能力。

2. 启发式教学法

（1）要激发学员的积极思维。启发式教学要求教员注意激发学员的学习动机，培养学员的学习兴趣，让学员成为学习的主人。启发式教学是在教员的指导下，学员不断地提出问题、分析问题和解决问题的过程。学员要积极进行思维活动，逐步提高分析问题和解决问题的能力。在实施电梯故障诊断教学过程中，可以让学员自己对电梯故障进行判断和排除，看其是否能够顺利完成。

（2）坚持教员的主导作用与学员的主体作用相结合。教员的"教"是为了使学员更有效地"学"，从根本上来说是为了促进学员个体发展。因此，必须改变以教员为中心的教育教学观念，承认学员是有灵性、有感性的能动主体，强调学员积极主动参与教学活动，在教学上建立一种平等、民主的师生关系，一种师生为探求知识和真理而共同合作的、教学相长的伙伴关系。教员要把调动每一个学员的学习主动性、积极性和创造性作为发挥教员"主导"作用的出发点和落脚点。

（3）在教学的过程中和方法上，注重教员与学员之间的交流。现代启发式教学思想反对"填鸭"式单向灌输知识的教学方式。教员应鼓励学员积极思维，敢于提出问题，善于提出问题，以取得较好的教学效果，促进学员创新精神的培养。学员对电梯安装维修工作产生的疑问，教员应积极沟通和解答，帮助学员寻求更优的解决方案。

3. 现场教学法

（1）准备阶段

1）认真比较，选好现场。现场选择要注重典型性、时代性、指导性。典型性就是正面经验要有示范性，反面教训要有警示性；时代性就是现场教学材料必须是反映时代特征的新事物、新现象、新问题；指导性就是要选择对学员有指导意义的现场进行教学。

2）确定主题，准备材料。开展现场教学一定选择学员感兴趣的主题，同时主题的确定还要与整个教学计划相衔接、相协调。现场教学材料要符合四项要求：第一，必须是现场事实的描述，能帮助学员了解实情；第二，必须紧贴教学主题，能帮助学员理解原理；第三，必须反映教学现场最本质、最重要的特征，以便学员尽快掌握情况；第四，必须列出问题，以便学员提前进行思考和准备。

3）设计方案，周密筹划。教员在充分了解现场、熟悉详细情况的基础上，根据教学主题，设计现场教学实施方案。教员必须认真准备教案，一方面要对事实材料的理论意义进行挖掘和概括，另一方面要对教学实施过程做出合理安排。各个方面、各个环节的准备工作都要细致、严密。

（2）实施阶段

1）"看"——走进现场察看。教学活动之所以要进入现场，是因为现场展示着不可替代的事实材料。认真察看现场是现场教学的首要环节。学员进入现场一定要用心看、细致看，要以虚心的态度和高度负责的精神察看现场，看清重要细节和相关因素。

2）"听"——听取现场介绍。听取有关人员介绍教学现场情况，有利于学员更好地进行现场实践。

3）"做"——进行现场实践。按照课程设计的项目，进行现场实践，客观、真实、全面了解电梯的系统。在实践过程中，学员可以与教员进行进一步交流，解决疑惑，学习新的知识。

4）"议"——开展现场讨论。组织学员充分讨论，让学员自己去总结经验，提炼规律。在组织讨论时，教员要注意调动学员热情，激活学员思维，使其打开思路，畅所欲言。同时，也要做好引导工作，使讨论既热烈开放，又围绕主题。

5）"评"——教员点评。教员点评是现场教学画龙点睛的关键环节，教员要高度重视并认真准备。点评要坚持实事求是，有一定深度和层次。教员要善于从事实材料中归纳、提炼出理论观点，或是再次验证理论，使现场教学得到升华。

（3）总结阶段

1）学员总结。学员对现场教学全过程进行回顾，整理思路，总结收获，并形成书面材料。一要总结自己对事件或事实的真实看法，包括现状、成因和结果；二要总结从中学到的有用经验或深刻教训；三要总结自己的心理感受，概括出自己所受的启发；四要设想如果自己也遇到类似情况将怎样处理；五要把感性经验上升为理性认识，得出规律性的结论，使之具有普遍性的指导意义。

2）教员总结。教员对现场教学全过程进行全面总结，既要总结成功经验，又要总结过程中的失误与不足，以使下一次现场教学办得更好。一要总结教学现场选择的经验，弄清到底怎样的现场才有现实指导意义，才能适应学员的需要；二要总结组织和激发学员讨论的经验，研究把讨论引向深入的方法；三要总结本次现场教学的收获和不足，好的做法要继承，缺点要克服。

二、理论培训教学大纲的编写原则

1. 教学大纲必须符合电梯安装维修专业人才培养目标和规格，服从课程体系结构和教学计划的总体要求。

2. 教学大纲必须在明确电梯安装维修课程在教学计划中的地位、作用和任务的基础上，根据培养目标和课时量，具体规定学员必须掌握的基本理论、基本知识和基本技能，以此作为教学大纲的基本内容。

3. 在保证上述基本要求的前提下，鼓励从教学内容的选择、教学环节的安排、教学时数的分配、教学方法的改进等多方面进行探索，以促进教学改革，提高教学质量。

培训单元 2　现场实际操作教学

能够对技师及以下级别人员进行操作技能培训与技术指导

现场实际操作教学工作大致可分为 3 个阶段，即准备阶段、实施阶段、总结阶段。

一、现场实际操作教学的准备

现场实际操作教学准备阶段的目标是为了保证教学效果和质量，提高教学效率。如果准备阶段工作做得比较周全，就能为现场实际操作教学工作的圆满成功创造条件、打下基础；如果准备阶段工作做得不扎实，有欠缺，就会为现场实际操作教学工作埋下隐患。因此，在现场实际操作教学工作开始实施之前，需要做大量的前期准备工作。

1. 教材（讲义）的准备

要保证现场实际操作教学达到预期的目的，取得预期的效果，一本针对性、目的性、可行性都很强的教材（讲义）是必要的物质保障，而且教材（讲义）在编写时需要遵循精、简、全和新的原则。

（1）"精"。根据教学目的、要求，结合现场条件选择切实可行的项目。

（2）"简"。教材（讲义）要简明扼要，内容精练，并在精的前提下突出重点。教材（讲义）的重点部分应是现场实际操作教学的具体操作过程和实施方法、步骤。

（3）"全"。教材（讲义）内容要全面，有目的，有方法，有要求，有具体的操作细则，有注意事项，有汇总或总结的格式，要使学员尽可能多地在实际操作教学中体会和实践课堂理论授课的有关内容，做到学以致用。

（4）"新"。内容要新、方法要新、技术要新，同时可以借鉴以往科研工作中发现的新情况、新问题和总结出的经验来编写教材（讲义）。

2. 操作指导书的准备

操作指导书主要内容包括操作目的、知识要点、工具准备、操作过程、操作结果评价等。

（1）操作目的。告知学员通过本次操作需要达成哪些目的，引导学员分析项目的内容，分解其中的知识目标、能力目标，让学员通过实际操作最终掌握专业操作技能和技巧。

（2）知识要点。告知学员本次操作所需要的知识点。

（3）工具准备。告知学员本次操作所需的工具，以及工具的正确使用方法。

（4）操作过程。告知学员本次操作的分工与组织安排、操作步骤和方法。

（5）操作结果评价。告知学员操作结果记录要点、评价要求等。

3. 器材、物品的准备

现场实际操作教学器材和物品主要是电梯安装维修工常用实训设备、仪表、工具等。器材、物品的准备是保证教学能够顺利进行的必要条件，要重点落实"细"和"全"。如果在教学过程中发现器材和物品不够、不全而临时购买，就容易影响正常教学。同时，器材、物品的准备也要本着精确和节俭的原则，避免浪费。应分工落实各个项目所需的器材和物品，大到扳手、旋具、钳子等工具，小到胶带、扎条、缠绕膜等，通过细致、周全的器材和物品的准备，保证现场实际操作教学的顺利进行。

4. 相关知识的准备

现场实际操作教学要求教员和学员具备扎实的基础理论知识，还需要一些与本职业有联系的，与现场实际操作教学内容有关的知识。如果去现场进行电梯安装实践，教员和学员应知道电梯机房具体有哪些部件，轿厢由哪几个部分组成，以及井道内具有哪些部件，应该如何去安装、调试，且要具备现场安装、调试的相关知识，只有这样才能够在现场实际操作教学的时候，以学员为主，让学员自己动手、动脑、自己操作，而在遇到问题的时候，教员可以第一时间进行解决。

在出发去现场之前，教员可组织学员一起熟悉现场实际操作教学教材，演示器械及工具的使用，提出注意事项和应该重点复习的理论知识，达到预先做好知识准备的目的，这样在现场实际操作的时候，可取得事半功倍的效果。

5. 教学现场的准备

教员应在对教学现场总体情况全面了解的基础上，结合教学的具体要求，选择典型的实训项目，保证教学能够在规定的时间内有效地完成。此外，还要关注和消除教学现场存在的不安全因素，对意外情况要有相关处理预案。

二、现场实际操作教学的实施

1. 对现场安全操作注意事项讲解

进入现场要穿戴安全防护用品，如穿工作服，必要时需要佩戴安全帽、手套，穿安全鞋等；设置好防护栏或警示牌；不要私自动用不属于自己负责的仪器设备，以免发生危险情况。

2. 现场实际操作示范

在讲授如设备的结构、操作、故障排除等内容时，对学员来说，如果没有理论知识和感性认识，这些内容很难理解与掌握。因此，教员应做好示范教学，启发学员思考，激发学员学习的积极性和主动性，提高教学趣味性。

教员应边讲解边示范，按要求进行准确操作；学员要认真观察思考。现场实际操作教学要求教员的每一个操作应该规范、标准，提醒学员正确操作和规范操作，避免出现安全问题。教员应在示范中把有关注意事项和重点讲解清楚，使学员真正理解掌握并能正确操作。以演示进出轿顶为例，具体过程如下。

（1）演示万用表等工具的正确使用方法，如量程和挡位的选择方法。

（2）演示断电落锁以及"一呼一应"的操作过程。

（3）演示确认门锁是否有效的操作过程。

（4）演示确认急停开关是否有效的操作过程。

3. 学员操作练习

学员操作时，教员需要在旁边做安全指导。在学员初次操作时，教员应告知其不宜过快，跟着演示步骤一步步进行。

教员应对学员的操作练习进行点评，并有针对性地纠错，实行个别辅导，提出如何避免和及时改正问题的措施。对于大多数学员出现的典型问题，应集中讲解、分析原因，必要时可重新示范、讲解，使学员在以后的练习中避免类似问题的产生，或者让学员互相点评，自行发现问题并进行改正，从而提高其操作技能。

学员的接受能力不同，技术掌握的程度会有差异，所以教员在教学中要因人而异，因材施教：对基础差、反应慢的学员要多关心，耐心指导，反复训练；对能力强、接受快的学员，如果有需要也可增加相关内容训练。

4. 操作记录

学员需要记录操作关键点和注意事项、现象（正常或异常）、数据或结果等。记录时不能带有主观想法，应如实、客观、详细、准确记录。

三、现场实际操作教学的总结

教学结束后教员应组织学员总结操作过程、方法及关键点。可以根据教学内容，提出一个或几个问题，让学员思考，通过对问题的分析、解答来复习巩固所学知识，也可以根据课程要求及时安排作业，巩固所学知识。作业类型可以是书面形式，如问答题、思考题、设计题或完成一项小任务，也可以是收集、查询相关应用、案例等。作业除了要巩固新学知识外，还要培养学员的分析能力。

四、实际操作教学的现场管理

1. 定置管理

实施功能分区与定置管理，对实际操作教学场所进行科学布局，划分为理论教学区、实训操作区、作品展示区。其中，实训操作区按照企业生产作业流程，划分为不同的实训区域，如电梯机房安装区、电梯轿厢安装区、电梯电气安装调试区等。对实训场所中所有物品（包括各类仪器、工具、设备等）进行定置管理，如将物品分门别类放置在货架上，并标识出物品的名称、规格、数量等信息；在工具柜的抽屉上贴标签，明确放哪些工具；设置工具定置板，固定摆放位置和顺序。

2. 标准化管理

将现场实际操作教学的内容标准化，实现"五化"管理，即要求标准化、内容指标化、步骤程序化、考核数据化、管理系统化。具体实施时，则遵循"四按四做四检"，即"按目标、按内容、按载体、按步骤""做什么，如何做，按什么方法做，做到什么程度""检查标准是什么、检查项目是什么、由谁来检查、检查结果谁落实"。通过标准化，明确实训目标、实训载体、实训步骤，量化实训材料，实现即使是不同师生也能按统一的要求完成教学内容，提升实际操作教学现场管理工作的标准化水平。

3. 企业管理

引入企业管理方法，提升实际操作教学现场管理水平。

（1）实行看板管理。在实际操作教学现场，将实训计划、实训内容、实训流程、实训重点难点制作成图文并茂的看板。

（2）实行识别管理。使用国标线条或标识牌将实训车间（室）不同功能区域进行区别，将设施、设备、工具等按功能进行分类，并统一标识。

（3）成立项目小组。借鉴企业 QC（质量控制）小组理念，按照"组间同质，组内异质"原则把学员分成若干小组，由小组成员共同完成实训内容，强化学员的团队协作意识。

4. 工具和创新

定期开展现场建设工作"回头看"活动，充分利用"PDCA"（计划、执行、检查和处理）和"5W1H"（六何分析法）等现场管理的先进工具和有效手段，按照现场实际操作教学评价标准与管理体系要求，分对象、分阶段、分项目检验比对现场实际操作教学质量和效果，持续改进教学现场，按照"现场管理更精细，定位定置更准确，教学分区更优化，目视看板更有效，警示标志更醒目"的要求，让实际操作教学现场再现企业真实的生产现场，进一步加强培育学员行（企）业文化和职业素养，结合实际操作教学现场功能定位和行（企）业文化建设的新理念，持续改进操作现场的文化表现形式，营造具有特色的育人文化氛围。

培训单元 3　技术手册使用与技术论文撰写指导

能够指导高级工及以下级别人员查找并使用相关技术手册
能够指导技师及以下级别人员撰写技术论文

一、查找并使用技术手册

技术手册是对技术环节进行具体操作指导的文件，是科技人员的技术工具书，常常编汇成小册子。项目不同，技术手册的内容和形式也各不相同，有的以专项技术为内容，也有的以专门的仪器设备为对象。初次接触的电梯设备时，需要仔细查看技术手册，从中找到所需要的资料以及操作步骤。以 NICE3000^{new} 电梯一体化控制器技术手册为例，其内容主要包括产品信息、安装与接线、外围设备与选配件、调试工具、电梯调试指南、参数说明、故障处理、功能与方案应用。

1. 产品信息

这一部分介绍了产品的基本信息。为避免错误操作导致机器损坏，产品的铭牌上有电梯一体化控制器的技术数据和使用规范。从产品信息中还可以了解到 NICE3000^{new} 电梯一体化控制系统主要包括电梯一体化控制器、轿顶控制板、显示召唤板、轿内指令板，以及可选择的提前开门模块、远程监控系统等。

2. 安装与接线

这一部分介绍了电梯一体化控制器上面的端子类型及其作用，与该控制器适配的外围的元器件的接线方法和安装要求，如井道位置开关、平层开关如何安装，在井道中如何排布等。

3. 外围设备与选配件

这一部分介绍了电梯一体化控制器外围的电气元件使用说明，以及不同功率端推荐的型号，有利于读者了解这些元器件的用处以及如何选型，如电梯一体化控制系统增加 EMC 滤波器的作用是减少控制器对外的传导及辐射干扰，降低从电源输入端流向控制器的传导干扰，提高控制器抗干扰能力。

4. 调试工具

这一部分介绍了 NICE3000^{new} 电梯一体化控制器的调试工具，讲解如何使用调试工具，以及如何用调试工具更改控制器的参数，使电梯能够正常运行。

5. 电梯调试指南

这一部分介绍了 NICE3000^{new} 电梯一体化控制器的基本调试步骤。根据这一部分的内容可以完成对电梯的完整调试，实现电梯所有的基本运行功能。

6. 参数说明

这一部分是 NICE3000^{new} 电梯一体化控制器所有参数的说明。在调试电梯时，可以根据电梯的状况，在这一部分中找到对应的参数并进行修改。

7. 故障处理

NICE3000^{new} 电梯一体化控制器检测出电梯出现异常时，会提示及记录对应的故障代码，根据故障代码在这一部分中找到故障信息，可以更快速、有效地排除故障。

8. 功能与方案应用

这一部分介绍了 NICE3000^{new} 电梯一体化控制系统的一些功能，以及为实现这些功能需要配置哪些外围元器件和如何设置控制系统参数。

二、论文选题的确定

确定论文选题是指在对已获得的大量素材进行分析、研究和归纳的基础上，提出问题，确定技师专业论文写作的基本方向。选题对论证角度的选择、素材的筛选与运用，以及论文结构的组织有重要影响。

在确定选题时应注意以下几点。

1. 选自己擅长的论题

根据技师鉴定条件，凡是申报技师的人员，必须有相当长的时间从事本职业（工种）的专业工作。在长期的工作实践中，应积累了丰富的经验，在理论与实践紧密结合的基础上可以形成自己一整套具有独到之处的技术特长，对本专业具有较深的造诣。撰写技师专业论文要充分发挥自己在电梯运行管理、故障分析、维修操作、技术改造等方面的特长。将此类实践经验总结上升为具有指导意义的系统理论，对于工程实践有极其重要的意义。

2. 选具有突破性的论题

技师长期在一线工作，对于生产实践中出现的问题最有发言权，这些问题往往孕育着技术和理论的突破。如果敏锐地抓住关键之处加以研究，形成应用性极强的专业论文，指导生产实践，就能够产生良好的经济效益、社会效益和环境效益。

3. 选具有普遍性的论题

所谓普遍性就是论文言之有物，在生产实践中有广泛的用武之地。有些问题看似简单，但实际上有很多需要进一步研究总结的内容，这些都属于具有普遍性的论题。

三、论文材料的准备

1. 材料的整理

经过检索收集的材料是分散、零乱、错综复杂的，必须对其进行分析、汇总和加工，使之成为比较系统的、有条理的材料才能予以充分利用。整理材料就是按照选题的要求和材料的性质，把搜集得来的材料变成有机的整体。

2. 材料的选择

选择材料就是将分类整理后的材料进一步进行筛选，从中选择出更适合研究和写作的材料。选择材料必须遵循以下三个原则。

（1）真实。搜集和占有的科技文献信息材料必须经多方考证、核实，证实其可靠性。

（2）切题。将能够帮助形成论点、可以作为论据的材料保留下来，剔除那些与论文关系不大或没有关系的材料。

（3）典型。选取的材料必须具有普遍性，有说服力，能揭示事物的本质。

四、论文的结构与撰写要求

技师专业论文虽然内容千差万别，构成形式多种多样，但均是由文字、数字、表格、图形等来表达的。因此，撰写技师专业论文必须按照标准规定，注意内容与形式的统一。专业论文一般由封面（包括论文标题和副标题）、目录、内容提要、关键词、论文主体、参考文献等部分构成。

1. 封面

封面是包含技师专业论文主要信息的地方，一般由下列内容组成：职业（工种），按照最新版《中华人民共和国职业分类大典》中的职业（工种）名称确定；标题，即专业论文标题，必要时可加副标题；身份证号；申请考评等级；准考证编号；培训单位；认定单位；论文完成时间。

标题是技师专业论文的提示与主旨。论文的标题和论文的主题是有区别的。主题是论文的核心内容，是要表达的中心思想。论文中的每段表述和每个事例，都是围绕论文的主题而展开的。因此，论文的主题是贯穿全篇的最主要的和最基本的思想。而论文的标题应与主题密切相关，它是论文主题最贴切的表述。

（1）主标题。主标题应具有高度的明确性和概括性，使读者一眼就能把握全文内容的核心。

（2）副标题。副标题也称为分标题。当主标题难以明确表达论文的全部内容时，为了点明专业论文更具体的论述对象和论述目的，用副标题对主标题加以补充说明。有时为了强调论文所研究的某个侧重面，也可以加副标题。

对标题的基本要求有两点：首先，标题要确切，要能够揭示论题范围或论点，使人看了标题便知晓论文的大体轮廓、论述的主要内容以及作者的写作意图；其次，标题要新颖，要有自己独到之处，不哗众取宠，不落俗套，从而激发读者的阅读兴趣。

2. 目录

目录是论文主要段落的简表。读者通过浏览目录，可以对论文内容和结构有一个大致的了解，也可以通过目录快速地查阅某个分论点。

论文目录的撰写要求如下。

（1）目录需要有准确性和完整性，论文正文的标题、子标题应与目录一一对应，不能有所遗漏。

（2）目录的具体内容（标题）应该逐一标注正文对应页码，且标注的页码必须清楚无误。

3. 内容提要

内容提要也称摘要，是专业论文正文的附属部分。内容提要对专业论文内容进行高度概括性陈述，简要介绍论文的主要论点和揭示研究成果，有些内容提要还对全文的特点、框架结构、作者情况及文章的写作过程等进行简单介绍。

内容提要的基本内容应包括论述目的、论述对象、研究方法、研究结果、基本结论、所研究问题的适应范围和所起作用等。

4. 关键词

关键词是指从技师专业论文的标题、正文和内容提要中精选出来，能够表示论文主题内容特征、具有实质意义和未经规范处理的自然语言词汇。关键词也叫说明词或索引术语，是编制各种索引工具的重要依据。关键词的词汇可以是名词、动词或词组，如物品名称、产品型号、科学名词术语等。

技师专业论文的关键词是从论文标题和正文中选出来的有实质意义的表达文章主题内容的词或词组。关键词通常编排在内容提要之后，并按重要程度依次排列，一般提炼 3~5 条关键词。

关键词是信息的高度浓缩，是专业论文核心宗旨的概括体现，因此，选择关键词要细心斟酌，反复推敲，力求准确恰当，能真正反映论文的核心宗旨。如果关键词选择不当，就会直接影响到读者对论文的理解和检索效率。

5. 论文主体

技师专业论文的主体一般由引言、正文和结论三个部分组成的。

（1）引言。引言也叫前言、导言、导论等。引言主要介绍选题背景情况和论述思路，目的是帮助读者理清思路，以便进一步阅读正文。

（2）正文。专业论文的论点阐明、论据叙述及论证过程，都要在正文中论述。正文的任务是提出问题、分析问题和在某种程度上解决问题，是作者技术水平、理论水平和创造性工作的具体表现。

（3）结论。结论是专业论文的总结、回顾和提高。写入结论中的内容必须是经过充分论证、肯定正确的观点；需要商榷的观点不能写入结论中。结论中还可包括作者的建议，如改进的方向、尚需解决的问题等。

撰写结论要力求完整、精练，要提炼出整篇论文的精髓，提升论文的典型意义，并且与引言首尾呼应，使论文形成一个完整严谨的整体。

6. 参考文献

参考文献也称为参考书目。参考文献可以使专业论文答辩委员会的高级考评员了解申请技师的人员掌握资料的广度和深度，是审查技师专业论文的重要参考依据；当作者发现引文有差错时，也便于查找错误，还便于研究同类问题的读者查询资料。

五、论文答辩的准备

要顺利通过答辩，在提交论文之后，不能有松一口气的思想，应抓紧时间积极准备论文答辩。

1. 要写好技师专业论文的简介，主要内容应包括论文的题目，指导教员姓名，选择该标题的动机，论文的主要论点、论据和写作体会以及该论文的理论意义和实践意义。

2. 要熟悉自己所写论文的全文，明确论文的基本观点和基本依据，弄懂弄通论文中所使用的主要概念的确切含义、所运用的基本原理的主要内容。

3. 要对论文还有哪些应该涉及或解决，但因力所不及而未能触及的问题，还有哪些在论文中未涉及或涉及很少，以及研究过程中确已接触并有一定的见解，只是由于觉得与论文表述的中心关联不大而没有写入的内容进行总结和整理。

对于上述内容，作者在答辩前要做好准备，认真思考，写成提纲，记在脑中，这样在答辩时就可以做到心中有数、从容作答。

培训项目　2

技术管理

培训单元 1　技术方案编写

能够编写电梯安装、维修技术方案

一、技术方案概述

技术方案是针对各类技术问题提出的系统性的解决方法、应对措施及相关对策。

1. 技术方案的种类

技术方案包括科研方案、计划方案、规划方案、建设方案、设计方案、施工方案、施工组织设计、投标流程中的技术标文件、大型吊装作业的吊装作业方案、生产方案、管理方案、技术措施、技术路线、技术改革方案等。其中与电梯行业密切相关的有设计方案、施工方案、投标流程中的技术标文件、技术措施、技术改革方案等。

2. 技术方案的特点

专业性：针对具体专业问题。

科学性：有科学的理论依据。

严谨性：逻辑清晰严谨，措辞准确严密。

可行性：方案可行，经济合理。

指导性：具有现场可指导性，现场工程人员可直接使用。

二、编写技术方案的意义

依托企业产品和技术，针对客户难题，提出切实有效的解决方案，并以此取得客户的信赖，实现企业产品营销的目的；同时，与客户建立良好的合作关系，为企业树立良好的企业形象。

对个人而言，通过学习编写技术方案可有效强化专业技能，也是成为复合型人才的重要手段。

三、技术方案的编写步骤和注意事项

编写技术方案的基本思路是提出问题、分析问题、解决问题。

1. 技术方案的编写步骤

（1）针对具体项目了解客户需求。

（2）提出项目需要解决的技术难题。

（3）搜集项目信息，对项目的技术难点进行详细调查。

（4）提出可能解决技术难点的各种方法并进行论证。

（5）综合比较，提出最优解决方案并加以推荐。

（6）通过专家审核，修订完善后提交成果。

2. 技术方案的编写注意事项

（1）技术方案要做到主次分明，重点突出，对客户最关心的问题一定要明确，如技术的可行性论证、经济性比较等。

（2）对专业性强，技术难度大的专业问题（如涉及结构强度的问题），一定要通过反复验证，并提交专家审核。

（3）方案中涉及标准、规范、规程的内容，均要有明确的出处，做到有据可循。

（4）方案中措辞要规范、专业，特别是专业术语，忌出现土话、方言等。

培训单元 2　技术革新实施

能够进行技术革新，解决技术难题

一、技术革新管理概述

技术革新管理一般是指由企业管理者主导，从战略目标出发，根据以往经验、相关计划和工作标准对技术创新进行的管理活动，目的是更有效地创造和传递新价值，推动企业技术创新能力的提高。技术革新管理涉及员工、管理者、股东、外部利益相关者等主体，外部利益相关者包括合作者、竞争者、政府、资本市场等。技术革新管理的委托代理有三个层次，形成多层面的委托代理网络，管理者和员工是最基本的委托代理关系，其他委托代理关系还有：股东和管理者的委托代理关系、企业和外部利益相关者的委托代理关系。集团总部的研发中心是集团所有研究和高级开发活动的主要实验室，主要进行基础性研究和团队组织结构研究；各分中心的研究机构偏重于应用领域的研究，同时实现对销售和市场的技术支持。

1. 人员激励模式

由于研发人员的工作与一般的作业人员相比具有复杂性、创造性、周期性等特点，传统的绩效考核方法很难满足对研发人员的考核要求。因此，可以对研发人员进行一定的激励，但是根据信息经济学和博弈论，这类的信息不对称会导致两个最典型的问题——逆向选择和道德风险，如：该类员工不按照企业的技术标准和工作计划执行，不认真负责、保质保量地完成业务任务；在发现与自身有利害关系的工作问题时，不主动和管理者沟通，伪造实验数据和工作业绩；泄露关键数据和技术机密，为本人谋求不正当利益等。

技术革新审计是由独立的第三方主导的，按照既定、公开的标准，对企业的技术革新过程进行评价，发现问题提出解决方法，并以技术革新审计报告对企业的技术革新的公允性、真实性、可靠性提供合理保证。该方法解决了技术革新管理中利益双方的需求不均衡，评价的结果不客观的问题，一方面为管理者提供了技术革新管理的新方法，另一方面为除管理者以外的技术革新利益相关者提供了技术革新审计报告，通过报告的形式为企业的技术革新提供合理保证。技术革新审计的运用和推广弥补了技术革新管理的短视性和非独立性的缺点。只有公平公正的激励模式才能调动人员的积极性，从而达到激励模式的最终目的。

2. 资源分配方式

在技术革新工作中，科研管理部门和科研人员作为参与科研活动的两个主体，存在科研项目配置过程中信息不对称的问题。信息不对称会引起科研项目过于集中于某些研究者，其后果是导致资金的浪费或抑制了部分科研人员的工作积极性，最终导致对项目的责任和义务分解不合理。因此，应合理分配资源，做到人人有项目，项目有重点，而不是将项目集中在少数人手中。

3. 技术革新的保密机制

技术保密工作是技术革新管理过程中一项重要的工作。企业在研发新品时，如不做好保密措施，则研发时投入的研发经费将会成为自身成本的劣势，而成为竞争对手成本的优势，因此要根据项目所处阶段不同，对技术保密实施动态管理。科研过程是一个动态的、变化的过程，对其的保密管理也应实施动态管理。项目立项前的工作主要是论证项目的可行性和实用性，以供主管部门进行决策使用，因此在这个阶段的项目密级应控制在工作必须知悉的范围。项目经批准立项后，研制工作将全面铺开，将不断产生大量的涉密资料，涉及全系统、分系统、组件、部件。在这一阶段，资料中所含的信息秘密程度很高，因此需加强对涉密资料和人员的管理，可通过加密软件实现禁止 U 盘传送、禁止发送邮件、禁止非授权打开等功能。对于已完成的项目，有保存价值的资料应及时归档，没有保存价值的资料应及时销毁，项目资料的借阅应按程序审批。

二、技术革新的管理制度与资源保证

1. 管理制度

在项目管理上应大力推行项目经理负责制，改变项目组与主管部门僵硬的行政隶属关系。项目一经设立，项目经理应代表项目组与主管部门签订设计计划任务书，明确主管部门与项目经理及其项目组之间的关系，规定双方的权利和义务。一般情况下，主管部门不应对项目经理和项目组下达行政指令，不干预他们的工作，应通过沟通、协商来强化双方的合作和配合。

另外，还需要制定相关制度文件。在科研课题立项之初就按照流程运作，对项目的立项、论证、规划、实施、验收、评价等进行规范。如制定《专利管理办法》对项目中产生的专利进行管理，制定《学术论文发表办法》规范论文的发表，制定《研发物料管理办法》规范研发中试产品、研发试样的制造和试验等。

2. 财力资源

财力资源为技术革新项目提供经费，保证革新项目能够及时有效实施。在技术革新项目管理过程中，企业应进一步加大投资力度，确保项目资金到位，对所开展的革新项目要逐一进行财务成本分析、财务风险分析、市场分析、销售收入分析、利润分析、盈亏平衡点分析以及经济社会效益分析。因为它决定着技术革新项目的成功与否，也关系到相关项目的损益。企业在保证技术革新项目资金足额到位的同时，必须安排有责任心的资深财务、管理人员进行系统研究、反复论证，会同相关部门进行可行性研究，形成完整的研发项目资金分析报告，形成科学、严谨、合理、可行的资金保障体系，确保研发项目实施成功。

3. 物力资源

物力资源也可称为技术资源，它可以分为硬件资源（设备、仪器等）和软件资源（专利、工艺等）以及技术检测能力，它是技术革新正常进行的技术保障。

培训单元 3　技术推广应用

培训重点

能够推广应用新技术、新工艺

一、新技术、新工艺的概念

新技术是指产品生产过程中采用的在提高生产效率、降低生产成本、改善生产环境、提高产品质量以及节能降耗等某一方面较原技术有明显改进，并对提高经济效益具有一定作用的技术，包括新的技术原理、新的设计构思和新的工艺装备等。

在机械制造领域，工艺是指使各种原材料、半成品成为产品的方法和过程。工艺是机械工业的基础技术之一。新工艺是在原有工艺基础上进行改进或新研究出来的方法、过程或流程。

二、新技术推广的条件与途径

1. 新技术推广的条件

（1）新技术本身必须具有能够推广应用的条件，即具有技术成熟性和技术适应性。技术成熟性是指研究试验数据完整，原理设计、工艺设计合理，性能稳定可靠。技术适应性是指新技术能够适应使用单位的资源、能源、工艺、装备的状况以及社会经济发展水平和教育水平，投产使用后能够带来明显的社会、经济效益。

（2）研究开发部门和使用单位都具有新技术推广的积极性和责任心。

（3）国家、地方和企业制定合理的行政法规和科技政策，保障新技术的推广应用。

（4）建立健全新技术推广的组织机构。

（5）新技术投入使用后，要做好相应的工作，从制度上、组织上巩固应用推广成果，并不断对新技术进行改进提高，使其日趋完善。

2. 新技术推广的途径

新技术推广的主要途径有开展技术转让与技术咨询、组织研讨会进行技术交流、通过宣传报道推广新技术等。

三、新技术推广程序

新技术推广应用应遵循自愿、互利、公平、诚信的原则，依法或依照合同约定，享受利益，承担风险。下面以施工新技术推广为例介绍新技术推广程序。

1. 制订新技术推广应用计划

集团公司、区域分公司每年年初根据上一年度新技术推广应用情况，考虑现有在建或拟建工程的特点，确定本年度新技术推广应用的项数，并进行指标分解：集团公司分解到区域分公司，区域分公司分解到项目部。

项目经理在组织方案研讨时，应遵照住房城乡建设部颁发的新技术推广项目公告和省、市建设行政主管部门颁布的新技术推广项目，结合工程特点，确定新技术推广应用的项目及推广计划，并在施工组织设计中明确。新技术推广应用应符合国家、住房城乡建设部和省、市有关规定，工程项目施工中不得采用国家和省、市明令禁止使用的技术，不得超越范围应用限制使用的技术。

2. 新技术确认、审核

（1）项目部质量工程师应根据新技术推广应用计划组织对新技术是否经过鉴定评估逐项进行确认。

（2）对经过鉴定评估的先进、成熟、适用的技术、材料、工艺、产品，项目部质量工程师应上报区域分公司备案，并收集法定鉴定证书和检测报告，使用前应组织复验并得到建设（监理）、设计的认可，对复验不符合项目施工要求或未得到建设（监理）、设计认可的新技术不得使用。

（3）进行技术、工艺改进或试用尚未经鉴定评估的新技术，项目部质量工程师应上报区域分公司备案，并组织制定该项目新技术质量标准及验收标准，或组织编制专项施工方案，经区域分公司总工审核通过后报建设（监理）、设计。分公司总工审核未通过或未得到建设（监理）、设计认可的新技术不得使用。

（4）对于复杂、难度较大的新工艺和新技术，项目部质量工程师应上报区域分公司备案，由分公司委托技术鉴定评估单位组织专家进行质量标准、验收标准或专项施工方案论证，通过后方可使用。

（5）拟采用的新技术、新工艺、新材料，可能影响建设工程质量和安全，但没有国家技术标准的，项目部质量工程师应上报区域分公司，由分公司委托国家认可的检测机构进行实验、论证，出具检测报告，并经国务院建设行政主管部门或者省、市建设行政主管部门组织的建设工程技术专家委员会审定后方可使用。

（6）项目部资料员应整理保存审核、论证、批准过程的相关资料和记录。

3. 新技术应用技术交底

项目部质量工程师应结合新技术推广应用计划，在实施前向项目部有关施工人员进行技术交底，形成交底记录。

4. 新技术应用落实

项目经理应按新技术推广应用计划和技术交底的要求组织新技术的推广应用工作，并收集保存实施过程的全部相关资料和记录。

5. 新技术应用总结

计划项目完成后，项目部质量工程师组织新技术的推广应用总结，并纳入项目施工技术总结中，报区域分公司总工审核后报集团公司质量安全部备案。

四、新技术应用示范工程

1. 新技术应用示范工程的分类

（1）住房城乡建设部建筑业新技术应用示范工程。住房城乡建设部重点推广"建筑业 10 项新技术"，新技术应用示范工程是采用其中 6 项以上建筑新技术的工程。新开工、建设规模大、技术复杂、质量标准要求高的房屋建筑工程、市政基础设施工程、土木工程和工业建设项目，已经批准列为省（部）级建筑业新技术应用示范工程，并可在三年内完成申报的全部新技术内容的，可申报示范工程。

（2）省（部）级建筑业新技术应用示范工程。是指采用了先进适用的成套建筑应用技术，在建筑节能、环保技术应用等方面有突出示范作用，并且工程质量达到省（部）级优质工程要求的建筑工程（即常称的"一优两示范工程"）。

省（部）级新技术应用示范工程中采用的建筑业新技术包括当前住房城乡建设部和省（部）级发布或公告的推广项目中所列的新技术，经过专家鉴定和评估的成熟技术，10 年内荣获省（部）级科学技术奖的成果项目，5 年内通过省（部）级鉴定的新技术、新工艺、新产品及在工程中能够产生明显经济效益的实用新型专利技术等。

2. 新技术应用示范工程管理

（1）示范工程项目实施前，项目经理应确定是否申报及申报级别，经区域分公司总工按新技术推广应用程序审核批准后，由分公司上报主管部门审查。

（2）示范工程的确立

1）申报省（部）级、住房城乡建设部建筑业新技术应用示范工程，应符合省（部）级和住房城乡建设部有关规定所要求的立项条件，工程质量达到国内先进水平。

2）示范工程施工手续齐全，实施的项目部应具有相应的技术能力和规范的管理制度。

3）示范工程中应用的新技术项目应符合住房城乡建设部和省（部）级的有关规定，在推广应用成熟技术成果的同时，应加强创新。

（3）示范工程的过程管理与验收

1）列入示范工程的项目应认真组织实施，由项目部质量工程师组织进行示范工程的阶段性总结，并将实施进展情况报主管部门，由主管部门进行必要的检查、验收。

2）停建或缓建的示范工程，应及时向上级主管部门报告情况，说明原因。

3）示范工程完成后，应进行总结。质量工程师应在主管部门的具体指导下，及时组织完成各项验收资料及总结的编写工作，并通过上级主管部门的验收。验收文件包括：《示范工程申报书》及批准文件，单项技术总结，质量证明文件，效益分析证明（经济、社会、环境），示范工程总结的技术规程、工法等规范性文件，示范工程技术影像及其他相关技术创新资料等。

培训单元 4　技术成果总结和技术报告编写

能够总结专业技术成果并编写技术报告

一、技术成果概述

1. 技术成果的概念

技术成果是研究开发所取得的发明、发现和其他科学技术成就。技术成果本身具有技术性、成果性、实用性和相对进步性的特征。因此，技术成果所产生的权益属于知识产权。

技术成果分为职务技术成果和非职务技术成果。职务技术成果是指有关科技人员在执行省及省以下政府科技计划项目中，履行岗位职责和利用本单位的物质技术条件所形成的科技成果。

技术成果从其权利化程度可以分为专利技术成果和非专利技术成果。专利技术成果是指享有专利权的技术成果。专利权是一种财产权，因此，这种技术成果财产权的归属还要根据专利法的有关规定来划分。技术成果是受到法律保护的。

2. 技术成果的基本特征

（1）新颖性与先进性。没有新的创见、新的技术特点，或与已有的同类科技成果相比较无先进之处，不能作为新科技成果。

（2）实用性与重复性。实用性包括符合科学规律、具有实施条件、满足社会需要。重复性是指可以被他人重复使用或进行验证。

（3）应具有独立、完整的内容和存在形式，如新产品、新工艺、新材料以及科技报告等。

（4）应通过一定形式予以确认，如通过专利审查、专家鉴定、检测、评估或者市场确认等。

二、技术成果总结的编写

1. 编写流程

技师考评的技术成果总结也是科学技术成果交流总结的一种形式，也称为"小论文"。对于参加技师考评的技术人员来讲，撰写技术成果总结就是把自己在实际操作（生产实践）、技术管理、科学研究等技术活动中摸索出的好经验、好方法及科学研究成果加以总结和提炼，用书面的形式表达出来，以供同行参考与借鉴，同时便于进行交流和推广，由此再去指导技术实践，为提高个人和行业的技术水平服务。

（1）准备工作。撰写技术成果总结的准备过程也是科学技术实践或科学研究的过程，是运用理论知识和实际操作能力解决实际技术问题，再上升为理论文章的过程。

1）选题。选题一定要立足于所从事的职业（工种），同时题材一定要取自于自己的工作实践，切合工作实际，这样撰写起来才心中有数，得心应手。选题一定要经过深思熟虑，反复研究，务求真实且具有实际意义。

2）收集资料。撰写技术成果总结最重要的准备工作就是精心准备素材。要整理和选择原始数据和资料，为技术成果总结的撰写提供最有力的依据，必要时还要绘制表格、插图以及选择照片。收集自有技术资料固然重要，但也要注重收集内容近似的他人资料，选择其中可以说明技术成果总结撰写目的的材料，要有典型性和代表性。在收集资料过程中，要积极咨询、虚心求教，吸收他人经验技术。工作有其连续性和继承性，特别在科技迅速发展的今天，借鉴和吸收他人成功经验或失败教训，可以从中受到启发，扩大自己的视野。对某些一时理解不了的技术问题，一定要不耻下问，以弥补自身不足。

3）拟定技术成果总结标题和写作提纲。常用标题层次有两种。一种是第一级：1、2、3、…；第二级：1.1、1.2、1.3、…；第三级：1.1.1、1.1.2、…；最多四级。另一种是第一级：一、二、三、…；第二级：（一）、（二）、（三）、…；第三级：1、2、3、…。

（2）撰写技术成果总结。最好先起草稿，然后整理补充，最后再作文字修饰。技术成果总结的技术含量不但反映了作者发现问题、分析问题和解决问题的能力，也体现了作者的认知水平和实践能力。

（3）交流讨论、修改审定、定稿上交。

2. 技术成果总结的一般格式要求

（1）字数要求。正文一般为 3 000 字左右。

（2）文稿和字体要求。A4 纸打印，小四或四号宋体为主。

（3）结构要求。技术成果总结由封面、前置部分、正文、结语或结论、后置部分组成，按序装订。其中前置部分、正文、结语或结论不可缺遗，正文是重点，后置部分可简化。

1）前置部分。前置部分主要包括标题、署名、摘要、关键词，也可用序言（前言）替代摘要。

①标题。标题要准确地反映总结的中心内容，它是总结的窗口，起到画龙点睛的作用。标题既要简练、醒目，更要准确。为了醒目和准确，标题有时宁可长一些，还可以采取附加小标题（子标题）的形式。标题的确定不外乎以对象为题、以目的为题、以方法为题、以结果为题等几种方式。

②署名。总结的署名要对总结的内容和论点承担全部责任。作者必须熟知总结的全部内容，并能够随时回答评审委员的质疑。

③摘要。摘要又称提要。摘要比较简短，它是全文的高度"浓缩"，一般在200 字左右。摘要的内容可包括本文的目的、意义、对象、方法、结果、结论和应用范围等，其中对象、结论是不可缺少的。

④关键词。关键词也称主题词或标题词。它是从总结中选出最能代表文章中心内容特征的词或词组。一般可选出 3～5 个关键词。关键词列于摘要之后，另起一行书写。

⑤序言。序言是技术成果总结的引子，目的是引出正文。序言必须简短精练，一般不超过 300 字。序言内容包括 3 个方面。

——由来。说明写此技术成果总结的理由，并对有关的国内外发展动态进行综合评述，陈述技术成果总结的价值。

——任务。说明本文的内容与问题。

——结果。介绍获得的结果或结论。

2）正文。正文是技术成果总结的主体部分，如果前言提出了问题，那么正文就要分析问题和解决问题，它是运用素材、论证观点的部分，因此正文是作者技术水平和创造才能的体现。

①正文撰写通行思路。提出问题（介绍现状）→分析研究问题→解决问题（提出措施或方案）→结果及分析→应用或应用前景→不足与建议。

②正文撰写要求

——主题明确。撰写技术成果总结要有明确的目的，要重点突出，即明确为什么要撰写，想达到什么目的。

——论证充分。正文仅仅做到有材料、有观点是不够的。在撰写过程中，作者要有严密的逻辑性，把观点和材料有机地组织起来，运用所学过的知识，用有关的标准、规程、定律、公式、推论等进行分析，综合概括，最后引出结论。

——具有科学性。科学性是技术成果总结的生命。没有科学性，技术成果总结就没有可行性，也就没有存在的价值。

——具有实用性。所写内容要有实用价值，要能说明和解决某一实际技术问题，切忌无根据地凭空猜想。从实践中来，又能用于指导实践，这样的技术成果总结无论技术价值还是经济价值都会更大。

——具有创造性。创新是衡量技术成果总结价值的标准之一，当然创新并不是要求具有空前绝后的创造性，也不是要求一定是重大发明创造，小改小革也能反映创新精神。对申报技师的人员来说，在本专业范围内所写的技术成果总结应有自己的特色，不人云亦云，不简单重复，不机械模仿或全盘抄袭。

——具有条理性。全篇文章结构要布局清晰、层次分明，让人一目了然；内容要深入浅出、条理分明、简洁可读。做到有目的、有分析、有措施、有结果。

3）结语或结论。结语或结论是全文的总结，是技术成果总结的精髓。撰写结语或结论时要十分严谨，了解了什么问题，得出了什么经验，取得了什么成果，应一针见血地说清楚。

在结语或结论的最后可以进行建议与说明。建议部分可提出进一步的设想、改进方案或解决遗留问题的方法。说明部分可包括结论推广的范围和推广的可能性等。

4）后置部分。后置部分包括致谢、参考文献和附录。

①致谢。致谢是对对技术成果总结撰写有重大帮助和贡献的单位或个人表示感谢。

②参考文献。凡文中引用他人著作、论文、报告、总结中的观点、材料、数据和成果等，都应按引用先后顺序连续编序，依次列出作者姓名、题目、出版物信息等。

③附录。附录附属于正文，是对正文起补充说明作用的信息材料，可以是文字，也可以是表格或图片。

三、技术报告的编写

1. 主题依据与设计指导思想

内容包括该项研究的针对性，采用的技术路线，国内外同类研究的动态，开题的题由，试验具备的条件，主要内容的创新程度，总体设计方案和关键技术实施方案以及采取的措施，主要技术内容达到的规格、指标和技术、经济效果。

2. 试验的过程与方法

每个阶段的试验与结果用定量和定性相结合的方法阐述。特别是在试验研究过程中的新发现，以及应用技术的发明与创新、改进与提高、发展与完善等新颖性内容，应加以归纳说明，并附上必要的数据等。

3. 技术关键点与创新点

这是技术报告的核心部分，是反应项目技术水平的重要内容（技术保密内容应事先向组织鉴定的单位和鉴定委员会讲明）。

可通过综合对比方法，与国内外同类研究的主要结果进行比较，说明本项目的创新程度与技术水平。在与国内外同类技术相比较时，最好用技术经济指标比较，可采用图表形式说明技术经济指标的先进性，弥补了原有的哪些不足，具有什么创新等，也可根据掌握的情况结合查新报告所提供的相关文献进行综合比较。

对于成果水平较高的项目，要在国内外同类先进研究对比数据或者查新检索证明材料的基础上，对成果的科学、技术和经济内涵进行全面分析。

4. 技术重点与使用范围

依据本研究的技术内容特点，确定适宜应用的范围，并阐述在生产或科研中的应用条件和注意事项。

5. 推广应用情况与存在不足

根据项目的主要研究内容和研究关键，说明项目的研究过程和最终完成的测试验证情况，阐述项目的应用情况及效果。对项目研究进程进行系统分析总结，给出实事求是、准确完整的结论，说明应用中发现的问题和原因，提出改进意见（注意不要否定技术方案的创新和结论，以免造成前后矛盾）。

思考题

1. 简述"项目导向、任务驱动"教学法的主要步骤。

2. 简述现场实际操作教学操作指导书的主要内容。

3. 简述典型的专业论文编写需要包含的要素。

4. 简述技术方案编写的主要步骤。

5. 简述典型的技术革新保密机制。

6. 简述新技术推广的典型程序。

7. 简述技术报告的内容与编写要求。